Leitfäden und Monographien
der Informatik

Peter H. Starke
Analyse von Petri-Netz-Modellen

Leitfäden und Monographien der Informatik

Herausgegeben von

Prof. Dr. Hans-Jürgen Appelrath, Oldenburg
Prof. Dr. Volker Claus, Oldenburg
Prof. Dr. Günter Hotz, Saarbrücken
Prof. Dr. Klaus Waldschmidt, Frankfurt

Die Leitfäden und Monographien behandeln Themen aus der Theoretischen, Praktischen und Technischen Informatik entsprechend dem aktuellen Stand der Wissenschaft. Besonderer Wert wird auf eine systematische und fundierte Darstellung des jeweiligen Gebietes gelegt. Die Bücher dieser Reihe sind einerseits als Grundlage und Ergänzung zu Vorlesungen der Informatik und andererseits als Standardwerke für die selbständige Einarbeitung in umfassende Themenbereiche der Informatik konzipiert. Sie sprechen vorwiegend Studierende und Lehrende in Informatik-Studiengängen an Hochschulen an, dienen aber auch in Wirtschaft, Industrie und Verwaltung tätigen Informatikern zur Fortbildung im Zuge der fortschreitenden Wissenschaft.

Analyse von Petri-Netz-Modellen

Von Prof. Dr. rer. nat. habil. Peter H. Starke
Humboldt-Universität Berlin

Springer Fachmedien Wiesbaden GmbH 1990

Prof. Dr. rer. nat. habil. Peter H. Starke

Geboren 1937 in Berlin. Studium der Mathematik 1955 bis 1960 an der Humboldt-Universität zu Berlin, Diplom 1960, danach wiss. Assistent bzw. Oberassistent am Institut für Mathematische Logik der Humboldt-Universität. Promotion 1966, Habilitation 1970. Berufung zum Dozenten für Mathematische Kybernetik und Rechentechnik an der Sektion Mathematik der Humboldt-Universität 1969, Berufung zum außerordentlichen Professor 1989.
Zahlreiche Arbeiten zur Automatentheorie und (seit 1977) zur Netztheorie, zwei Programmpakete (PAN, CPNA) zur Netzanalyse.

CIP-Titelaufnahme der Deutschen Bibliothek

Starke, Peter H.:
Analyse von Petri-Netz-Modellen / von Peter H. Starke.

(Leitfäden und Monographien der Informatik)
ISBN 978-3-519-02244-2   ISBN 978-3-663-09262-9 (eBook)
DOI 10.1007/978-3-663-09262-9

Gesamtherstellung: Zechnersche Buchdruckerei GmbH, Speyer
Einband: P.P.K,S-Konzepte, T. Koch, Ostfildern/Stuttgart

VORWORT

Dieses Buch habe ich für Informatiker, Ingenieure und Mathematiker geschrieben, die sich mit der Modellierung und Analyse von komplexen Systemen auf der Grundlage von Petri-Netzen beschäftigen oder sich dafür interessieren. Dabei gehe ich auf die eigentliche Modellbildung nur kurz ein, nicht nur weil dies ein weites Feld ist, in dem jeder seine eigenen Erfahrungen machen muß, sondern weil für den Systementwurf mit Netzen und speziell für die Anwendung von Petri-Netzen in der Steuerungstechnik bereits Buchpublikationen vorliegen.

Hauptanliegen dieses Buches ist die Analyse von Netzmodellen. Wer nicht über die Ausbildung sondern über die praktischen Bedürfnisse seiner täglichen Arbeit mit Petri-Netzen Freundschaft geschlossen hat, wird Netze meist zunächst als Beschreibungssprache, also zur Modellbildung angewendet und als nächsten Schritt Ablaufsimulationen durchgeführt haben. Mittels Simulation kann man, insbesondere bei durchdachter Anlage der Simulationsexperimente, Fehler im Entwurf bzw. im modellierten System aufspüren und ihre Ursachen feststellen oder wenigstens eingrenzen. Man kann aber durch Simulation die Fehlerfreiheit des Systems nicht beweisen, das ist nur durch Analyse möglich. Um eine Analyse eines Netzmodells anzulegen und durchzuführen, sind theoretische Kenntnisse erforderlich, die es ermöglichen, rechnergestützte Werkzeuge bei der Netzanalyse sinnvoll einzusetzen und die Resultate richtig zu interpretieren. Diese Kenntnisse versuche ich in diesem Buch zu vermitteln und hoffe, daß meine Erfahrungen beim Aufbau solcher Programmpakete dabei positiv "zu Buche" schlagen.

Man kann dieses Buch auch einfach als eine Einführung in die Netztheorie lesen, nur elementare mengentheoretische und graphentheoretische Begriffe und etwas Erfahrung im logischen Schließen werden vorausgesetzt, man sei dann aber gewarnt: wichtige Kapitel der Netztheorie, insbesondere die mit den Anwendungen auf die Semantik von Programmiersprachen zusammenhängenden Fragen der Prozesse auf Netzen und ihrer Beschreibung, werden hier nicht berührt. Insofern mag die hier gegebene Sicht der Petri-Netz-Theorie einseitig sein, sie ist geprägt von Fragen der industriellen Praxis.

Der Graph auf der folgenden Seite soll die Hauptzusammenhänge zwischen den einzelnen Abschnitten widerspiegeln. Das Vordringen zu einem bestimmten Problemkreis sollte, wenn man viel suchendes Blättern vermeiden will, entlang der Bögen dieses Graphen geschehen. Auf ein umfassendes Literaturverzeichnis habe ich verzichtet, dafür finden sich am Ende der einzelnen Abschnitte Hinweise auf wichtige Arbeiten zum jeweiligen Thema. Natürlich ist auch diese Sicht subjektiv und Kenner werden weitere wichtige Publikationen wissen und vermissen.

Ich möchte allen danken, die mich zum Schreiben dieses Buches ermutigt haben und mir dabei mit Rat und Tat zur Seite standen, nennen möchte ich hier nur Herrn R. Frommann, Herrn Prof. Dr. G. Hotz, Herrn Dr.-Ing. W. Leupold und Herrn Dr. G. Schwarz. Für die schnelle und problemlose Herausgabe des Buches bin ich dem Teubner-Verlag zu Dank verpflichtet.

Berlin, im Juli 1990   Peter H. Starke

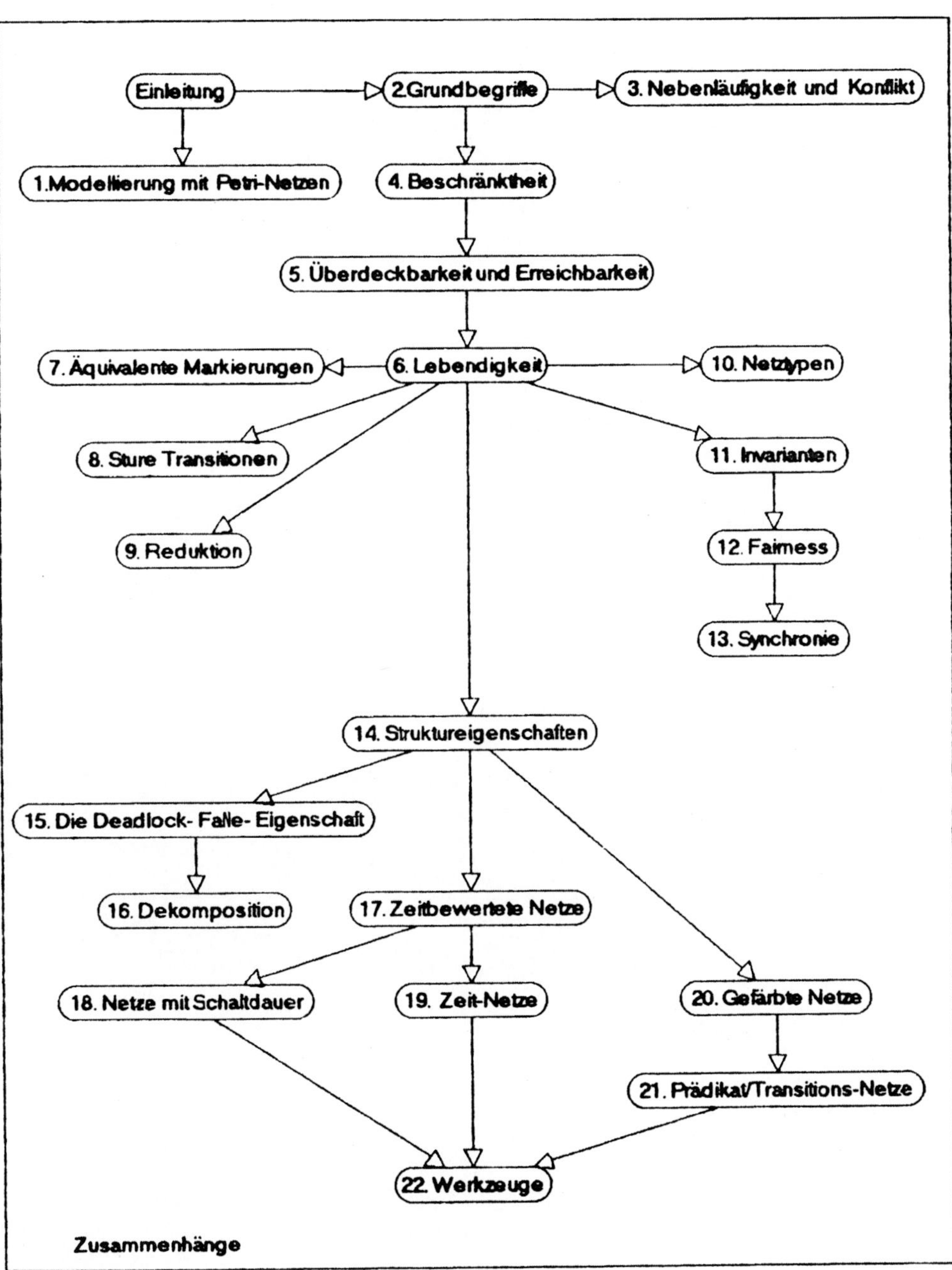

Einleitung
2.Grundbegriffe
3. Nebenläufigkeit und Konflikt
1.Modellierung mit Petri-Netzen
4. Beschränktheit
5. Überdeckbarkeit und Erreichbarkeit
7. Äquivalente Markierungen
6. Lebendigkeit
10. Netztypen
8. Sture Transitionen
11. Invarianten
9. Reduktion
12. Fairness
13. Synchronie
14. Struktureigenschaften
15. Die Deadlock- Falle- Eigenschaft
16. Dekomposition
17. Zeitbewertete Netze
18. Netze mit Schaltdauer
19. Zeit-Netze
20. Gefärbte Netze
21. Prädikat/Transitions-Netze
22. Werkzeuge
Zusammenhänge

Inhaltsverzeichnis

1. MODELLIERUNG MIT PETRI-NETZEN

Zu einem Modell greift man immer dann, wenn man Fragen an ein System hat, die man anhand des Systems selbst nicht beantworten kann; sei es, daß dieses System noch gar nicht existiert (erst entworfen werden soll), sei es, daß die Benutzung des Systems zu kostspielig oder zu gefährlich wäre oder sei es, daß das System zu kompliziert ist. Modellierung bedeutet demnach einen Abstraktionsprozeß, bei dem einige wesentliche Aspekte des betrachteten Systems und seines Verhaltens in einem Modell widergespiegelt werden. Welches die wesentlichen Aspekte sind, hängt natürlich von den Fragen ab, deren Beantwortung gewünscht wird. In diesem Kapitel werden wir versuchen, einen ersten Eindruck davon zu vermitteln, welche Systeme und Systemeigenschaften mit Netzmodellen analysiert werden können, d.h. Fragen welcher Art mit Hilfe von Petri-Netz-Modellen beantwortet werden können.

Der Begriff des Petri-Netzes und die Netztheorie wurden auf der Suche nach natürlichen, einfachen und zugkräftigen Methoden zur Beschreibung und zur Analyse des Informations- und Kontrolldatenflusses in informationsverarbeitenden Systemen entwickelt. Petri-Netze sind abstrakte Modelle des Informations- oder Objektflusses, die es gestatten, Systeme und Prozesse auf unterschiedlichen Abstraktionsebenen und damit in unterschiedlicher Detailliertheit in einer einheitlichen Sprache zu beschreiben.

Das Bedürfnis nach einer solchen Theorie entstand, als sich herausstellte, daß Computer mehr können, als Funktionen numerisch auszuwerten. In den Fällen, wo die Hauptaufgabe eines Rechners als Teil eines großen organisierten Systems darin besteht, gewünschte Informations- und Objektflüsse zwischen parallel arbeitenden Teilen dieses Systems zu garantieren, treten naturgemäß Fragen der Berechenbarkeit in den Hintergrund und neue Termini wie zum Beispiel "Synchronisation", "Konflikt", "Verklemmung", "Sicherheit" und die damit verbundenen Probleme tauchen auf.

Unter einem "großen" System versteht man gemeinhin ein solches System, bei dem eine Person nicht in der Lage ist, alle für das Systemverhalten relevanten Details im Kopf zu haben. Ob ein System als groß empfunden wird, hängt folglich nicht nur von der Kompliziertheit seines Verhaltens ab, sondern auch von der Abstraktionsebene, auf der es beschrieben bzw. entworfen ist und analysiert wird. Wir haben es also mit Systemen zu tun, die zu modularem und hierarchischem Entwurf bzw. Analyse zwingen. Der Bearbeiter muß eine für die jeweilige Teilaufgabe angemessene Abstraktionsebene (eine entsprechende Detailliertheit) wählen, die es ihm ermöglicht, die Arbeitsweise des Teilssystems und seine Kooperation mit dem Gesamtsystem zu verstehen. Zu den wesentlichen Vorzügen der Netztheorie gehören die Einheitlichkeit der Beschreibungssprache für verschiedene Abstraktionsebenen und die in vielen Fällen einfache Möglichkeit des Überganges von einer Ebene zu einer benachbarten Ebene.

Der Entwurf von Steuerstrukturen für parallele Abläufe, deren Parallelität bestimmten (z.B. Ressourcen-) Beschränkungen unterliegt, bereitet im allgemeinen sehr viel größere Schwierigkeiten als der Entwurf von Steuerungen für viel kompliziertere sequentielle Abläufe, weil nebenläufige Prozesse ihren Zustand unabhängig voneinander ändern können und dadurch der Überblick über den Gesamtzustand leicht verloren gehen kann. Es sind also Beschreibungsmittel erforderlich, die anschaulich, in allen Anwendungsbereichen interpretierbar und einer Verifikation des Entwurfs leicht zugänglich sind. Petri-Netze realisieren diese Anforderungen in hohem Maße.

Das Hauptanwendungsgebiet der Petri-Netze bildet die Modellierung von Systemen, in denen Systemereignisse kausal unabhängig (nebenläufig) eintreten können, diese Nebenläufigkeit aber Beschränkungen unterliegt.

Nicht nur informationsverarbeitende Systeme sind von dieser Art, in jedem Produktionsbetrieb arbeiten viele Maschinen unabhängig voneinander, also nebenläufig. Die große Allgemeinheit der Grundbegriffe bringt es mit sich, daß Netze in vielen anderen Bereichen erfolgreich angewendet werden, dennoch ist die Netztheorie nicht die "allgemeine Theorie von allem".

Netzmodelle gehen mit diskreten Größen um, wir können daher nur diskrete Größen widerspiegeln. Kontinuierliche Abläufe, wie das Füllen eines Behälters, können nur durch eine Abfolge diskreter Größen, etwa Füllstände, im Modell dargestellt werden. Wir müssen uns folglich bei der Modellierung auf diskrete bzw. diskretisierbare Systeme beschränken.

Diskrete Systeme bilden auch den Anwendungsbereich der Automatentheorie. Inbesondere Zustandsgraphen werden zur Untersuchung und beim Entwurf diskreter Systeme angewendet. Die damit verbundenen Methoden und Techniken sind in der Netztheorie in Form des Erreichbarkeitsgraphen aufbewahrt und weiterentwickelt worden. Kurz gesagt, alles was man mit Automaten modellieren kann, kann man auch mit Netzen modellieren.

Die Automatentheorie ist eine zustandsorientierte Sprache, ihr zentraler Begriff ist der des globalen Zustandes, den man als eine Zusammenfassung der Werte aller für das Systemverhalten wesentlichen Parameter definieren kann. Bei dieser Art der Modellierung wird davon abstrahiert, daß diese Parameter örtlich verteilt sind (bei Fernmeldesystemen: weltweit) und daß die Wirkung des Eintretens einer Veränderung (eines Ereignisses) lokal ist und eine endliche Ausbreitungsgeschwindigkeit besitzt. Demgegenüber werden bei der Netzmodellierung Zustandsparameter einzeln und gleichberechtigt mit den Ereignissen behandelt; für jedes Ereignis können die Bedingungen seines Eintretens und seine Wirkung explizit beschrieben werden. Damit ergibt sich die Möglichkeit bei der Modellierung eines Systems seine Gesamtstruktur (d.h., sowohl seine lokale Struktur als verteiltes System, als auch seine kausale Struktur) im Modell zu berücksichtigen und bei seiner Analyse zu verwenden.

Dagegen können Fragen nach der kausalen Unabhängigkeit (Nebenläufigkeit) von Ereignissen oder nach dem Auftreten von Konflikten (Unbestimmtheiten im Verhalten) auf der Basis von Zustandgraphen nicht beantwortet werden.

Um dies an einem Beispiel zu verdeutlichen, betrachten wir die automatentheoretische Spezifikation eines Systems mit 7 Zuständen $z_0,...,z_6$ und 6 Aktivitäten $x_1,...,x_6$ (die Zustandsänderungen bewirken) in Form der Überführungstabelle (eines partiellen Automaten):

	z_0	z_1	z_2	z_3	z_4	z_5	z_6
x_1	z_1		z_4	z_5			
x_2	z_2	z_4		z_6			
x_3	z_3	z_5	z_6				
x_4		z_0			z_2	z_3	
x_5			z_0		z_1		z_3
x_6				z_0		z_1	z_3

Auch wenn man den Zustandsgraphen dieses Automaten aufzeichnet, ist es schwer, aus dieser Spezifikation mehr Information zu entnehmen als die, daß die Aktivitäten x_i und x_{i+3} invers zu einander sind (einander rückgängig machen).

Das beschriebene System besteht aus drei Teilsystemen, die für ihre Arbeit eine Ressource gemeinsam nutzen, die in nur zwei Exemplaren vorhanden ist. Man könnte etwa an drei Programmierer denken, die sich zwei Terminals teilen müssen. Eine Spezifikation desselben Systems durch ein Petri-Netz zeigt die Abbildung 1.1. Auch ohne daß man viel von Petri-Netzen versteht, erkennt man sofort, daß durch diese Spezifikation auch strukturelle Information widergespiegelt wird. Man sieht z.B. sofort, daß die Aktivitäten x_4, x_5 und x_6 kausal unabhängig voneinander sind, also unter Umständen paarweise parallel geschehen können.

Informationen über die Struktur und kausale Abhängigkeiten bei der Spezifikation komplexer Systeme einzubeziehen, ist aber nicht nur

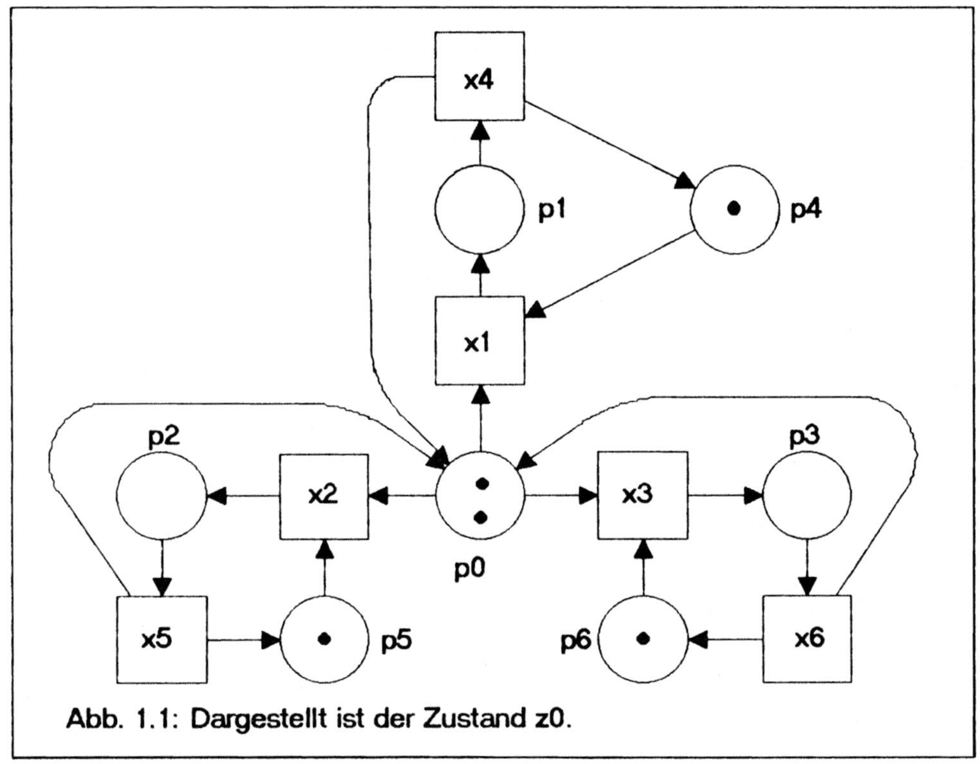

Abb. 1.1: Dargestellt ist der Zustand z0.

notwendig, um das Modell transparent zu halten, sondern gibt uns zusätzlich die Möglichkeit, eine Theorie zu entwickeln, die Struktur und Verhalten zueinander in Beziehung setzt.

Die Hauptvorteile der Verwendung von Petri-Netzen bei der Modellierung bzw. beim Entwurf komplexer Systeme bestehen darin, daß die graphische Darstellung an die Anschauung appelliert und auch dem Nichtfachmann verständlich ist, daß Netzmodelle auf ganz unterschiedlichen Abstraktionsebenen anwendbar und die dabei entstehenden Modelle durch einfache (Vergröberungs- bzw. Verfeinerungs-) Operationen miteinander verbunden sind, daß eine Theorie entwickelt worden ist, deren Resultate bei der Verifikation der Modelle (d.h. ihrem Korrektheitsbeweis) angewendet werden können, und daß Softwarepakete zur Simulation und zur Analyse der Modelle verfügbar sind.

Bei der Verifikation eines Systemmodells, z.B. einer Steuerung, stellt sich die Frage als eine der ersten, ob das entworfene System überhaupt prinzipiell realisierbar ist. Dabei geht es nicht darum, ob vorhandene betriebliche Beschränkungen (z.B. Kosten) eingehalten werden, sondern darum, ob ein System mit nur endlich vielen Zuständen entworfen wurde. Wenn das nicht der Fall ist, wird in vielen Fällen ein Entwurfsfehler vorliegen, den es zu lokalisieren gilt. Im Petri-Netz-Modell spiegelt sich dieser Punkt als Frage nach der Beschränktheit des Netzes bzw. als Frage nach den Zustandsparametern (Plätzen) wider, die beliebig viele Werte annehmen können.

Ist ein System entworfen, so stellt sich in vielen Fällen die Frage, ob dieses System gewisse (erwünschte oder unerwünschte) Zustände einnehmen kann. Jeder denkbare Zustand des Systems wird in seinem Netzmodell durch eine Markierung repräsentiert. Die Frage, ob das System einen bestimmten Zustand einnehmen kann, bedeutet also die Frage nach der Erreichbarkeit einer bestimmten Markierung in seinem Netzmodell.

Ein dynamisches System wird verklemmungsfrei genannt, wenn es bei seiner Arbeit niemals in einen Zustand gelangen kann, in dem keinerlei Aktivität mehr möglich ist, d.h. in dem kein Ereignis mehr eintreten kann. Beim Entwurf von Systemen, die aus zahlreichen teilweise parallel arbeitenden, aber zusammenwirkenden Komponenten bestehen, verliert man leicht die Übersicht über die Auswirkungen von Veränderungen in einer Komponente auf die anderen Komponenten, sodaß eine unbeabsichtigte Blockierung (gegenseitige Umklammerung) möglich wird. Im Netzmodell eines verklemmungsfreien Systems ist keine tote Markierung erreichbar; jede erreichbare tote Markierung widerspiegelt einen Verklemmungszustand des modellierten Systems.

Ein System, das aus jedem seiner Zustände in seinen Anfangszustand (ohne äußeren Eingriff) zurückkehren kann, wird rücksetzbar genannt. Diese in vielen Fällen erwünschte Eigenschaft wird im Netzmodell dadurch widergespiegelt, daß die Anfangsmarkierung von jeder anderen erreichbaren Markierung aus erreichbar ist. Offenbar ist ein rücksetzbares System stets verklemmungsfrei.

Eine Abschaltung von Teilen eines Systems zeigt sich darin, daß von bestimmten seiner Zustände ausgehend gewisse Ereignisse unter keinen Umständen aktiviert werden können. Diese Ereignisse sind bei diesen Zuständen tot. Fragen nach der Existenz solcher System-Ereignisse werden in Fragen nach der Nicht-Lebendigkeit bzw. Lebendigkeit von Transitionen des Netzmodells übersetzt.

Auch bei einem System, dessen sämtliche Ereignisse immer wieder aktiviert werden können, kann es dazu kommen, daß bestimmte Aktivitäten nicht ausgeführt werden (obwohl das möglich wäre), weil gewisse Konflikte (z.B. bei Vergabe von Ressourcen) stets zugunsten anderer Aktivitäten gelöst werden. Beim Entwurf oder auch erst bei der Implementation sind also bestimmte Ereignisse unfair behandelt worden. Hinweise auf solche Möglichkeiten können aus dem Netzmodell abgeleitet werden.

Literatur

Diaz, M., Applying Petri Net Based Models in the Design of Systems. In "Concurrency and Nets", Springer Verlag Berlin Heidelberg 1987, 23 – 67.

Jessen, E., Valk, R., Rechensysteme. Springer Verlag Berlin Heidelberg 1987.

König, R., Quäck, L., Petri-Netze in der Steuerungstechnik. VEB Verlag Technik, Berlin 1988.

Petri, C. A., Kommunikation mit Automaten. Rhein.-Westfäl. Inst. für Instr. Mathematik an der Universiät Bonn, SchriftNr. 2, 1962.

Petri, C. A., State-Transition Structures in Physics and in Computation. Int. Journal of Theoretical Physics 21 (1982) 12, 251 – 260.

Reisig, W., Systementwurf mit Netzen. Springer-Verlag, Berlin Heidelberg 1985.

Rosenstengel, B., Winand, U., Petri-Netze. Eine anwendungsorientierte Einführung. Friedr. Vieweg & Sohn, Braunschweig 1982.

Schnieder, E., Prozessinformatik. Friedr. Vieweg & Sohn, Braunschweig 1986.

2. GRUNDBEGRIFFE

Das Netzmodell eines Systems besteht aus Elementen, die den Zustandsparametern (Zustandskomponenten, Systembedingungen) zugeordnet sind. Diese Elemente werden *Plätze* oder *Stellen*, manchmal auch *Bedingungen* genannt und graphisch durch Kreise dargestellt, ihre *Markierung* in Form von fetten Punkten (genannt *Marken*) beschreibt den aktuellen Stand der Erfülltheit der Systembedingungen, d.h. den Systemzustand.

Das Netzmodell besteht ferner aus Elementen, die den Aktivitäten des Systems (den Systemereignissen, Zustandsübergängen) zugeordnet sind; diese Elemente werden *Transitionen* oder *Ereignisse* genannt und graphisch durch Rechtecke oder fette Striche dargestellt. Aktivitäten des Systems haben lokale Auswirkungen auf den Systemzustand, beeinflussen also nur einige Zustandsparameter und können nur unter bestimmten lokalen Anforderungen an den Systemzustand (an einige Zustandsparameter) stattfinden.

Der so gegebene Kausalzusammenhang wird im Netzmodell durch die *Flußrelation* repräsentiert, die graphisch durch *Bögen* dargestellt wird. Ein Bogen verbindet stets einen Platz mit einer Transition oder umgekehrt, niemals aber zwei Plätze oder zwei Transitionen miteinander, denn bei korrekter Modellierung gibt es keine direkten kausalen Abhängigkeiten zwischen zwei Bedingungen oder zwei Aktivitäten.

Ein Bogen von einem Platz p zu einer Transition t zeigt an, daß die Ausführbarkeit der t entsprechenden Aktivität vom Erfülltsein der p zugordneten Systembedingung abhängt, man sagt dann, daß p eine *Vorbedingung* oder ein *Vorplatz* von t ist. Ein Bogen von einer Transition t zu einem Platz p reflektiert, daß ein Ausführen der von t modellierten

Aktivität die Erfülltheit der p entsprechenden Bedingung verändert; p wird dann *Nachbedingung* oder *Nachplatz* von t genannt.

Die Kompliziertheit der Ausdrucksweise reflektiert die Tatsache, daß wir das Erfülltsein von Bedingungen nicht in einer zweiwertigen Logik messen, sondern davon ausgehen, daß eine Bedingung wie "Terminal verfügbar" auch sozusagen doppelt erfüllt sein kann. In dem in der Abb.1.1 dargestellten Netz repräsentiert der mittlere Platz p_0 die Bedingung "Terminal verfügbar" und die beiden Marken auf diesem Platz zeigen an, daß im dargestellten Systemzustand zwei Terminals frei sind.

In mathematischer Terminologie ist ein *Netz* ein endlicher gerichteter paarer (bipartiter) Graph ohne isolierte Knoten:

Definition 2.1.

Das Tripel $N = [P,T,F]$ wird *Netz* genannt, wenn

(1) P und T endliche nicht–leere disjunkte Mengen sind,

(2) $F \subseteq (P \times T) \cup (T \times P)$ eine binäre Relation derart ist, daß gilt:
$$dom(F) \cup cod(F) = P \cup T.$$

In dieser Definition bezeichnet $dom(F)$ (bzw. $cod(F)$) die Menge aller der *Netzknoten* $x \in X := P \cup T$, die in einem geordneten Paar aus F an der ersten (bzw. zweiten) Stelle vorkommen. Die Bedingung (2) verlangt also, daß an jedem Knoten wenigstens ein Bogen entspringt oder einmündet. Die Elemente p von P bezeichnen wir als die *Plätze* von N, die t aus T als die *Transitionen* von N und F als *Flußrelation* oder *Bogenmenge* von N.

Für das in der Abb.1.1 (vgl. Seite 17) dargestellte Netz gilt also:
$$P = \{\ p_0,\ p_1,\ p_2,\ p_3,\ p_4,\ p_5,\ p_6\ \},$$
$$T = \{\ x_1,\ x_2,\ x_3,\ x_4,\ x_5,\ x_6\ \} \text{ und}$$
$$F = \{\ [p_0,x_1],\ [p_0,x_2],\ [p_0,x_3],\ [p_1,x_4],\ [p_2,x_5],\ [p_3,x_6],\ [p_4,x_1],$$
$$[p_5,x_2],\ [p_6,x_3],\ [x_4,p_0],\ [x_5,p_0],\ [x_6,p_0],\ [x_1,p_1],\ [x_2,p_2],$$
$$[x_3,p_3],\ [x_4,p_4],\ [x_5,p_5],\ [x_6,p_6]\ \}.$$

Der Platz p_0 stellt den Zustandsparameter "Terminal verfügbar" dar, für $i = 1,2,3$ interpretieren wir den Platz p_i durch "Programmierer i arbeitet an einem Terminal" und p_{i+3} durch "Programmierer i macht Pause". Im Anfangszustand unseres Systems sind zwei Terminals verfügbar und alle Programmierer machen Pause; dem entspricht die dargestellte Markierung, bei der p_0 mit zwei Marken und p_4, p_5 und p_6 mit je einer Marke belegt sind.

Definition 2.2.

Es sei $N = [P,T,F]$ ein Netz. Jede Abbildung m von der Platzmenge P in die Menge $\mathbf{N}$ aller natürlichen Zahlen (jedes Element von $\mathbf{N}^P$) wird als *Markierung von P* bezeichnet.

In Fällen, wo die Platzmenge (etwa durch Indizes) geordnet ist, notiert man Markierungen häufig als (Zeilen-) Vektoren. So beschreibt (2,0,0,0,1,1,1) die unserem Anfangszustand entsprechende Markierung. Jede Markierung beschreibt einen denkbaren Systemzustand, z.B. die Markierung (0,2,1,0,0,0,1) den Zustand, bei dem kein Terminal verfügbar ist, zwei Programmierer 1 und ein Programmierer 2 an je einem Terminal arbeiten und ein Programmierer 3 Pause macht. Daß dieser Zustand von unserem Anfangszustand aus nicht hergestellt werden kann, spielt dabei keine Rolle.

Bisher haben wir nur die Modellierung der statischen Systemeigenschaften (Zustände, Übergänge, Kausalbeziehungen) besprochen. Wir wenden uns jetzt der Dynamik zu, d.h. der Frage, unter welchen Bedingungen Ereignisse eintreten und was dadurch bewirkt wird.

Es sei $N = [P,T,F]$ ein Netz und $x \in P \cup T$ ein Knoten von N. Dann bezeichne xF die Menge aller Knoten y zu denen ein von x ausgehender Bogen aus F führt, d.h.

$$xF := \{\, y \mid [x,y] \in F \,\}.$$

Analog ist Fx definiert:

$$Fx := \{\, y \mid [y,x] \in F \,\}.$$

Für einen Platz $p \in P$ ist also pF die Menge seiner *Nachtransitionen* und Fp die Menge seiner *Vortransitionen*, für eine Transition $t \in T$ ist tF die Menge ihrer *Nachplätze* und Ft die Menge ihrer *Vorplätze*.

Ein Zustandsübergang im modellierten System kann nur dann stattfinden, wenn der Systemzustand gewisse Bedingungen erfüllt. Der Programmierer 1 in unserem Beispiel kann die Pause nur beenden und an einem Terminal zu arbeiten beginnen (die von x_1 modellierte Aktivität ist nur ausführbar), wenn ein Terminal frei ist. Im Netzmodell darf eine Transition nur dann *schalten*, d.h. die Markierung verändern, wenn "ihre Vorbedingungen erfüllt" sind. Die Vorbedingungen einer Transition t werden durch ihre Vorplätze gegeben. Erfülltsein der Vorbedingungen kann also als "mit wenigstens einer Marke belegt sein" verstanden werden.

Es könnte aber sein, daß wir ein Programmierer/Terminal–System modellieren möchten, bei dem der Programmierer 1 nur arbeiten kann, wenn er beide Terminals zu seiner Verfügung hat. In diesem Fall darf die Transition x_1 nur schalten, wenn auf p_0 wenigstens zwei Marken liegen. Eine solche Situation können wir modellieren, wenn wir jedem Bogen eine *Vielfachheit* zuordnen, die angibt, wieviel Marken mindestens auf dem Platz liegen müssen, damit die entsprechende Vorbedingung als erfüllt gilt.

Definition 2.3.

Das Quintupel $N = [P,T,F,V,m_0]$ wird *Petri–Netz* (*Platz/Transitions–Netz*, kurz *P/T–Netz*) genannt, wenn

(1) $[P,T,F]$ ein Netz ist,

(2) V eine Abbildung ist, die jedem Bogen $f \in F$ eine positive natürliche Zahl $V(f)$ zuordnet und

(3) m_0 eine Markierung von P ist.

Das Netz N wird als *gewöhnliches* Petri–Netz bezeichnet, wenn $V(f) = 1$ für alle Bögen $f \in F$ ist.

Die Zahl $V(f)$ wird als *Vielfachheit* des Bogens f bezeichnet und bei der graphischen Darstellung von Petri-Netzen an den Bogen geschrieben, sobald sie verschieden von Eins ist.

Geben wir bei dem Netz von Abb.1.1 den Bögen $[p_0,x_1]$ und $[x_4,p_0]$ die Vielfachheit 2, allen anderen Bögen die Vielfachheit 1, so erhalten wir das Petri-Netz in der Abb.2.1. Damit ist beschrieben, daß der Programmierer 1 zu seiner Arbeit zwei Terminals benötigt und beim Übergang x_4 zur Pause wieder freigibt.

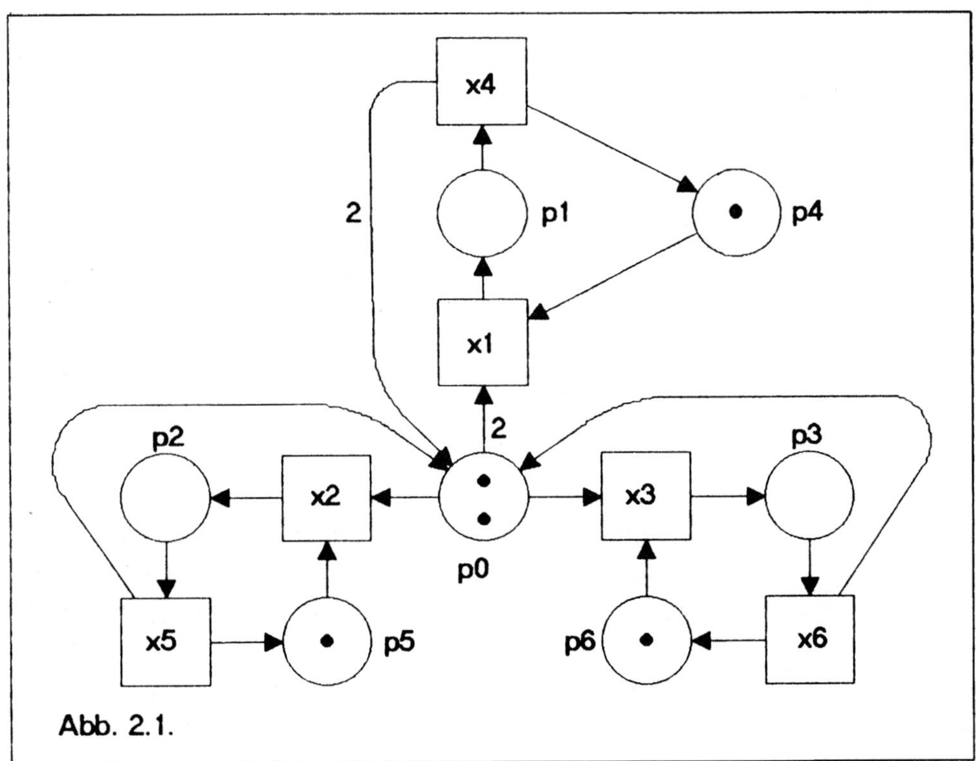

Abb. 2.1.

Definition 2.4.

Es sei $N = [P,T,F,V,m_0]$ ein Petri-Netz, m eine Markierung von P und t eine Transition aus T.

(1) Die Transition t *hat Konzession bei der Markierung m*, wenn für alle

Vorplätze $p \in Ft$ von t gilt: $m(p) \geq V(p,t)$.

(2) Wenn t Konzession bei m hat, dann darf t bei m *schalten. Durch Schalten von t bei m entsteht die Markierung m'* (als Formel: $m[t\rangle m'$) wobei für $p \in P$ gilt:

$$m'(p) \ :=\ \begin{cases} m(p) - V(p,t) + V(t,p), & \text{falls } p \in Ft \text{ und } p \in tF, \\ m(p) - V(p,t), & \text{falls } p \in Ft \text{ und } p \notin tF, \\ m(p) \qquad\quad\ + V(t,p), & \text{falls } p \notin Ft \text{ und } p \in tF, \\ m(p), & \text{sonst.} \end{cases}$$

Bei der Anfangsmarkierung $m_0 = (2,0,0,0,1,1,1)$ haben im Petri-Netz von Abb. 2.1 genau die Transitionen x_1, x_2 und x_3 Konzession. Durch Schalten von x_1 entsteht aus m_0 die Markierung $m_1 = (0,1,0,0,0,1,1)$, d.h. es gilt $m_0[x_1\rangle m_1$. Die durch Schalten einer Transition t aus der Markierung m entstehende Markierung m' ist durch m und t eindeutig bestimmt.

Definition 2.5.

Es sei $N = [P,T,F,V,m_0]$ ein Petri-Netz. Zu jedem $t \in T$ definieren wir die Abbildungen t^+, t^- und Δt für alle Plätze $p \in P$ wie folgt:

$$t^+(p) \ :=\ \begin{cases} V(t,p), & \text{falls } p \in tF, \\ 0, & \text{sonst,} \end{cases}$$

$$t^-(p) \ :=\ \begin{cases} V(p,t), & \text{falls } p \in Ft, \\ 0, & \text{sonst,} \end{cases}$$

$$\Delta t(p) \ :=\ t^+(p) - t^-(p).$$

Offenbar ist Δt ein ganzzahliger Vektor, der für jeden Platz $p \in P$ die Änderung angibt, die ein Schalten der Transition t auf dem Platz p bewirkt; Δt beschreibt also die globale Wirkung (des Schaltens) von t.

Mit solchen Vektoren rechnen wir komponentenweise und vergleichen sie auch so. Demnach ist $m + \Delta t$ der Vektor, der für jedes $p \in P$ die Gleichung $(m + \Delta t)(p) = m(p) + \Delta t(p)$ erfüllt und für Markierungen m, m' gilt genau dann $m \leq m'$, wenn $m(p) \leq m'(p)$ für alle $p \in P$ ist. Wir schreiben $m < m'$ genau dann, wenn $m \leq m'$ und $m \neq m'$ ist. Es gilt also genau dann $m < m'$, wenn $m \leq m'$ ist und ein p mit $m(p) < m'(p)$ existiert.

Folgerung 2.1.

1. *t hat Konzession bei m genau dann, wenn $t^- \leq m$ ist.*

2. *$m[t>m'$ genau dann, wenn $t^- \leq m$ und $m' = m + \Delta t$.*

Wie man sich leicht überzeugt, können in unserem Beispiel von Abb.2.1 die Transitionen x_2 und x_5 bei m_0 in dieser Reihenfolge schalten, dabei entsteht zunächst die Markierung $m_2 = (1,0,1,0,1,0,1)$ und danach wieder m_0, was wir durch $m_0[x_2 x_5 >m_0$ ausdrücken wollen.

Definition 2.6.

Es sei $N = [P,T,F,V,m_0]$ ein Petri-Netz. Die Menge aller endlichen Folgen (genannt *Wörter*) von Elementen aus T, darunter das *leere* Wort e mit der Länge 0, bezeichnen wir mit $W(T)$. Die *Länge* eines Wortes q wird durch $l(q)$ notiert. Für Markierungen m,m' von P und Wörter $q \in W(T)$ definieren wir die Relation $m [q >m'$ induktiv durch:

(Anfangsschritt) $m [e >m' \iff m = m'$

(Induktion $q \to qt$) $m [qt >m' \iff \exists m''(m [q >m'' \wedge m'' [t >m')$.

Schließlich definieren wir die *Erreichbarkeitsrelation* $[*>$ von N durch

$$m [*> m' :\iff \exists q(q \in W(T) \wedge m [q >m').$$

Wenn $m [*> m'$ im Netz N gilt, nennen wir *m' erreichbar von m in N.*

Mit $R_N(m)$ bezeichnen wir die Menge aller von m in N erreichbaren Markierungen und mit $L_N(m)$ die Menge aller Transitionswörter q, die, von m ausgehend, Transition für Transition geschaltet werden können:

$$R_N(m) := \{ m' \mid m [*> m' \}; \qquad L_N(m) := \{ q \mid \exists m'(m [q > m')\}.$$

Für Transitionswörter $q = t_1 t_2 \ldots t_n$ setzen wir $\Delta q := \sum_{i=1}^{n} \Delta t_i$.

Im Petri-Netz in der Abbildung 2.1 sind die folgenden Markierungen von der Anfangsmarkierung aus erreichbar: $(2,0,0,0,1,1,1)$, $(0,1,0,0,0,1,1)$, $(1,0,1,0,1,0,1)$, $(0,0,1,1,1,0,0)$, $(1,0,0,1,1,1,0)$.

Folgerung 2.2.

1. *Die Relation $[*>$ ist reflexiv und transitiv.*

2. *Aus $m [q >m'$ folgt $(m +m^*) [q >(m' + m^*)$ für alle $m^* \in \mathbb{N}^P$.*

3. *Wenn $m \, [q > m'$, so ist $m' = m + \Delta q$.*

Die Aussage 2.2.2 wird auch als *Monotonie* bezeichnet; wenn man zu einer Markierung m Marken (gegeben durch die Markierung m^*) hinzufügt, dann bleiben alle Schaltfolgen erhalten, natürlich können dabei weitere Wörter schaltfähig werden.

Definition 2.7.

Es sei $N = [P,T,F,V,m_0]$ ein Petri-Netz. Als *Erreichbarkeitsgraph von N* bezeichnet man den Graphen $EG(N) := [R_N(m_0),B_N]$, der die in N erreichbaren Markierungen als Knoten und die Menge B_N von mit Transitionen beschrifteten Bögen hat, wobei

$$B_N = \{ \, [m,t,m'] \mid m,m' \in R_N(m_0) \ \wedge \ t \in T \ \wedge \ m \, [t > m' \, \}.$$

Hierbei beschreibt das Tripel $[m,t,m']$ einen Bogen vom Knoten m zum Knoten m', der mit t beschriftet ist.

Die Konstruktion des Erreichbarkeitsgraphen bildet die Grundlage für viele Analyseverfahren. Inhaltlich bedeutet sie den Übergang von einem verteilten Systemmodell zu einem Automatenmodell des betrachteten Systems. Dabei geht Information insbesondere über die Nebenläufigkeit von Systemereignissen verloren. In unserem Beispiel sind beim Anfangszustand die Transitionen x_2 und x_3 nebenläufig, aus dem

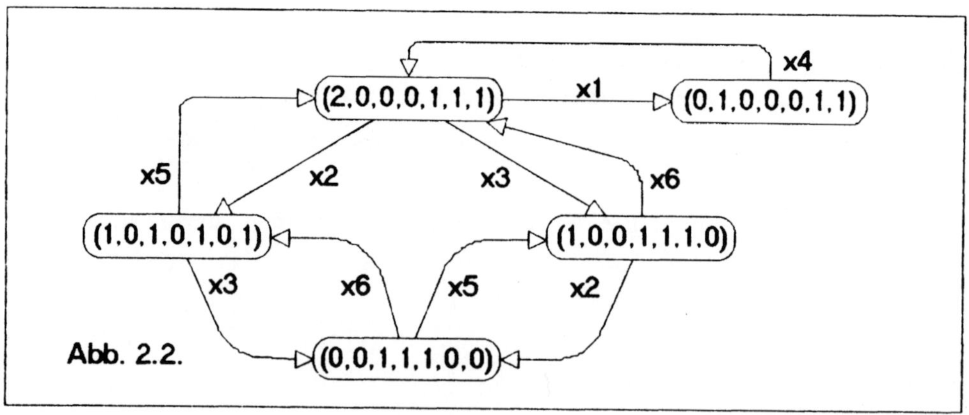

Abb. 2.2.

Erreichbarkeitsgraphen in der Abbildung 2.2 kann man nur entnehmen, daß beide Aktionen in beliebiger Reihenfolge ausgeführt werden können. Unser Beispiel ist das Netzmodell eines Systems mit fünf Zuständen, der Erreichbarkeitsgraph ist endlich. Im allgemeinen können wir natürlich nicht davon ausgehen, daß der Erreichbarkeitsgraph eines beliebig vorgegebenen Petri-Netzes endlich ist, also konstruiert werden kann.

Literatur

Peterson, J. L., Petri Net Theory and the Modelling of Systems. Prentice Hall, Inc. 1981.

Reisig, W., Petrinetze. Springer Verlag, Berlin Heidelberg 1982.

Starke, P. H., Petri-Netze. VEB Deutscher Verlag der Wissenschaften Berlin 1980.

3. NEBENLÄUFIGKEIT UND KONFLIKT

Die Arbeit der zu modellierenden Systeme vollzieht sich in der Zeit, deshalb erscheint es natürlich, auch für die Systemmodelle eine Zeitskala zu postulieren, die als Modell der realen Zeit dient. Dieses Vorgehen ist sicher für bestimmte Anwendungen unumgänglich, hat aber eine Reihe von Nachteilen, die für eine grundlegende Theorie informationeller Systeme untragbar sind.

Zeitmessung basiert auf Signalen, die von Uhren ausgesendet werden. Wenn wir die Abläufe im System in einer Zeitskala beschreiben wollen, müssen wir eine zentrale Uhr postulieren und modellieren, die diese Zeitsignale erzeugt. Bei großen verteilten Systemen muß, um der Relativitätstheorie zu genügen, vorausgesetzt werden, daß die Geometrie des realen Raumes und die Bewegungen der Systemteile relativ zueinander bekannt sind. Anders ausgedrückt, es müssen die Signalverhältnisse des Systems modelliert sein, bevor wir das System selbst modellieren können.

Andererseits sind Signalverhältnisse ebenfalls nichts anderes als Ursache-Wirkung-Beziehungen, die dem Lokalitätsprinzip, insbesondere der Endlichkeit der Ausbreitungsgeschwindigkeit unterliegen. Uhren, bzw. Systeme von Uhren, sind selbst Systeme von der Art, die zu modellieren und zu analysieren unsere Aufgabe ist.

Mit der Abkehr vom Postulat einer Zeitskala erweitern wir also unsere Modellierungsmöglichkeiten. Das betrifft nicht nur Systeme der oben erwähnten Art, sondern auch z.B. Steuerungen, bei denen über die Dauer voneinander abhängiger gesteuerter Prozesse wegen ihrer Datenabhängigkeit nichts ausgesagt werden kann. Ohne eine Zeitskala haben Begriffe wie "gleichzeitig" oder "parallel" keinen Sinn, können folglich nicht zur Erklärung der Nebenläufigkeit herangezogen werden.

Wir verstehen hier *Nebenläufigkeit* als eine Eigenschaft von Mengen von Systemereignissen (Übergängen), nämlich ihre gegenseitige und kollektive *Unabhängigkeit*. Was "unabhängig" bzw. "abhängig" bedeutet, hängt dabei von Abstraktionsniveau ab, auf dem das betrachtete System beschrieben ist. Auf dem untersten Niveau verstehen wir Abhängigkeit als physikalisch–kausale Abhängigkeit, auf höherem Niveau können Abhängigkeiten bestehen, die nur vermittelt oder auch gar nicht auf kausale Abhängigkeiten zurückgeführt werden können, wie z.B. die zwischen einem Befehl und seiner Ausführung. Nebenläufigkeit bedeutet demnach in einem Anwendungsfall die Abwesenheit der in diesem Fall wesentlichen Abhängigkeiten.

Bilden wir ein Netzmodell, in dem die für den beabsichtigten Anwendungsfall relevanten Abhängigkeiten dargestellt sind, so gehört es zur Verifikation dieses Modells zu überprüfen, ob sich die Nebenläufigkeit von (Mengen von) Systemereignissen in einem bestimmten Zustand als Nebenläufigkeit von (Mengen von) Transitionen bei der entsprechenden Markierung widerspiegelt.

Definition 3.1.
Es sei $N = [P,T,F,V,m_0]$ ein Petri–Netz, $U \subseteq T$ eine Transitionsmenge und m ein Markierung von P. Die Menge U heißt *nebenläufig bei m*, wenn für

$$U^- := \sum_{t \in U} t^- \quad \text{gilt:} \quad U^- \leq m.$$

Für die Nebenläufigkeit einer Menge von Transitionen verlangen wir also, daß genug Marken vorhanden sind, um alle Transitionen "gleichzeitig" zu schalten.

Folgerung 3.1.
Es sei U nebenläufig bei m .
1. *Wenn $t \in U$ ist, dann hat t Konzession bei m.*
2. *Wenn $q \in W(U)$ ein Transitionswort ist, in dem jedes $t \in U$ höchstens einmal vorkommt, dann ist q schaltfähig bei m, d.h. $q \in L_N(m)$.*

Als *Schleife* in einem Netz bezeichnet man ein Teilnetz, das aus einem Platz, einer Transition, einem Bogen von diesem Platz zu dieser Transition und einem Bogen zurück besteht. Netze ohne Schleifen heißen *schleifenfrei* oder *rein*.

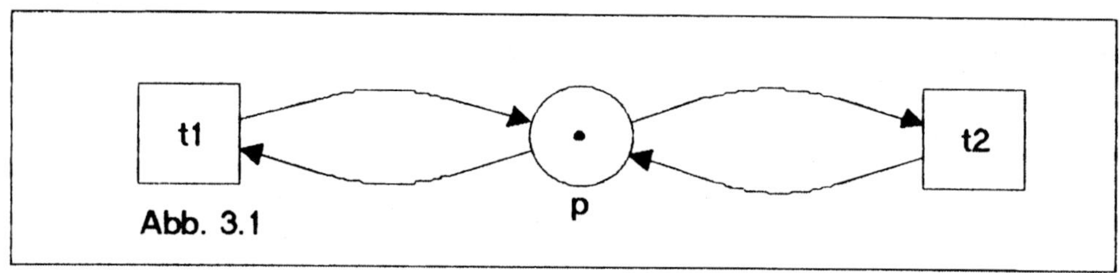

Wenn Transitionen bei einer Markierung nebenläufig sind, so können sie in beliebiger Reihenfolge schalten. Das Umgekehrte gilt i.a. nur für schleifenfreie Netze, ebenso wie die Menge aller bei einer Markierung konzessionierten Transitionen i.a. nicht nebenläufig ist. In der Abbildung 3.1 ist zu sehen, daß die Transitionen t_1 und t_2 Konzession haben und in beliebiger Reihenfolge (aber eben nur nacheinander) schalten können, $\{t_1, t_2\}$ ist aber nicht nebenläufig.

Satz 3.2.

Es sei $N = [P,T,F,V,m_0]$ ein schleifenfreies Petri-Netz, $U \subseteq T$ und m eine Markierung von P. Wenn die Transitionen aus U bei m in beliebiger Reihenfolge geschaltet werden können, dann ist U nebenläufig bei m.

Wir nehmen an, daß U nicht nebenläufig bei m ist. Dann existiert ein Platz p^* mit $U^-(p^*) > m(p^*)$. Wir zeigen, daß p^* in einer Schleife liegt. Dazu seien t_1, t_2, ..., t_k alle Transitionen aus U mit $t_i^-(p^*) > 0$. Es ist also $U^-(p^*) = \sum_{i=1}^{k} t_i^-(p^*) > m(p^*)$. Weil das Wort $t_1 t_2 \ldots t_k$ bei m geschaltet werden kann, gilt $t_i^+(p^*) > 0$ für wenigstens eine Transition t_i, diese bildet mit p^* eine Schleife.

In schleifenfreien Netzen kann Nebenläufigkeit als Schaltfähigkeit in beliebiger Reihenfolge verstanden werden. Diese Eigenschaft kann anhand (eines Ausschnittes) des Erreichbarkeitsgraphen des Netzes bewiesen werden, nicht aber die Nebenläufigkeit im allgemeinen.

Definition 3.2.
Eine Menge U von Transitionen eines Petri-Netzes $N = [P,T,F,V,m_0]$ heißt *strukturell nebenläufig*, wenn U bei jeder Markierung m, bei der alle Transitionen t aus U Konzession haben, nebenläufig ist.

Die Menge $U = \{t_1, t_2\}$ ist nicht strukturell nebenläufig im Netz der Abbildung 3.1, obwohl eine Marke mehr U zu einer nebenläufigen Menge macht. Es kann also vorkommen, daß eine Menge U bei jeder erreichbaren Markierung, bei der alle $t \in U$ Konzession haben, nebenläufig ist, ohne strukturell nebenläufig zu sein.

Satz 3.3.
U ist strukturell nebenläufig in N genau dann, wenn die Vorplatzmengen der Transitionen aus U paarweise disjunkt sind.

Beweis. Wenn die Vorplatzmengen der $t \in U$ paarweise disjunkt sind, dann existiert zu jedem Platz $p \in P$ höchstens ein $t_p \in U$ mit $t_p^-(p) > 0$. Also gilt für jedes m, bei dem alle $t \in U$ Konzession haben:

$$U^-(p) = \left\{ \begin{array}{ll} t_p^-(p), & \text{falls } U^-(p) > 0, \\ 0, & \text{sonst,} \end{array} \right\} \le m(p),$$

d.h. U ist nebenläufig bei m. Es sei umgekehrt p ein gemeinsamer Vorplatz der Transitionen $t_1,\ldots,t_k$ ($k > 1$) aus U. Wir wählen ein i derart, daß $t_i^-(p)$ maximal ist, und betrachten eine Markierung m, bei der alle $t \in U$ Konzession haben und $m(p) = t_i^-(p)$ ist. Offensichtlich ist U nicht nebenläufig bei m, denn $U^-(p) > t_i^-(p) = m(p)$.

Ein Aspekt der Modellierung von Nebenläufigkeit durch Petri-Netze ist theoretisch bisher wenig reflektiert worden, die Nebenläufigkeit "mit sich selbst". Stellen wir uns ein System vor, in dem eine Aktion (z.B. "ätzen") von mehreren Akteuren an verschiedenen Objekten unabhängig voneinander vorgenommen werden kann. Die der Aktion entsprechende Transition im Netz sollte dann bei Vorliegen mehrerer Objekte auf ihrem Vorplatz nebenläufig zu sich selbst schalten können. Bei einem realen System wird die Zahl der Akteure, d.h. der Teilnehmer an der Aktion, fixiert oder beschränkt sein. Beim Modellieren kann man so vorgehen, daß man statt einer Transition für die Aktion je eine Transition für jeden Akteur vorsieht, dann braucht man Nebenläufigkeit mit sich selbst nicht zu betrachten, bläht aber das Netz durch unwesentliche Einzelheiten auf. Anderenfalls ist man genötigt, Nebenläufigkeit als Eigenschaft von Multimengen von Transitionen zu betrachten (und den Transitionen eine Zahl, ihre maximale potentielle Nebenläufigkeit zuzuordnen).

Eine *Multimenge* m einer Menge P ist eine Abbildung, die jedem Element p aus P eine natürliche Zahl zuordnet, also genau das, was wir oben als eine Markierung von P bezeichnet haben. Der Unterschied liegt nur in der Interpretation, die Zahl $m(p)$ gibt an, wie oft das Element p in der Multimenge m enthalten ist. Neben der Vektornotation, die wir oben für Markierungen verwendet haben, verwendet man für Multimengen die Notation als formale Summe $m = \sum_{p \in P} m(p) \star p$ ("formal", weil die Addition nicht ausführbar ist). Ist $P = \{Apfel, Birne\}$, so wird die aus zwei Äpfeln und einer Birne bestehende Multimenge m durch $m = 2\star Apfel + 1\star Birne$ angegeben.

Definition 3.3.
Eine Multimenge u von Transitionen des Petri–Netzes $N = [P, T, F, V, m_0]$ wird *nebenläufig bei der Markierung m* genannt, wenn gilt:

$$u^- := \sum_{t \in T} u(t) \cdot t^- \leq m.$$

Wenn zu jeder Transition t von N eine Zahl $n(t) \geq 1$ als maximale potentielle Nebenläufigkeit fixiert ist, muß man in der Definition 3.3 zusätzlich verlangen, daß $u(t) \leq n(t)$ für alle $t \in T$ ist.

In dem in der Abbildung 3.1 dargestellten Netz haben die Transitionen t_1 und t_2 Konzession, sind aber nicht nebenläufig bei m_0. Wir sagen dafür, daß sie im *Konflikt* stehen.

Definition 3.4.

(1) Eine Menge U von Transitionen eines Petri-Netzes $N = [P, T, F, V, m_0]$ heißt *konfliktbehaftet bei der Markierung m*, wenn alle Transitionen t aus U bei m Konzession haben und U nicht nebenläufig bei m ist. Wenn $U = \{t, t'\}$ eine Zweiermenge ist, sagen wir auch, daß t *und* t' bei m im *Konflikt* stehen.

(2) Eine Menge $U \subseteq T$ wird *strukturell konfliktbehaftet* genannt, wenn es eine Markierung gibt, bei der U konfliktbehaftet ist.

(3) Das Netz N heißt (*dynamisch*) *konfliktfrei* oder *persistent*, wenn bei keiner erreichbaren Markierung zwei Transitionen im Konflikt stehen; es wird als *strukturell* (oder *statisch*) *konfliktfrei* bezeichnet, wenn keine Zweiermenge strukturell konfliktbehaftet ist.

In analoger Weise kann man *konfliktbehaftet* für Multimengen u von Transitionen definieren. Ein Konflikt zwischen zwei Transitionen (bei einer erreichbaren Markierung) weist immer auf eine Unvollständigkeit der Spezifikation (einen Mangel an Information) hin, das Systemverhalten ist im entsprechenden Zustand nicht eindeutig bestimmt. Ob das als Fehler zu betrachten ist, hängt von den Zielen der Modellierung ab. Bei einem schleifenfreien Netz entzieht das Schalten einer der beiden im Konflikt stehenden Transitionen der anderen die Konzession. Zur Lösung des Konflikts, d.h. zur Entscheidung der Frage, welche der beiden schalten soll, bedarf es einer Information, die in der Spezifikation nicht enthalten ist und die dem System aus seiner Umgebung zugeführt werden muß, wenn man determiniertes Verhalten erreichen will.

Aus dem Satz 3.3 ergibt sich unmittelbar

Folgerung 3.4.

1. *Wenn das Petri-Netz N strukturell konfliktfrei ist, dann ist es persistent und jede Teilmenge U von T ist strukturell konfliktfrei.*

2. *N ist strukturell konfliktfrei genau dann, wenn keine zwei Transitionen einen Vorplatz teilen (gemeinsam haben).*
3. *Wenn eine Transition t eines persisteten Netzes Konzession hat, kann nur durch Schalten von t eine Markierung erreicht werden, bei der t nicht konzessioniert ist.*

Bei einer Anfangsmarkierung mit zwei Marken ist das Netz in der Abbildung 3.1 persistent, aber nicht strukturell konfliktfrei. In der Abbildung 1.1 (vgl. Seite 17) haben wir bereits ein schleifenfreies, bei einer Anfangsmarkierung mit drei Marken auf p_0 persistentes Petri-Netz, das nicht statisch konfliktfrei ist, kennengelernt. An diesem Beispiel können wir sehen, daß statische Konflikte, die im Verhalten nicht realisiert werden, d.h. die bei keiner erreichbaren Markierung als Konflikt auftreten, Anlaß zu einer Vereinfachung der Systembeschreibung und damit eventuell des Systems sein können. In unserem Beispiel kann man p_0 weglassen, wenn dieser Platz mehr als zwei Marken hat.

Als *Konfusion* bezeichnet man solche Situationen, bei denen man auf der Basis der Spezifikation nicht entscheiden kann, ob ein Konflikt *objektiv* auftritt. Anstelle einer formalen Definition betrachten wir die beiden Beispiele in der Abbildung 3.2.

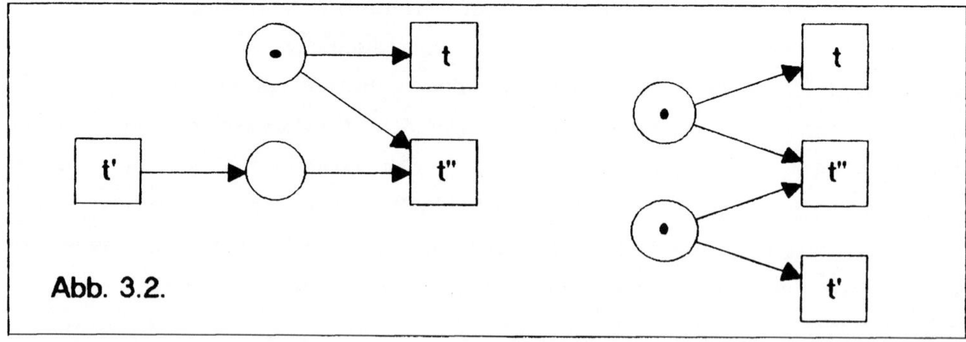

Abb. 3.2.

Betrachten wir zuerst das linke Netz. Wenn die Transition t' schaltet, entsteht eine Markierung, bei der t und $t"$ im Konflikt stehen. Dieser Konflikt entsteht nicht, wenn zuvor t schaltet. Bei der angegebenen

Markierung sind t und t' aber nebenläufig, es gibt also keine Festlegung, in welcher Reihenfolge diese Transitionen schalten (es könnte sogar gleichzeitig geschehen). Aus dem Netzmodell kann also nicht abgeleitet werden, ob der Konflikt zwischen t und t'' auftritt. Auch beim rechten Netz sind t und t' nebenläufig, außerdem stehen t' und t'' in einem Konflikt, der durch Schalten von t (zugunsten von t') gelöst wird. Beim nebenläufigen Schalten von t und t' kann also niemand sagen, ob dabei ein Konflikt zwischen t' und t'' durchlaufen wurde.

Wenn im Netzmodell eines Systems Konfusionen möglich sind, also Situationen, bei denen es von der Reihenfolge im Schalten nebenläufig konzessionierter Transitionen abhängt, ob ein Konflikt entsteht oder nicht, dann müssen Konflikte mit Vorsicht interpretiert werden, weil wir eben nicht wissen, ob sie objektiv sind, also im beschriebenen System tatsächlich auftreten.

Literatur

Petri, C. A., Introduction to General Net Theory. Net Theory and Applications, LNCS 84, Springer Verlag Berlin Heidelberg 1980, 1 – 19.

Petri, C. A., Concurrency Theory. Advances in Petri Nets 1986. LNCS 254 Springer Verlag Berlin Heidelberg 1987, 4 – 24.

Petri, C. A., Concurrency and Continuity. Advances in Petri Nets 1987. LNCS 266, Springer Verlag Berlin Heidelberg 1987, 500 – 514.

4. BESCHRÄNKTHEIT

Wenn ein Netzmodell eines Systems, z.B. einer Steuerung, entworfen ist, stellt sich als eines der ersten Verifikationsprobleme die Frage nach der Realisierbarkeit, d.h. die Frage, ob wir ein System mit endlicher Zustandsmenge entworfen haben. Die entsprechende Frage auf der Netzebene ist die nach der Beschränktheit des Netzes.

Definition 4.1.

Es sei $N = [P,T,F,V,m_0]$ ein Petri-Netz, m eine Markierung von P und p ein Platz aus P, ferner k eine positive natürliche Zahl.

(1) p heißt *k-beschränkt bei* m, wenn für jede von m in N erreichbare Markierung m' gilt: $m'(p) \leq k$.

(2) p wird *beschränkt bei* m genannt, wenn ein k existiert, für das p k-beschränkt bei m ist.

(3) Das Netz N heißt *beschränkt bei* m (bzw. schlechthin *beschränkt*), wenn alle seine Plätze beschränkt bei m (bzw. bei m_0) sind.

Statt "1-beschränkt" sagen wird auch *sicher*.

Folgerung 4.1.

Ein Petri-Netz $N = [P,T,F,V,m_0]$ *ist genau dann beschränkt, wenn seine Erreichbarkeitsmenge* $R_N(m_0)$ *endlich ist.*

Die Beschränktheit ist eine dynamische Eigenschaft, denn sie bezieht sich auf alle erreichbaren Markierungen und sie hängt von der Anfangsmarkierung ab. Dennoch gibt es viele hinreichende Bedingungen für die Beschränktheit eines Netzes, die rein struktureller Natur sind; wir gehen darauf in späteren Abschnitten ein. Lediglich als Beispiel erwähnen wir die Aussage, daß jedes Netz beschränkt ist, bei dem jede Transition beim Schalten höchstens soviele Marken auf ihre Nachplätze verteilt, wie sie Marken von ihren Vorplätzen nimmt.

Die Sicherheit eines Netzes spielt dann eine Rolle, wenn man die Plätze als (zweiwertige) logische Bedingungen interpretieren möchte; wenn der Platz genau eine (bzw. keine) Marke trägt, ist die entsprechende Systembedingung wahr (bzw. falsch).

Satz 4.2.

Es sei $N = [P,T,F,V,m_0]$ *ein Petri-Netz,* $m,m' \in \mathbb{N}^P$ *und* $q,r \in W(T)$. *Wenn* $m_0 [q > m [r > m'$ *und* $m' > m$, *dann ist* N *unbeschränkt.*

Beweis. Weil $m \neq m'$ ist, existiert ein $p \in P$ mit $m(p) < m'(p)$. Wir zeigen, daß p unbeschränkt ist, indem wir die Annahme, daß p k-beschränkt ist, zum Widerspruch führen. Weil $m' \geq m$ ist, kann das bei m schaltfähige Wort r auch bei m' geschaltet werden (vgl. 2.2.2) und dabei entsteht eine Markierung $m_2 \geq m'$ mit $m_2(p) > m'(p) > m(p) \geq 0$, d.h. $m_2(p)$ ist größer als 1. Wegen $m_2 \geq m'$ können wir r nochmals schalten und erreichen eine Markierung $m_3 \geq m_2$ mit $m_3(p) > m_2(p) \geq 2$. Nach $k+1$ derartigen Schritten erreichen wir eine Markierung m_{k+2} mit $m_{k+2}(p) > k$.

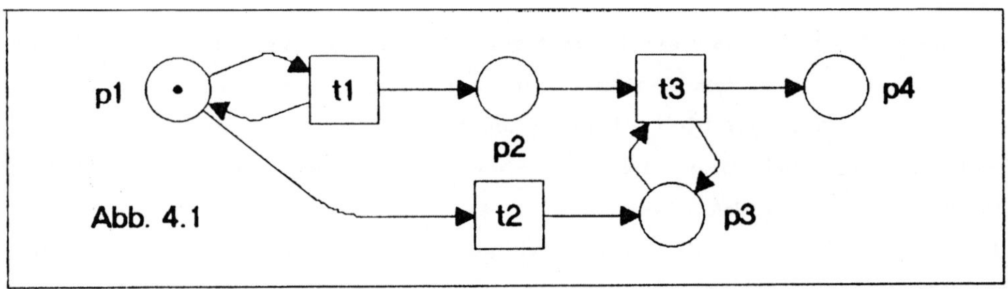

Betrachten wir als Beispiel das Netz in der Abbildung 4.1. Aus der Anfangsmarkierung $m_0 = (1,0,0,0)$ entsteht durch Schalten von t_1 die Markierung $m_2 = (1,1,0,0) > m_1$, der Platz p_2 ist also unbeschränkt. Man sieht leicht ein, daß auch der Platz p_4 in diesem Netz unbeschränkt ist, obwohl sich die im Satz 4.2 vorausgesetzte Situation hier nicht finden läßt, jedes Erhöhen der Markenzahl auf p_4 vermindert die Markenzahl auf p_2, ohne daß sie sich danach wieder erhöhen ließe. Die Umkehrung von 4.2 gilt dennoch:

Satz 4.3.

Das Petri-Netz $N = [P,T,F,V,m_0]$ ist genau dann unbeschränkt, wenn ein Wort $r \in W(T)$ und Markierungen $m,m' \in R_N(m_0)$ mit $m\ [r >m'$ und $m' > m$ existieren.

Zum Beweis benötigen wir den

Hilfssatz 4.4.

In jeder unendlichen Folge (m_i) von Markierungen existiert eine unendliche Teilfolge (m_j'), die schwach monoton steigt, d.h. für $j < k$ ist $m_j' \leq m_k'$.

Man beweist dies, indem man zuerst eine Teilfolge aussondert, bei der die Monotonieforderung für den ersten Platz erfüllt ist, aus dieser eine Teilfolge aussondert, bei der die Monotonieforderung (auch) für den zweiten Platz erfüllt ist, usw.

Wir betrachten den Erreichbarkeitsgraphen $EG(N)$ (vgl. Def.2.7). Dieser gerichtete Graph ist vom Knoten m_0 aus zusammenhängend, aus jedem Knoten entspringen nur endlich viele Bögen (höchstens soviele wie es Transitionen gibt) und, weil N unbeschränkt ist, hat dieser Graph unendlich viele Knoten. Beim Knoten m_0 beginnen unendlich viele Pfade (Bogenzüge, die keinen Knoten zweimal durchlaufen), die m_0 mit den anderen Knoten von $EG(N)$ verbinden, aber nur endlich viele Bögen. Durch einen dieser Bögen gehen also unendlich viele der betrachteten Pfade. Wir wählen einen solchen aus, sein Endknoten sei m_1. Dieselbe Überlegung zeigt, daß durch einen bei m_1 entspringenden Bogen unendlich viele der übrig gebliebenen Pfade gehen, sein Endknoten sei m_2. Weil diese Konstruktion niemals abbricht, existiert eine unendliche Folge (m_i) von paarweise verschiedenen erreichbaren Markierungen mit $m_0\ [\ast> m_i\ [\ast> m_j$

für $0 \leq i \leq j$. Nach 4.4 existiert eine schwach monoton aufsteigende Teilfolge (m_j') von (m_i). Wir haben also

$$m_0 \; [*> \; m_1' \; [*> \; m_2', \qquad m_1' \leq m_2' \quad \text{und} \quad m_1' \neq m_2',$$

was zu zeigen war.

Der Satz 4.3 bietet die Grundlage für einen Algorithmus zur Entscheidung der Frage, ob ein gegebenes Netz unbeschränkt ist. Wir geben einen solchen Algorithmus in einer MODULA-2- bzw. PASCAL-ähnlichen Notation an. Neben der Standardprozedur HALT verwenden wir dabei die Funktionsprozedur Vor(Markierung): Markierung, die zu einer Markierung m aus der Menge R die Markierung m^* als Resultat hat, von der aus m beim Aufbau von R konstruiert wurde. Da m_0 in diesem Sinne keinen Vorgänger hat, setzen wir Vor(m_0) := NIL.

```
PROCEDURE Beschraenkt;
   VAR
      R: Markierungsmenge;
      B: Bogenmenge;

   PROCEDURE Bearbeite(m: Markierung);                    (* Subroutine *)
   VAR
      m',m*: Markierung;    t: Transition;    Konz: Transitionsmenge;
   BEGIN
      Konz := { t | t⁻ ≤ m };
      FOR t ∈ Konz DO
         m' := m + Δt;
         IF  m' ∈ R  THEN                          (* m' schon früher erreicht *)
            B := B ∪ {[m,t,m']};                    (* Bogen eintragen *)
         ELSE                                       (* m' ist neu *)
            m* := m;
            WHILE (m* ≠ NIL) AND NOT (m* ≤ m') DO
               m* := Vor(m*);
            END;
            IF m* = NIL THEN
               R := R ∪ { m' };    B := B ∪ {[m,t,m']};
               Bearbeite(m');
            ELSE                                   (* m* [*> m', m* < m' *)
               WriteString("Das Netz ist unbeschränkt.");
               HALT;
            END;
         END;
      END; (* FOR *)
   END Bearbeite;
```

```
BEGIN         (* main *)
  R := { m  };    B := Ø;
         0
  Bearbeite(m );
             0
  WriteString("Das Netz ist beschränkt.");
END Beschraenkt;
```

Die Anwendung dieses Algorithmus auf das Netz in der Abbildung 4.1 führt nach dem Aufruf "Bearbeite(m_0)" zur Berechnung "Konz := $\{t_1, t_2\}$". Wenn wir annehmen, daß die FOR-Anweisung für die Transition mit der kleinsten Nummer zuerst ausgeführt wird, erhalten wir $m' = m_0 + \Delta t_1 = (1,1,0,0)$. Es ist $m' \notin R = \{m_0\}$, es wird $m^* := m_0$ gesetzt. Weil $m^* \leq m'$ ist, wird die WHILE-Schleife nicht durchlaufen und $m^* \neq$ NIL. Daher erfolgt der Abbruch mit der Anmerkung, daß das Netz nicht beschränkt ist. Wird dieser Algorithmus auf ein beschränktes Netz angewendet, so wird er mit der Ausschrift "Das Netz ist beschränkt." verlassen und $[R,B] = EG(N)$, d.h. der gesamte Erreichbarkeitgraph von N ist berechnet worden. Aus dieser Tatsache ergeben sich die Schwierigkeiten bei seiner Anwendung auf Netze, die Systeme mit einer großen Zahl von Zuständen beschreiben, insbesondere die Rechenzeit kann leicht alle vertretbaren Grenzen überschreiten. In vielen Fällen ist es daher günstiger, vorher zwar nur hinreichende, aber schneller auswertbare strukturelle Bedingungen für die Beschränktheit (z.B. die Überdeckbarkeit mit P-Invarianten, vgl. Abschnitt 11) zu überprüfen.

5. ÜBERDECKBARKEIT UND ERREICHBARKEIT

Die Frage nach der Erreichbarkeit einer bestimmten Markierung in einem Netzmodell ist die Frage danach, ob das System einen bestimmten denkbaren Zustand annehmen kann. Wenn es sich dabei um einen gefährlichen Zustand handelt, kann diese Frage allein der Grund für die Modellierung sein. Bei einem verteilten System wird es dabei häufig nicht um einen einzelnen Zustand gehen, sondern um eine Klasse von Zuständen, die nur in den Werten bestimmter Parameter übereinstimmen, d.h. es geht um alle die Zustände, bei denen gewisse Teilsysteme gegebene Teilzustände haben. Im Netzmodell kann diese Situation dadurch widergespiegelt werden, daß man nach der Erreichbarkeit einer Teilmarkierung, also einer Markierung einer Teilmenge der Platzmenge fragt. Andererseits kann die Zustandsklasse so bestimmt sein, daß ihren Elementen Markierungen entsprechen, die eine gegebene Markierung in den Markenzahlen platzweise nicht unterschreiten, sie überdecken.

Definition 5.1.
Es sei $N = [P,T,F,V,m_0]$ ein Petri-Netz, $\emptyset \neq Q \subseteq P$ und $m,m' \in \mathbb{N}^P$.
(1) m heißt von m' *überdeckt*, wenn $m \leq m'$ ist.
(2) m wird *überdeckbar in N* genannt, wenn es eine in N erreichbare Markierung m' gibt, die m überdeckt.
(3) Jede Markierung von Q ist eine *Teilmarkierung von P auf Q*.
(4) Eine Teilmarkierung m^* auf Q heißt *erreichbar von der Markierung m in N*, wenn von m in N eine Markierung erreichbar ist, die mit m^* auf Q übereinstimmt.

Wir werden uns zunächst mit dem Überdeckbarkeitsproblem beschäftigen, wir suchen also nach einem Algorithmus zur Beantwortung der Frage, ob eine gegebene Markierung in einem Petri-Netz N überdeckbar ist. Dazu konstruieren wir den sogenannten *Überdeckbarkeitsgraphen* $\ddot{U}G(N)$ des Netzes $N = [P,T,F,V,m_0]$. Die Grundidee dabei besteht darin, daß man Markierungen verwendet, die Plätzen nicht nur natürliche Zahlen, sondern auch ω zuordnen können. Dabei soll $m(p) = \omega$ bedeuten, daß der Platz p unbeschränkt viele Marken erhalten kann. Mit ω wird gerechnet wie mit "unendlich", für natürliche Zahlen n gilt also

$$\omega - n = \omega = \omega + n, \quad n\cdot\omega = \omega \text{ für } n>0, \quad 0\cdot\omega = 0, \quad \omega > n.$$

Wir bezeichnen die Abbildungen von P in $\mathbb{N} \cup \{\omega\}$ als ω–*Markierungen*.

Wir berechnen $\ddot{U}G(N) = [R,B]$ nach folgendem Algorithmus:

```
VAR
    R,W:    Menge von ω–Markierungen;      B:   Bogenmenge;
    Konz: Transitionsmenge;                t:   Transition;
    m,m',m*:  ω–Markierung;
    Vor:       FUNKTION(ω–Markierung): ω–Markierung;
BEGIN
    W := { m₀ };   Vor(m₀) := NIL;   (* noch nicht bearbeitete Knoten *)
    R := ∅;      B := ∅;
    WHILE  W ≠ ∅  DO
       Wähle-m-aus-W;    W := W − {m};    R := R ∪ {m};
       Konz := { t | t⁻ ≤ m };
       FOR  t ∈ Konz  DO
         m' := m + Δt;
         m* := m;
         WHILE  (m* ≠ NIL) AND NOT (m* ≤ m')  DO
             m* := VOR(m*);
         END;
         IF m* ≠ NIL THEN        (* m' überdeckt m* auf dem Pfad zu m *)
            m' := m' + (m' − m*)·ω;    (* unbeschränkte p auf ω setzen *)
         END;
         B := B ∪ {[m,t,m']};
         IF  m' ∉ R ∪ W  THEN  W := W ∪ {m'};   Vor(m') := m; END;
       END; (* for *)
    END;
END ÜG.
```

Wenn wir diesen Algorithmus auf der Netz in der Abbildung 4.1 (vgl. Seite 39) anwenden und dabei die Markierungen aus W in der Reihenfolge ihrer Erzeugung ausgewählt werden, so erhalten wir den Überdeckbarkeitsgraphen in der Abb. 5.1. Darin ist ω durch oo wiedergegeben.

Satz 5.1.

Für jedes Petri-Netz N ist der Überdeckbarkeitsgraph ÜG(N) = [R,B]
endlich.

Diesen Satz beweist man wie den Satz 4.3. Er sagt aus, daß unser
Algorithmus stets nach endlich vielen Schritten abbricht.

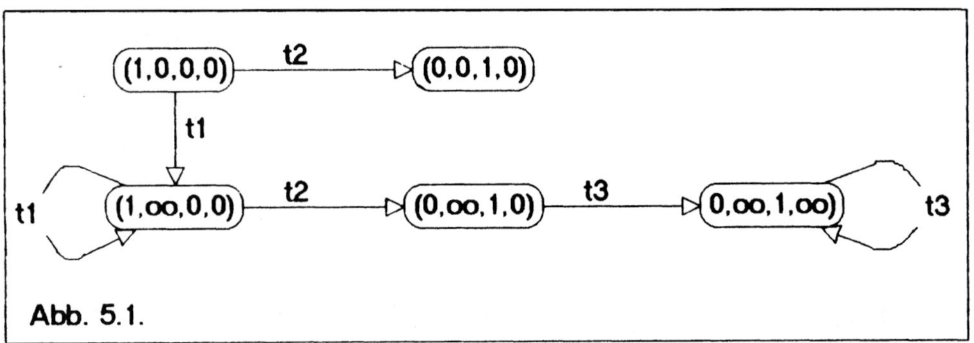

Wir beschreiben die bei m_0 beginnenden Bogenzüge in unseren Graphen
$ÜG(N)$ durch das Wort, das von den Transitionen gebildet wird, mit denen
die durchlaufenen Bögen beschriftet sind. Das leere Wort e führt dabei
zum Knoten m_0, das Wort $t_1 t_1 t_1 t_2$ zum Knoten $(0,\omega,1,0)$ und $t_1 t_2 t_1$ ist
keine Beschreibung eines bei m_0 beginnenden Zuges. Die Menge aller
Wörter, die bei m_0 beginnende Bogenzüge beschreiben, bezeichnen wir mit
$L_{ÜG}(N)$. Für $q \in L_{ÜG}(N)$ sei m_q der Knoten (die ω-Markierung), zu der der
durch q beschriebene Zug führt.

Satz 5.2.

1. *Wenn m_0 [q > m$ gilt, dann ist $q \in L_{ÜG}(N)$ und $m \le m_q$.*
2. *Wenn m überdeckbar in N ist, dann existiert ein Knoten in ÜG(N), der*
   m überdeckt.

Offensichtlich gilt 5.2.1 für $q = e$, in diesem Fall ist $m = m_0 = m_e$. Im
induktiven Beweis schließen wir von q auf qt. Aus m_0 [qt > m$ folgt die
Existenz einer Markierung m^* mit m_0 [q > m^*$ [t > m. Nach
Induktionsvoraussetzung folgt aus m_0 [q > m^*$, daß $q \in L_{ÜG}(N)$ und $m^* \le m_q$

ist. Wegen $m^* \, [t > m$ hat t Konzession bei m^*, nach dem Monotonieprinzip also auch bei m_q und $qt \in L_{\ddot{U}G}(N)$. Also ist $m_{qt} \geq m_q + \Delta t \geq m^* + \Delta t = m$. Die Aussage 5.2.2 folgt unmittelbar aus 5.2.1.

Die Aussage 5.2.1 impliziert, daß $L_N(m_0) \subseteq L_{\ddot{U}G}(N)$, also die Sprache des Netzes in der Sprache seines Überdeckbarkeitgraphen enthalten ist. Die umgekehrte Inklusion gilt i.a. nicht, in unserem Beispiel ist $t_1 t_2 t_3 t_3$ ein Wort aus $L_{\ddot{U}G}(N)$, das ausgehend von m_0 nicht geschaltet werden kann.

Es sei m eine beliebige ω-Markierung. Dann bezeichne $\Omega(m)$ die Menge der Plätze p mit $m(p) = \omega$. Wir betrachten einen Knoten m^* von $\ddot{U}G(N)$, also eine bestimmte ω-Markierung. Wenn $\Omega(m^*) = \emptyset$ ist, dann ist m^* erreichbar in N, $m \in R_N(m_0)$.

Wenn $\Omega(m^*) \neq \emptyset$ ist, dann betrachten wir einen kürzesten Weg von m_0 nach m^* in $\ddot{U}G(N)$; q sei das Wort aus $L_{\ddot{U}G}(N)$, das diesen Weg beschreibt. Aus der Konstruktion ergibt sich, daß für Knoten m, m' auf diesem Weg gilt: Wenn m früher durchlaufen wird als m', dann ist $\Omega(m) \subseteq \Omega(m')$. Es seien m_1, m_2,...., m_k die Knoten auf diesem Weg (in der Reihenfolge, in der sie durchlaufen werden), bei denen sich die Menge der mit ω markierten Plätze gegenüber ihrem Vorgänger echt erhöht. Es sei u_i das Teilwort von q, das vom Knoten m_{i-1} nach m_i führt und u_{k+1} beschreibe den Weg von m_k zum Knoten m^* (wenn $m_k = m^*$ ist, dann ist $u_{k+1} = e$). Es ist folglich $q = u_1...u_k u_{k+1}$ und die Wörter u_1, ..., u_k sind nichtleer.

Wählen wir in unserem Beispiel der Knoten $m^* = (0,\omega,1,\omega)$, dann ergibt sich $q = t_1 t_2 t_3$, $k = 2$, $m_1 = (1,\omega,0,0)$, $u_1 = t_1$, $m_2 = m^*$, $u_2 = t_2 t_3$.

Das Wort $u_1...u_i$ beschreibt den Weg von m_0 nach m_i, beim letzten Schritt dieses Weges vergrößert sich die Zahl der ω-Plätze. Daher existiert ein Endstück r_i von $u_1 \ldots u_i$ und ein Knoten m_i' auf dem Weg von m_0 nach m_i mit folgenden Eigenschaften:

1. r_i beschreibt den Teilweg von m_i' nach m_i,

2. $m_i' \leq m_i$,

3. wenn $m_i(p) \neq \omega$ ist, dann $m_i'(p) = m_i(p)$.

Folglich gilt für r_i:

4. $\Delta r_i(p) = 0$ für $p \notin \Omega(m_i)$,

5. $\Delta r_i(p) > 0$ für $p \in \Omega(m_i)$ mit $p \notin \Omega(m_{i-1})$.

Für Plätze aus $\Omega(m_{i-1})$ kann $\Delta r_i(p)$ negativ sein.

In unserem Beispiel ist $r_1 = t_1$, $m_1' = m_0$ und $r_2 = t_3$, $m_2' = (0,\omega,1,0)$.

Im Netz N ist das Wort u_1 bei m_0 schaltfähig und führt zur Markierung $m^{(1)} := m_0 + \Delta u_1$, die eine Markierung auf dem Weg dorthin überdeckt. Bei $m^{(1)}$ kann r_1 mit $\Delta r_1 > 0$ geschaltet werden (0 bezeichnet die Nullmarkierung) und m_1 stimmt mit $m^{(1)}$ und allen Markierungen, die von $m^{(1)}$ durch beliebig oftmaliges Schalten des Wortes r_1 erreicht werden (diese haben die Form $m^{(1)} + k_1 \cdot \Delta r_1$) auf den Plätzen, die nicht in $\Omega(m_1)$ liegen, überein.

In unserem Beispiel ist $m^{(1)} = (1,1,0,0)$ und $\Delta r_1 = (0,1,0,0)$. Durch Schalten von u_1 und k-mal r_1 erreichen wir $(1,k+1,0,0)$.

Für $i=1$ gilt also: In N ist von m_0 für jedes $k \in \mathbb{N}$ eine Markierung erreichbar, die mit m_i auf der Menge $P - \Omega(m_i)$ übereinstimmt und die für alle Plätze $p \in \Omega(m_i)$ Werte größer als k hat. Wenn dieses k groß genug gewählt wird, so kann bei dieser Markierung das Wort u_{i+1} und danach r_{i+1} sooft geschaltet werden, daß eine Markierung erreicht wird, die mit m_{i+1} auf $P - \Omega(m_{i+1})$ übereinstimmt und für alle Plätze p aus $\Omega(m_{i+1})$ Werte hat, die ein vorgegebenes $l \in \mathbb{N}$ übertreffen.

Wir erhalten schließlich eine erreichbare Markierung, die auf $P - \Omega(m_k)$ mit m_k übereinstimmt, bei der u_{k+1} geschaltet werden kann und die auf $\Omega(m_k)$ ein beliebig vorgegebenes $n \in \mathbb{N}$ übertrifft. Durch Schalten von u_{k+1} ergibt sich eine Markierung, die auf $P - \Omega(m^*)$ mit m^* übereinstimmt und sonst eine gegebene Zahl übertrifft, d.h. es gilt:

Satz 5.3.

Zu jedem Knoten m^* von ÜG(N) und jeder Zahl $k \in \mathbf{N}$ existiert eine in N erreichbare Markierung m, die auf der Menge $P - \Omega(m^*)$ mit m^* übereinstimmt und die für Plätze $p \in \Omega(m^*)$ Werte größer als k hat.

In unserem Beispiel ist bei $k = 2$ die Markierung $m = (0,3,1,3)$ von m_0 durch Schalten des Wortes $q = t_1^6 t_2 t_3^3 = t_1 t_1 t_1 t_1 t_1 t_1 t_2 t_3 t_3 t_3$ erreicht.

Aus den Aussagen 5.2.2 und 5.3 folgt

Satz 5.4.

1. *Eine Markierung m ist genau dann überdeckbar im Petri-Netz N, wenn es im Überdeckbarkeitsgraphen ÜG(N) einen Knoten (eine ω-Markierung) m^* gibt, die m überdeckt.*

2. *Ein Platz p ist genau dann unbeschränkt in N, wenn es in ÜG(N) eine ω-Markierung m^* mit $m^*(p) = \omega$ gibt.*

Wenn das Netz N beschränkt ist, stimmt sein Überdeckbarkeitsgraph ÜG(N) mit dem Erreichbarkeitsgraphen $EG_N(m_0)$ überein, anderenfalls kann man alle unbeschränkten Plätze am Überdeckbarkeitsgraphen ablesen. Man kann darüberhinaus mittels ÜG(N) sogar feststellen, welche Platzmengen simultan unbeschränkt sind.

Definition 5.2.

Eine Platzmenge $Q \subseteq P$ heißt *simultan unbeschränkt in N*, wenn in N zu jedem $k \in \mathbf{N}$ eine Markierung m_k erreichbar ist mit $m_k(p) > k$ für alle p aus Q.

Aus dem Satz 5.4 folgt sofort

Satz 5.5.

Eine Platzmenge $Q \subseteq P$ ist genau dann simultan unbeschränkt in N, wenn in ÜG(N) ein Knoten m existiert mit $m(p) = \omega$ für alle $p \in Q$.

Die Abbildung 5.2 zeigt ein Netz und seinen Überdeckbarkeitsgraphen. In diesem Netz sind die Plätze p_2, p_3 unbeschränkt, aber nicht simultan unbeschränkt. Dagegen sind die Plätze p_2 und p_4 (d.h. die Menge $\{p_2,p_4\}$) im Netz von Abb. 4.1 simultan unbeschränkt.

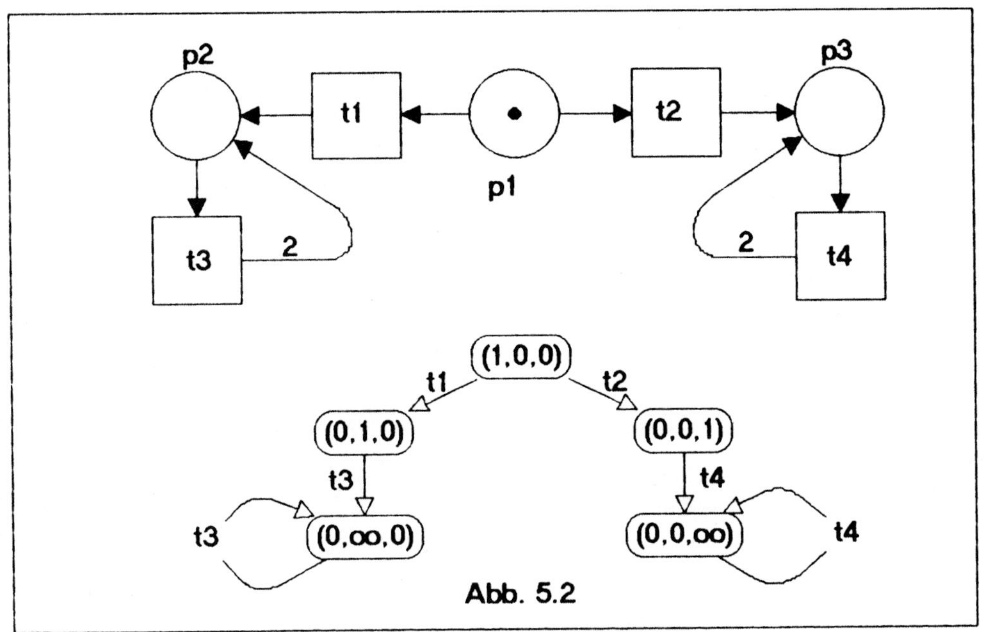

Abb. 5.2

Wenn ein gegebenes Petri-Netz N beschränkt ist, kann man die Frage, ob eine bestimmte Markierung m in N erreichbar ist, theoretisch dadurch lösen, daß man den Erreichbarkeitsgraphen von N konstruiert und nachsieht, ob m darin vorkommt. Das *Erreichbarkeitsproblem* fragt nach einem Algorithmus, der diese Frage für beliebige (also auch unbeschränkte) Petri-Netze beantwortet. Es wurde bereits 1969 gestellt und blieb für mehr als zehn Jahre Gegenstand intensiver mathematischer Bemühungen, bis es 1982 von MAYR, KOSARAJU und MÜLLER positiv gelöst wurde: Es existiert ein solcher Algorithmus. Wir verzichten hier auf eine Darstellung des Algorithmus, weil sie einerseits den Rahmen dieses Buches sprengen würde (vgl. LAMBERT), wir andererseits hauptsächlich an der Analyse endlicher Systeme, d.h. beschränkter Netze interessiert sind und den Algorithmus für eine praktische Implementation in ein Analysewerkzeug für zu kompliziert halten. Im Abschnitt 11 über

Invarianten werden wir eine einfach zu berechnende notwendige Bedingung für die Erreichbarkeit einer Markierung angeben.

Vielfach möchte man nicht nur die Ereichbarkeit einer Markierung m in einem Petri-Netz N erkennen, sondern auch, falls sie erreichbar ist, einen kürzesten Weg von der Anfangsmarkierung m_0 nach m finden. Dazu baut man den Erreichbarkeitsgraphen in die Breite zuerst auf, bis man m findet, d.h. an jedem Knoten werden erst alle konzessionierten Transitionen zur Konstruktion eventuell neuer Knoten geschaltet, bevor ein weiterer Knoten bearbeitet wird und diese Bearbeitung der Knoten erfolgt in der Reihenfolge ihrer Konstruktion. Dieses Verfahren kann verbessert werden, wenn man gleichzeitig das zu N *reverse Netz* N^{-1} betrachtet. N^{-1} geht aus N hervor, wenn man die Richtung aller Bögen umkehrt, ihre Vielfachheit aber nicht ändert. Das Schalten einer Transition t in N^{-1} bewirkt also dasselbe als hätte man t in N sozusagen rückwärts geschaltet. Parallel zum Aufbau von $EG_N(m_0)$ wird nun der Erreichbarkeitsgraph von N^{-1} mit m als Anfangsmarkierung in die Breite zuerst konstruiert, d.h. von der Zielmarkierung m aus (in N betrachtet: rückwärts) schaltend. Sobald die beiden Graphen einen Knoten gemeinsam haben, ist ein kürzester Weg gefunden. Wenn die Konstruktion eines beider Graphen abbricht, ohne daß ein gemeinsamer Knoten gefunden wurde, dann ist m nicht erreichbar in N. Dieses Verfahren bricht also nur dann nicht ab, wenn m nicht erreichbar in N und sowohl N als auch N^{-1} mit m als Anfangsmarkierung unbeschränkt ist.

Als *Zeitkompliziertheit* eines Algorithmus bezeichnet man eine Funktion, die in Abhängigkeit von der Größe der Eingangsdaten die Zahl der Schritte angibt, die der Algorithmus im schlimmsten Fall auf Eingangsdaten dieser Größe bis zum Abbruch auszuführen hat. Als Größe eines Petri-Netzes kann man etwa die Summe aus der Platzanzahl, der der Transitionsanzahl, der Bogenanzahl (jeder Bogen seiner Vielfachheit entsprechend gezählt) und der Markenzahl in der Anfangsmarkierung ansetzen. Für einen Algorithmus, der den Erreichbarkeitsgraphen berechnet, kann man als Schritt die Berechnung einer Markierung nehmen (wobei wir großzügig die Kosten des Tests, ob diese Markierung schon vorhanden ist, vernachlässigen). Die Kompliziertheit eines Problems, z.B. des Problems, den Erreichbarkeitsgraphen zu berechnen, ist dann das Minimum der Kompliziertheiten aller Algorithmen, die dieses Problem lösen.

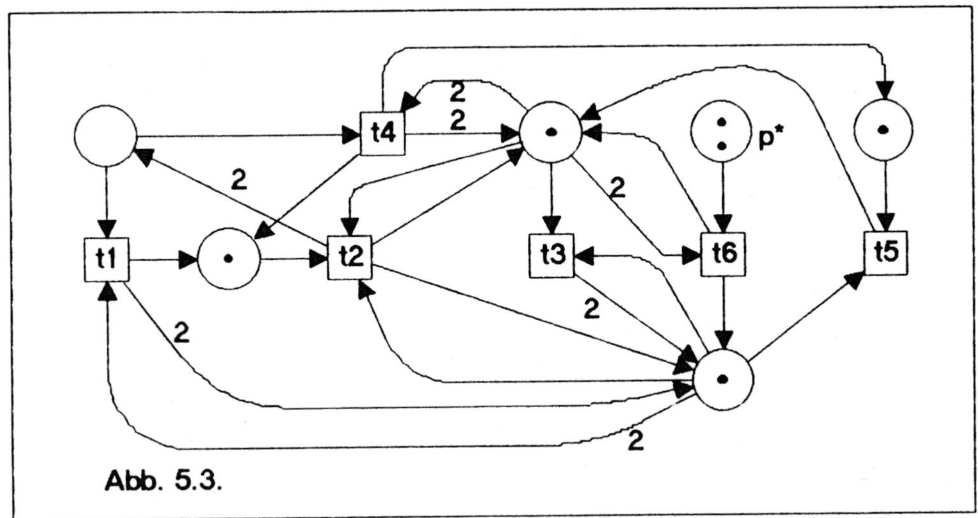

Abb. 5.3.

Die Zeitkompliziertheit des Problems, den Erreichbarkeitsgraphen eines beschränkten Petri-Netzes zu berechnen, ist überexponentiell, d.h. diese Funktion wächst schneller als jede Exponentialfunktion. Betrachten wir als Beispiel das Petri-Netz in der Abb. 5.3, das von M. JANTZEN angegeben wurde. Dieses Netz ist beschränkt bei jeder Anfangsmarkierung, die mit der angegebenen auf allen Plätzen bis auf p^* übereinstimmt. Die Markenzahl bei einer solchen Anfangsmarkierung m_0 ist also $m_0(p^*) + 4$, die Größe des Netzes ist $m_0(p^*) + 48$. Sei $Z(k)$ die maximale Markenzahl bei einer von m_0 erreichbaren Markierung, wenn $m_0(p^*) = k$ ist. Für diese Funktion gilt: $Z(k) = 2 \cdot f(k) + 2$, wobei f induktiv definiert ist durch:

$$f(0) = 2,$$
$$f(k+1) = f(k) \cdot 2^{f(k)}.$$

Es ist also $Z(0) = 6$, $Z(1) = 18$, $Z(2) = 4098$, $Z(3) = 2^{2060} + 2$. Entsprechend wächst die Zahl $M(k)$ der erreichbaren Markierungen ($M(0) = 30$, $M(1) = 427$).

Man kann zeigen, daß das Erreichbarkeitsproblem für beschränkte Petri-Netze die gleiche Kompliziertheit hat wie das Problem, den Erreichbarkeitsgraphen zu berechnen, also ebenfalls überexponentiell ist. Das impliziert, daß Algorithmen, die auf einer Lösung von Erreichbarkeitsproblemen beruhen, nicht effizient, d.h. in vielen praktischen Fällen nicht anwendbar sind. Damit stellt sich die Aufgabe, nach Kriterien für die Erreichbarkeit von Markierungen zu suchen, die einfacher zu verifizieren sind, dafür nur für eingeschränkte aber praktisch relevante Netzklassen gültig sind.

Um zu zeigen, daß Probleme $\mathcal{P}_1$, $\mathcal{P}_2$ von größenordnungsmäßig gleicher Kompliziertheit sind, zeigt man, daß sie *äquivalent* sind, d.h. daß jeder Algorithmus, der $\mathcal{P}_1$ löst, in einen Algorithmus mit größenordnungsmäßig gleicher Kompliziertheit, der $\mathcal{P}_2$ löst, umgeformt werden kann, und umgekehrt.

Satz 5.6.
Das Erreichbarkeitsproblem ist äquivalent mit dem Problem, ob die Null-Markierung 0 erreichbar ist (dem Null-Erreichbarkeitsproblem).

Jeder Algorithmus, der das Erreichbarkeitsproblem löst, löst natürlich den Spezialfall des Null-Erreichbarkeitsproblems. Nehmen wir an, daß ein Algorithmus zur Entscheidung der Null-Erreichbarkeit gegeben ist. Um die Frage $m \in R_N(m_0)$? zu entscheiden, führen wir in das Netz N einen neuen Platz p^* und eine neue Transition t^* ein, ferner einen Bogen von p^* nach t^* mit der Vielfachheit 1 und von jedem (alten) Platz p mit $m(p) > 0$ einen Bogen nach t^* mit der Vielfachheit $m(p)$. Ferner führen wir von p^* zu jeder (alten) Transition t und von t zurück nach p^* je einen Bogen der Vielfachheit 1 in N ein. Die Anfangsmarkierung des so konstruierten Netzes N^* stimmt auf den alten Plätzen mit m_0 überein und ist gleich 1 für p^*. Durch die Bögen von und nach p^* werden die alten Transitionen im Schalten nicht behindert, solange p^* markiert ist. Ist m in N erreichbar, so kann durch Schalten des selben Wortes in N^* eine Markierung erreicht werden, bei der t^* Konzession hat, und beim Schalten von t^* entsteht die Nullmarkierung in N^*. Ist umgekehrt durch Schalten eines Wortes in N^* die Nullmarkierung erreicht worden, so ist t^* geschaltet worden, weil nur so die Marke von p^* entfernt werden kann, und zwar als letzte Transition, weil nach dem Entfernen der Marke von p^* keine Transition mehr Konzession hat. Die Transition t^* entfernt von jedem alten Platz p genau $m(p)$ Marken, die Markierung m^*, die in N^* vor dem Schalten von t^* vorgelegen hat, stimmt also mit m auf den alten Plätzen überein und wurde nur durch Schalten alter Transitionen erreicht, also ist m erreichbar in N genau dann, wenn 0 erreichbar in N^* ist.

Literatur:

Burkhard, H.-D., Two Pumping Lemmata for Petri Nets. Elektronische Informationsverarbeitung und Kybernetik 17 (1981) 7, 349 – 362.

Jantzen, M., The Large Marking Problem. Petri Net Newsletter 14 (1983) 24 – 25.

Lambert, J. L., Consequences of the Decidability of the Reachability Problem for Petri Nets. Univ. de Paris–Sud, Laboratoire de Recherche en Informatique, Rapport de Recherche No. 313, 1986.

Müller, H., The Reachability Problem for VAS. LNCS 188 (1984) 376 – 391.

6. LEBENDIGKEIT

Von einer Verklemmung spricht man dann, wenn sich nichts mehr bewegen kann. Die Verklemmung kann das gesamte System betreffen, z.B. wenn alle Prozesse auf Nachrichten warten, die von ihnen selbst erzeugt werden müssen, oder nur Teile des Systems, z.B. wenn zwei Prozesse sich gegenseitig blockieren, andere aber weiterarbeiten. In diesem Abschnitt werden wir das zur Reflektion solcher Phänomene nötige Begriffssystem und erste Ansätze zur Analyse der entsprechenden Eigenschaften entwickeln.

Wenn ein System in einen Zustand geraten kann, in dem alle Übergänge blockiert sind, d.h. in dem kein Systemereignis eintreten kann, dann spricht man von einer (absoluten) *Verklemmung*. Im Netzmodell entspricht diesem Zustand eine Markierung, bei der keine Transition Konzession hat, eine solche Markierung heißt *tot*. Wenn ein System in einen Zustand geraten kann, von dem ausgehend ein bestimmter Übergang nicht mehr aktiviert werden kann, ein Systemereignis nicht mehr eintreten kann, so ist dieses Ereignis sozusagen "gestorben". Von der entsprechenden Transition im Netzmodell werden wir sagen, daß sie *tot* ist.

Definition 6.1.
Es sei $N = [P,T,F,V,m_0]$ ein Petri-Netz.
(1) Eine Markierung m von P heißt *tot in N*, wenn kein $t \in T$ bei m Konzession hat.
(2) Eine Transition t von N heißt *tot bei der Markierung m in N*, wenn von m aus keine Markierung erreichbar ist, bei der t Konzession hat. Wenn t tot bei m_0 ist, so sagen wir, daß t *tot in N* sei und nennen t ein *Fakt*.
(3) Eine Transition t von N wird *lebendig bei der Markierung m in N* genannt, wenn sie bei keiner von m aus erreichbaren Markierung tot

ist. Wenn t lebendig bei m_0 ist, wird t als (schlechthin) *lebendig in N* bezeichnet.

(4) Eine Markierung m von P wird *lebendig in N* genannt, wenn alle Transitionen $t \in T$ lebendig bei m in N sind.

(5) Das Petri-Netz N heißt *lebendig*, wenn seine Anfangsmarkierung m_0 lebendig in N ist.

(6) Wir bezeichnen N als *schwach-lebendig* (oder als *verklemmungsfrei*), wenn in N keine tote Markierung erreichbar ist.

Folgerung 6.1.

Es sei $N = [P,T,F,V,m_0]$, $t \in T$, $m \in \mathbf{N}^P$.

1. *Wenn N lebendig ist, so ist N verklemmungsfrei.*

2. *t ist lebendig bei m in N genau dann, wenn von jeder Markierung m', die von m aus erreichbar ist, eine Markierung m'' erreicht werden kann, bei der t Konzession hat.*

3. *Wenn t lebendig (bzw. tot) bei m in N ist, dann ist t lebendig (bzw. tot) bei allen von m in N erreichbaren Markierungen.*

4. *Wenn N nicht verklemmungsfrei ist, dann besitzt N keine lebendige Transition.*

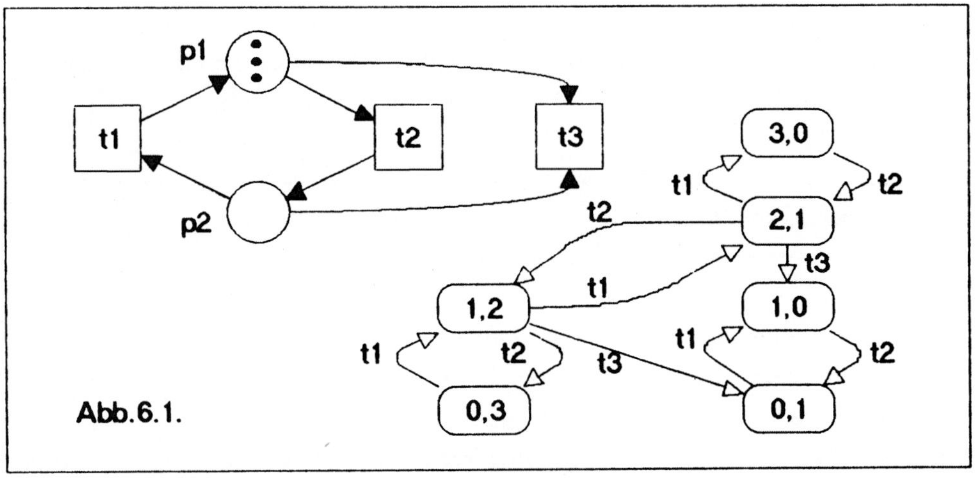

Die Netze in den Abbildungen 1.1 (Seite 17) und 2.1 (Seite 25) sind lebendig. Betrachten wir als weiteres Beispiel das in der Abbildung 6.1 zusammen mit seinem Erreichbarkeitgraphen dargestellte Netz. Offenbar ist dieses Netz verklemmungsfrei (das wäre anders, wenn m_0 = (2,0) wäre) und enthält keine Fakten, keine Transition ist tot bei m_0. Die Transitionen t_1 und t_2 sind sogar lebendig in N, die Transition t_3 ist es nicht, denn sie ist tot bei (1,0) und (0,1). Die Nullmarkierung (0,0) ist tot in diesem Netz und von der Markierung (2,0) erreichbar, bei der Anfangsmarkierung (2,0) wäre das Netz also nicht verklemmungsfrei.

Folgerung 6.2.

1. *Wenn eine Transition t tot (bei m) ist, dann ist sie (bei m) nicht lebendig.*

2. *Es ist entscheidbar, ob eine Transition t tot bei m ist.*

Die Umkehrung von 6.2.1 gilt offensichtlich nicht. Die Aussage 6.2.2 ergibt sich daraus, daß t genau dann nicht tot bei m ist, wenn von m aus eine Markierung m' mit $m' \geq t^-$ erreicht werden kann, d.h. genau dann, wenn t^- überdeckbar in $[P,T,F,V,m]$ ist. Wir zeigten im Abschnitt 5, daß diese Frage entscheidbar ist. Bei m_0 tote Transitionen werden deshalb auch als Fakten bezeichnet, weil sie gegenüber dem Schalten von Transitionen invariante Aussagen über die Systembedingungen (nämlich, daß ihre Vorbedingungen nicht erfüllbar sind) widerspiegeln.

Satz 6.3.

1. *Verklemmungsfreiheit ist äquivalent mit Erreichbarkeit.*
2. *Verklemmungsfreiheit ist entscheidbar.*

Beweis. Weil Erreichbarkeit entscheidbar ist, folgt 6.3.2 aus 6.3.1. Wir werden nur zeigen, daß aus der Entscheidbarkeit der Verklemmungsfreiheit jene der Null-Erreichbarkeit folgt, weil dies impliziert, daß die Kompliziertheit des Verklemmungsfreiheitsproblem ebenfalls nicht polynomial ist. Zum Beweis der Umkehrung kann man dieselben Überlegungen verwenden, die HACK beim Beweis der Aussage angestellt hat, daß das

Lebendigkeitsproblem (für eine einzelne Transition) äquivalent mit dem Erreichbarkeitsproblem ist.

Es sei ein Algorithmus zur Entscheidung der Verklemmungsfreiheit gegeben. Um zu entscheiden, ob $0 \in R_N(m_0)$ ist, nehmen wir in das Netz N zu jedem Platz p eine neue Transition t_p und Bögen der Vielfachheit 1 von t_p nach p und zurück auf. Mindestens eine dieser Transitionen kann schalten, solange eine Marke im Netz ist. Ferner nehmen wir einen Platz p^* und eine Transition t^*, einen Bogen der Vielfachheit 1 von p^* nach t^* und von jeder alten Transition t je einen Bogen von t nach p^* und zurück ebenfalls mit der Vielfachheit 1 in N auf. Das erhaltene Netz bezeichnen wir mit N^*, bei seiner Anfangsmarkierung enthält p^* eine Marke. Offenbar ist die Nullmarkierung genau dann erreichbar in N, wenn sie erreichbar in N^* ist. Weil die Nullmarkierung die einzige tote Markierung in N^* ist, ist N^* genau dann nicht verklemmungsfrei, wenn die Nullmarkierung in N erreichbar ist.

Wir haben schon erwähnt, daß das Lebendigkeitsproblem äquivalent mit dem Erreichbarkeitsproblem und folglich entscheidbar ist. Wir geben jetzt einen implementierbaren Algorithmus an, der Lebendigkeit für beschränkte Netze entscheidet. Dieses Verfahren setzt voraus, daß zuvor der

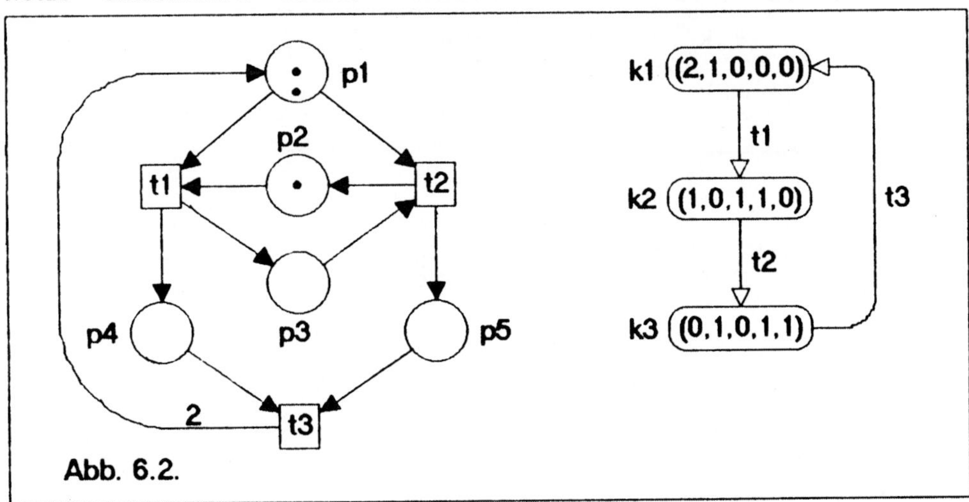

Abb. 6.2.

Erreichbarkeitsgraph $EG(N)$ konstruiert wurde, es ist aber wichtig zu bemerken, daß dieser Algorithmus die Markierungen nur als Merkmale der Knoten des Graphen verwendet. Bei einer Implementation können sie also durch ihre Nummern ersetzt werden. Die Idee des Algorithmus besteht darin, für jeden Knoten m von $EG(N)$ die Menge $nt(m)$ aller Transitionen, die bei der Markierung m nicht tot sind, zu berechnen.

```
VAR
   k,k': Knoten;                  t,t':     Transition;
   live: Transitionsmenge;        fertig: BOOLEAN;
   K:      Knotenmenge;           B:          Bogenmenge;
   nt:    FUNKTION(Knoten): Transitionsmenge;
   bo:    FUNKTION(Knoten;Transition): Knoten;
BEGIN
   K := R (m );    B := B ;    live := T;
        N   0           N
   FOR  k ∈ K  DO
     nt(k)    := { t | ∃k'( k' ∈ K  ∧  [k,t,k'] ∈ B )};

     bo(k,t)  := { k', falls [k,t,k'] ∈ B,
                   NIL, sonst;
   END;
   REPEAT
      fertig := TRUE;
      FOR  k ∈ K DO
         FOR  t ∈ T DO
            IF  bo(k,t) ≠ NIL   THEN
               k' := bo(k,t);
               IF NOT  nt(k') ⊆ nt(k)   THEN
                  nt(k) := nt(k) ∪ nt(k');  fertig := FALSE;
                  FOR  t' ∈ [nt(k') - nt(k)] DO
                     bo(k,t') := bo(k',t')
                  END;
               END;
            END;
         END;
      END;
   UNTIL fertig;
   FOR  k ∈ K  DO  live := live ∩ nt(k)  END;
   IF  live = T  THEN  WriteString("Das Netz ist lebendig.")  END;
END nt.
```

Betrachten wir das Beispiel in der Abbildung 6.2. Anfangs ist

$$nt(k_1) = \{t_1\}, \qquad nt(k_2) = \{t_2\}, \qquad nt(k_3) = \{t_3\}$$

$$bo(k_1,\cdot)=[k_2,\text{NIL},\text{NIL}], \quad bo(k_2,\cdot)=[\text{NIL},k_3,\text{NIL}], \quad bo(k_3,\cdot)=[\text{NIL},\text{NIL},k_1]$$

Nach dem ersten Durchlauf des Körpers der REPEAT-Anweisung ist

$fertig$ = FALSE,

$$nt(k_1) = \{t_1,t_2\}, \qquad nt(k_2) = \{t_2,t_3\}, \qquad nt(k_3) = \{t_1,t_3\},$$
$$bo(k_1,\cdot) = [k_2,k_3,\text{NIL}], \quad bo(k_2,\cdot) = [\text{NIL},k_3,k_1], \quad bo(k_3,\cdot) = [k_2,\text{NIL},k_1],$$

nach dem zweiten ist

$fertig$ = FALSE,

$$nt(k_1) = \{t_1,t_2,t_3\}, \qquad nt(k_2) = \{t_1,t_2,t_3\}, \qquad nt(k_3) = \{t_1,t_2,t_3\},$$
$$bo(k_1,\cdot) = [k_2,k_3,k_1], \quad bo(k_2,\cdot) = [k_2,k_3,k_1], \quad bo(k_3,\cdot) = [k_2,k_3,k_1],$$

und nach dem dritten Durchlauf ist $fertig$ = TRUE. Das Netz ist also lebendig. Das Netz in der Abbildung 6.2 ist ein Beispiel dafür, daß Lebendigkeit nicht monoton in dem Sinne ist, daß mehr Marken die Chancen für Lebendigkeit verbessern: eine Marke mehr auf dem Platz p_2 tötet das Netz, denn die tote Markierung (0,0,2,2,0) wird erreichbar.

An unserem Beispiel kann man auch sehen, daß ein Netz immer dann lebendig ist, wenn sein Erreichbarkeitsgraph *stark-zusammenhängend* ist (also von jedem Knoten zu jedem anderen Knoten ein Bogenzug existiert) und jede Transition an einem Bogen vorkommt, also bei m_0 nicht tot ist. Die Menge $nt(m_0)$ kann bei der Konstruktion von $EG(N)$ leicht bestimmt werden, wenn man laufend alle konzessionierten Transitionen in eine anfangs leere Menge aufnimmt.

Definition 6.2.
Das Petri-Netz $N = [P,T,F,V,m_0]$ wird *reversibel* genannt, wenn für jedes $m \in R_N(m_0)$ gilt $m [* > m_0$.

Folgerung 6.4.
Ein Petri-Netz ist reversibel genau dann, wenn sein Erreichbarkeitsgraph stark-zusammenhängend ist.

Für beschränkte Netze N kann die Reversibilität auf der Basis von $EG(N)$ mit einem Algorithmus entschieden werden, der analog zum oben angegeben arbeitet.

Satz 6.5.

In einem reversiblen Petri-Netz ist eine Transition genau dann lebendig, wenn sie bei der Anfangsmarkierung nicht tot ist.

Beweis. Es sei t bei m_0 nicht tot, dann existiert eine Markierung m_t mit $m_0 [* > m_t$ und $t^- \leq m_t$. Ist m nun eine beliebige in N erreichbare Markierung, dann ist wegen der Reversibilität $m [* > m_0$, also $m [* > m_t$, d.h. t ist nicht tot bei m. Folglich ist t lebendig. Die Umkehrung ist trivial.

Die hier vorgestellten Algorithmen basieren auf Erreichbarkeitsgraphen, sind also nur für beschränkte Netze anwendbar. Es entsteht die Frage, ob man Lebendigkeit auch mit Hilfe des Überdeckbarkeitsgraphen entscheiden kann. Leider muß diese Frage verneint werden, wie das Netz in der Abbildung 6.3 zeigt. In diesem Netz ist die tote Markierung (0,0) durch Schalten des Wortes $t_3 t_1 t_2$ erreichbar, im Überdeckbarkeitsgraphen findet sich kein Hinweis darauf. In den späteren Abschnitten werden wir uns mit Möglichkeiten zur Analyse von Netzen beschäftigen, die nicht auf dem Erreichbarkeitsgraphen beruhen.

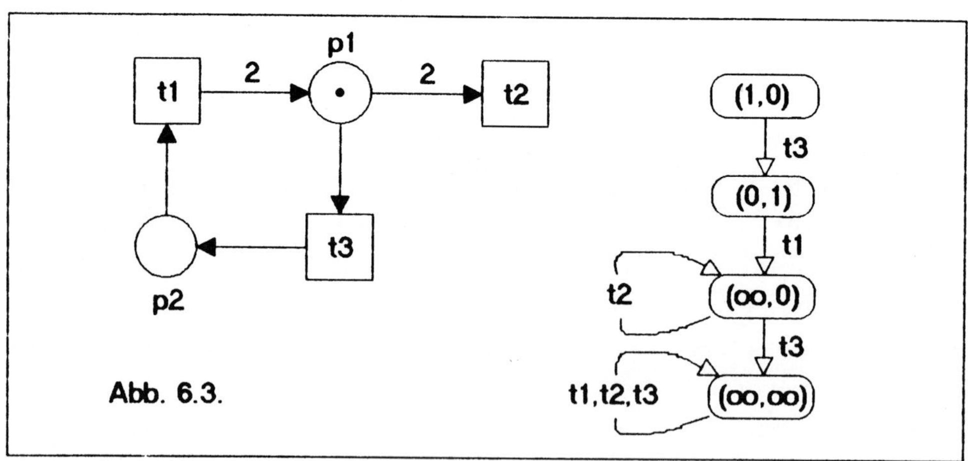

Abb. 6.3.

Literatur:

Hack, *M. H. T.*, Decision Problems for Petri Nets and Vector Addition Systems. Project MAC TR-59, MIT, Cambridge (Mass.) 1975.

7. Äquivalente Markierungen

Wenn wir nochmals das Netz in der Abbildung 1.1 (Seite 17) betrachten, erkennen wir, daß hier ein System modelliert wird, bei dem drei Teilsysteme gleichberechtigt agieren. Es liegt nahe, diese Symmetrie des Systems und des Netzmodells bei der Analyse auszunutzen. Wir stellen im folgenden Ideen dazu dar, die von JENSEN (für gefärbte Netze) entwickelt wurden.

Definition 7.1.

Es sei $N = [P,T,F,V,m_0]$ ein Petri–Netz und $X := P \cup T$ die Menge seiner Knoten. Als *Symmetrie von* N bezeichnen wir jede eineindeutige Abbildung σ von X auf sich (jede *Permutation von* X), die

(a) den Knotentyp respektiert, d.h. $\forall x(x \in X \Rightarrow [x \in P \Leftrightarrow \sigma(x) \in P])$,

(b) die Bögen respektiert, d.h.

$$\forall x \forall y(\; x,y \in X \Rightarrow ([x,y] \in F \Leftrightarrow [\sigma(x),\sigma(y)] \in F)),$$

(c) und die Vielfachheiten respektiert, d.h.

$$\forall x \forall y(\; [x,y] \in F \Rightarrow V(\sigma(x),\sigma(y)) = V(x,y) \;).$$

Im Netz der Abbildung 1.1 sind neben der Identität folgende Symmetrien sofort erkennbar:

id	p_0	p_1	p_2	p_3	p_4	p_5	p_6	x_1	x_2	x_3	x_4	x_5	x_6
σ_1	p_0	p_2	p_1	p_3	p_5	p_4	p_6	x_2	x_1	x_3	x_5	x_4	x_6
σ_2	p_0	p_3	p_2	p_1	p_6	p_5	p_4	x_3	x_2	x_1	x_6	x_5	x_4
σ_3	p_0	p_1	p_3	p_2	p_4	p_6	p_5	x_1	x_3	x_2	x_4	x_6	x_5
σ_4	p_0	p_2	p_3	p_1	p_5	p_6	p_4	x_2	x_3	x_1	x_5	x_6	x_4
σ_5	p_0	p_3	p_2	p_1	p_6	p_5	p_4	x_3	x_2	x_1	x_6	x_5	x_4

Folgerung 7.1.

1. *Die Menge S_N aller Symmetrien von N bildet eine Gruppe in bezug auf die Hintereinanderausführung.*

2. *Wenn das Netz N keine parallelen Knoten enthält, dann existiert zu jeder Permutation π von P höchstens eine Permutation τ von T derart, daß $\sigma = \pi \cup \tau$ eine Symmetrie von N ist.*

Dabei heißen verschiedene Knoten x,y *parallel*, wenn $xF = yF$, $Fx = Fy$, $V(x,k) = V(y,k)$ für alle $k \in xF$ und $V(k,x) = V(k,y)$ für alle $k \in Fx$ gilt. Definiert man p^- und p^+ in Analogie zu t^- und t^+ als Abbildungen von T nach N, dann sind parallele Knoten $x \neq y$ dadurch charakterisiert, daß $x^- = y^-$ und $x^+ = y^+$ ist. Sind τ,τ^* zwei Permutationen von T derart, daß $\pi \cup \tau$ und $\pi \cup \tau^*$ Symmetrien von N sind und ist $t \in T$ mit $\tau(t) \neq \tau^*(t)$, dann gilt für $p \in P$:

$$[\pi(p),\tau(t)] \in F \iff [p,t] \in F \iff [\pi(p),\tau^*(t)] \in F,$$
$$V(\pi(p),\tau(t)) = V(p,t) = V(\pi(p),\tau^*(t)),$$

d.h. es ist $[\tau(t)]^- = [\tau^*(t)]^-$. Analog zeigt man $[\tau(t)]^+ = [\tau^*(t)]^+$.

Definition 7.2.

Es sei σ eine Symmetrie von N und m eine Markierung von P.

(1) Die Markierung $\sigma[m]$ ist definiert durch
$$\sigma[m](p) := m(\sigma^{-1}(p)) \qquad (\text{d.h.} \quad \sigma[m](\sigma(p)) = m(p) \ ).$$

(2) Ist S eine Untergruppe von S_N, dann wird m *symmetrisch bzgl.* S genannt, wenn $\sigma[m] = m$ für alle $\sigma \in S$ ist.

In unserem Beispiel ist die Anfangsmarkierung symmetrisch bzgl. S_N. Ferner ist $\sigma_1[(1,1,0,0,0,1,1)] = (1,0,1,0,1,0,1)$.

Hilfssatz 7.2.

Es sei σ eine Symmetrie, t eine Transition, m,m' Markierungen von N.

1. $\sigma[t^-] = [\sigma(t)]^-$, $\sigma[t^+] = [\sigma(t)]^+$, $\sigma[\Delta t] = \Delta\sigma(t)$.

2. $m \ [t > m' \iff \sigma[m] \ [\sigma(t) > \sigma[m']$.

Beweis. Wir zeigen zuerst, daß $\sigma[t^-](\sigma(p)) = [\sigma(t)]^-(\sigma(p))$ für alle p aus P gilt. Nach Definition 7.2 haben wir

$$[\sigma(t)]^-(\sigma(p)) = \begin{cases} V(\sigma(p),\sigma(t)), & \text{falls } [\sigma(p),\sigma(t)] \in F, \\ 0, & \text{sonst,} \end{cases}$$

$$= \left\{ \begin{array}{ll} V(p,t), & \text{falls } [p,t] \in F, \\ 0, & \text{sonst,} \end{array} \right\} = t^-(p) = \sigma[t^-](\sigma(p)).$$

Analog beweist man die übrigen Behauptungen von 7.2.1. Es gilt

$$m\ [t\rangle m' \iff t^- \le m \ \wedge \ m' = m - t^- + t^+.$$

Wegen 7.2.1 ist $\ t^- \le m \iff \sigma[t^-] \le \sigma[m]\ $ und

$$\sigma[m'] = \sigma[m - t^- + t^+] = \sigma[m] - \sigma[t^-] + \sigma[t^+]$$
$$= \sigma[m] - [\sigma(t)]^- + [\sigma(t)]^+.$$

Folgerung 7.3.

Es sei π eine Permutation von P, τ eine Permutation von T, $\sigma = \pi \cup \tau$ und N ein schleifenfreies Petri-Netz. Genau dann ist σ eine Symmetrie von N, wenn $\sigma[\Delta t] = \Delta\sigma(t)$ für alle $t \in T$ ist.

Folgerung 7.4.

Es seien m,m' Markierungen und σ eine Symmetrie von N. Dann gilt:

1. $m' \in R_N(m) \iff \sigma[m] \in R_N(\sigma[m])$,
2. $q \in L_N(m) \iff \sigma(q) \in L_N(\sigma[m])$,
3. *m ist tot in N genau dann, wenn $\sigma[m]$ tot in N ist;*
4. *Eine Transition t ist lebendig bei m in N genau dann, wenn $\sigma(t)$ lebendig bei $\sigma[m]$ in N ist.*

Für den Rest dieses Abschnittes fixieren wir eine beliebige Untergruppe S der Gruppe S_N aller Symmetrien des Netzes N. Im einfachsten Fall könnte $S = \{\ id\ \}$ sein, in unserem Beispiel wählen wir $S := \{id, \sigma_1\}$ (es ist ja $\sigma_1^{-1} = \sigma_1$).

Definition 7.3.

1. Markierungen m,m' heißen *äquivalent (in bezug auf S)*, $m \approx m'$, wenn es eine Symmetrie $\sigma \in S$ gibt mit $\sigma[m] = m'$.
2. Transitionen t,t' werden *äquivalent (bzgl. S)*, $t \approx t'$, genannt, wenn es ein $\sigma \in S$ mit $\sigma(t) = t'$ gibt.

In unserem Beispiel ist $[1,1,0,0,0,1,1] \approx [1,0,1,0,1,0,1]$ und $x_1 \approx x_2$.

Weil wir S als Gruppe vorausgesetzt haben, gilt

Folgerung 7.5.

1. $\approx$ *ist eine Äquivalenzrelation (für Markierungen und für Transitionen).*
2. *Aus* $m \approx m'$ *folgt* $\sum_{p \in P} m(p) = \sum_{p \in P} m'(p)$.
3. *Jede Äquvalenzklasse* $[m] := \{ m' \mid m' \approx m \}$ *ist endlich.*

Wir geben jetzt ein Verfahren an, das zu jedem Petri-Netz N und jeder Untergruppe S seiner Symmetriegruppe einen Erreichbarkeitsgraphen konstruiert, den wir den *reduzierten Erreichbarkeitgraphen* $REG(N,S)$ nennen werden. Die Konstruktion unterscheidet sich von der des normalen Erreichbarkeitsgraphen darin, daß äquivalente Markierungen nicht mehr unterschieden werden. Damit steigt der Rechenaufwand an jedem einzelnen Knoten, im allgemeinen sinkt dafür die Zahl der zu konstruierenden Knoten.

```
VAR
    R, W:  Markierungsmenge;        E: Bogenmenge;
    Konz:  Transitionsmenge;        m, m*: Markierung;     t: Transition;
BEGIN
    R := ∅;     W := { m₀ };     E := ∅;
    WHILE  W ≠ ∅  DO
        Wähle-m-aus-W;    R := R ∪ {m};    W := W − {m};
        Konz := { t | t ∈ T ∧ t⁻ ≤ m };
        FOR  t ∈ Konz  DO
            m* := m + Δt;
            IF  ∃m'( m' ∈ R ∪ W ∧ m' ≈ m* )  THEN
                E := E ∪ { [m, t, m'] };
            ELSE
                E := E ∪ { [m, t, m*] };    W := W ∪ { m* };
            END,
        END;
    END;
    Ausgabe(R, E);
END REG.
```

Aus 7.5.3 folgt, daß dieses Verfahren genau dann für ein Petri-Netz N (unabhängig von der Wahl von S) abbricht, wenn N beschränkt ist. Wir betrachten daher im weiteren nur beschränkte Netze. Allerdings ist leicht zu sehen, daß man den Äquivalenzbegriff auch auf ω-Markierungen ausdehnen und auf diese Weise einen reduzierten Überdeckbarkeitsgraphen konstruieren kann. Aus der Konstruktion ergibt sich unmittelbar:

Folgerung 7.6.

1. $m_0 \in R \subseteq R_N(m_0)$.
2. *Wenn die Anfangsmarkierung m_0 symmetrisch ist und für alle $t,t' \in T$ aus $t \approx t'$ stets $t = t'$ folgt, dann ist $R = R_N(m_0)$ und $E = B_N$.*
3. *Zu jeder Markierung $m \in R_N(m_0)$ gibt es höchstens eine Markierung $\alpha(m) \in R$, die zu m äquivalent ist.*

Für 7.6.2 genügt es zu zeigen, daß aus $m_0 \, |\!\ast\!>m \approx m^\ast$ stets $m = m^\ast$ folgt. Ist $w \in W(T)$ mit $m_0 \, [w>$ m und $\sigma \in S$ mit $\sigma[m] = m^\ast$, so gilt wegen 7.2 $m_0 = \sigma[m_0] \, [\sigma(w)> \sigma[m] = m^\ast$ und $\sigma(w) = w$, also $m^\ast = m_0 + \Delta w = m$.

Wir vergleichen zunächst die Erreichbarkeitsrelation im gegebenen Netz N mit ihrer Widerspiegelung durch den reduzierten Erreichbarkeitsgraphen. Die Abbildung 7.1 zeigt den Erreichbarkeitsgraphen $EG(N)$ und die reduzierten Ereichbarkeitsgraphen $REG(N,S)$ und $REG(N,S_N)$ für das Netz N in der Abb. 1.1 (Seite 17).

Satz 7.7.

1. *Zu jedem $m \in R_N(m_0)$ gibt es ein $m^\ast \in R$ mit $m^\ast \approx m$.*
2. *Ist $m^\ast \in R$ und $\sigma \in S$, dann ist $\sigma[m^\ast] \in R_N(\sigma[m_0])$.*
3. *Wenn die Anfangsmarkierung m_0 symmetrisch ist, dann gilt:*

$$m \in R_N(m_0) \iff \exists m^\ast (\, m \approx m^\ast \in R \,).$$

Zum Beweis von 7.7.1 sei

$$m_0 \, [t_0 > m_1 \, [t_1 > m_2 \, \dots \, m_k \, [t_k > m_{k+1} = m.$$

Wir zeigen durch Induktion über i, daß es eine zu m_i äquivalente Markierung $m_i^\ast$ in R gibt. Wegen $m_0 \in R$ ist das für $i = 0$ trivial. Es sei $m_i \approx m_i^\ast \in R$. Dann gibt es eine Symmetrie $\sigma \in S$ mit $\sigma[m_i] = m_i^\ast$. Aus $m_i \, [t_i > m_{i+1}$ und 7.2.2 folgt $m_i^\ast = \sigma[m_i] \, [\sigma(t_i) > \sigma[m_{i+1}]$, also hat $\sigma(t_i)$ Konzession bei $m_i^\ast$. Nach Konstruktion existiert folglich eine Markierung $m_{i+1}^\ast \in R$ mit $[m_i^\ast,\sigma(t_i),m_{i+1}^\ast] \in E$. Für $m_{i+1}^\ast$ gilt:

$$m^{\bullet}_{i+1} \approx [\; m^{\bullet}_i + \Delta\sigma(t_i)\;] = \sigma[m_{i+1}] \approx m_{i+1}.$$

Damit ist 7.7.1 bewiesen.

Die Behauptung 7.7.2 folgt unmittelbar aus 7.6.1 und 7.2.2, während 7.7.3 sich sofort aus 7.7.1 und 7.7.2 ergibt, denn aus $\exists m^{\bullet}(\; m \approx m^{\bullet} \in R\;)$

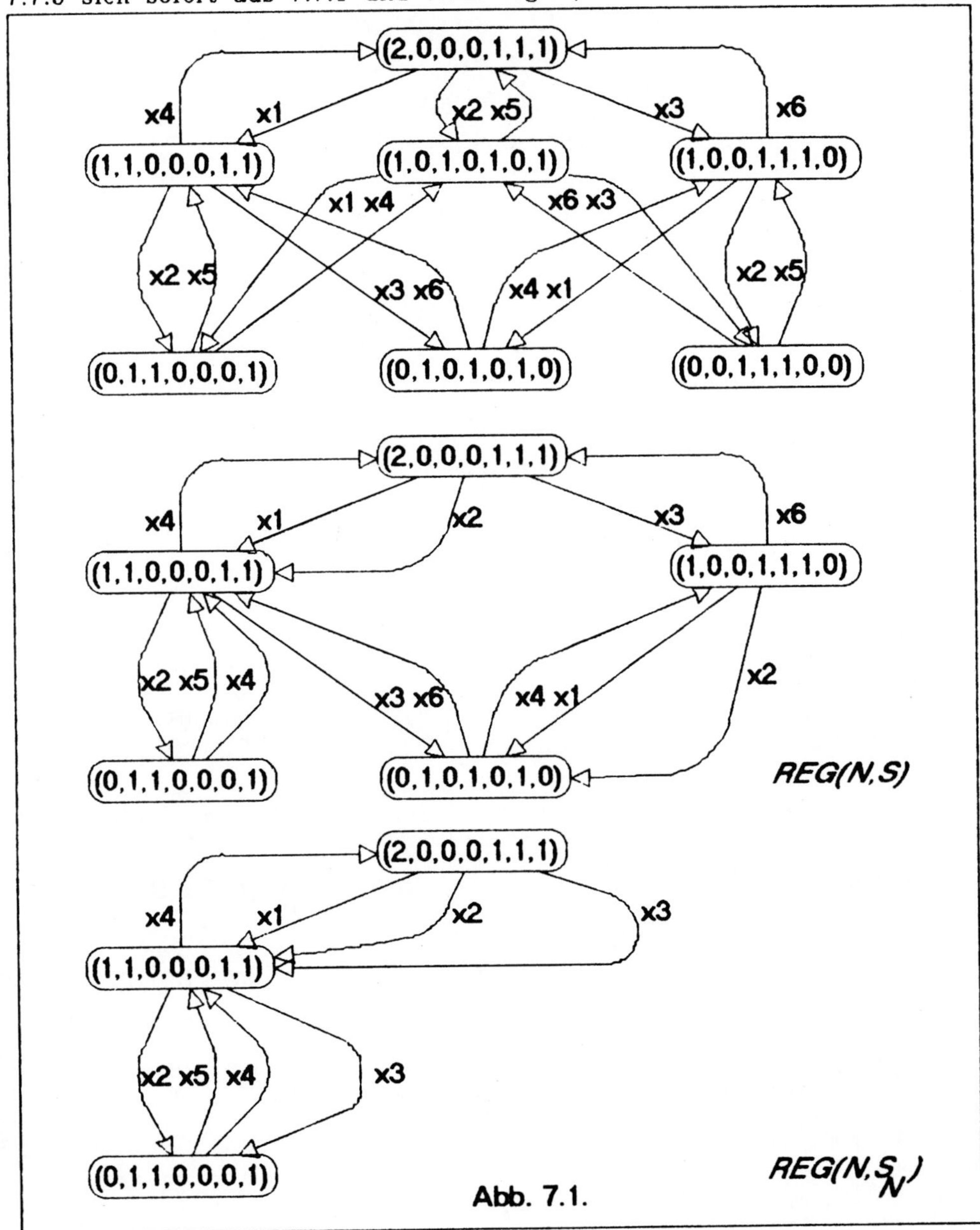

Abb. 7.1.

folgt, daß ein $\sigma \in S$ mit $\sigma[m] \in R$ existiert, also ist $m \in R_N(\sigma^{-1}[m_0]) = R_N(m_0)$.

Für $m \in R_N(m_0)$ bezeichnen wir die einzige Markierung $m^* \in R$, die zu m äquivalent ist, mit $\alpha(m)$. Die Erreichbarkeitsrelation im Graphen $REG(N,S)$ wird durch $[** \rangle$ notiert, d.h. $m^* [** \rangle m^{**}$ gilt genau dann, wenn $m^* = m^{**}$ ist oder in $REG(N,S)$ ein Bogenzug $[m^*, t_1, m_1], [m_1, t_2, m_2], \ldots, [m_k, t_{k+1}, m_{k+1}]$ mit $m_{k+1} = m^{**}$ $(k \geq 0)$ existiert.

Satz 7.8.

Wenn $m_0 [* \rangle m [* \rangle m'$ *(in N), so* $\alpha(m) [** \rangle \alpha(m')$.

Beweis. Wegen $m [* \rangle m'$ gibt es Markierungen $m_1', \ldots, m_k'$ und Transitionen $t_1, \ldots, t_k$ mit

$$m = m_0' [t_1 \rangle m_1' [t_2 \rangle m_2' \ldots [t_k \rangle m_k' = m'.$$

Für $j = 0, \ldots, k-1$ ist $m_j' [t_{j+1} \rangle m_{j+1}'$, folglich $\sigma[m_j'] [\sigma(t_{j+1}) \rangle \sigma[m_{j+1}']$ für alle Symmetrien $\sigma \in S$. Wegen $\alpha(m_j') \approx m_j'$ existiert ein $\sigma_j \in S$ mit $\sigma_j[m_j'] = \alpha(m_j')$. Bei $\alpha(m_j')$ hat also $\sigma_j(t_{j+1})$ Konzession, daher existiert

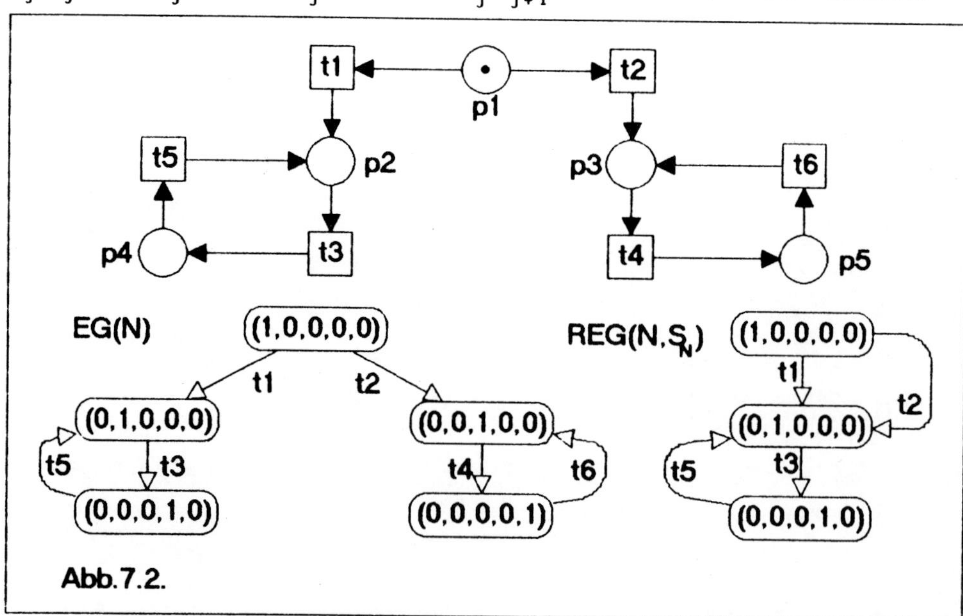

Abb. 7.2.

ein Bogen $[\alpha(m_j'),\sigma_j(t_{j+1}),m^*_{j+1}] \in E$ in $REG(N,S)$. Dabei gilt
$$m^*_{j+1} \approx \sigma_j[m'_{j+1}] \approx m'_{j+1},$$
also ist $m^*_{j+1} = \alpha(m'_{j+1})$ und damit $\alpha(m) = \alpha(m_0') [** > \alpha(m_k') = \alpha(m')$.

Um zu sehen, daß die Umkehrung nicht gilt, betrachten wir das Beispiel in der Abbildung 7.2. Es gilt
$$\alpha([0,0,1,0,0]) = [0,1,0,0,0] [** > [0,0,0,1,0] = \alpha([0,0,0,1,0]],$$
aber $[0,0,0,1,0]$ ist nicht erreichbar von $[0,0,1,0,0]$ in N. Der Satz 7.8 bietet uns also nur die Möglichkeit, Nicht–Erreichbarkeit zu erkennen: wenn $\alpha(m) [** > \alpha(m')$ *nicht* gilt, dann ist m' nicht erreichbar von m. Bei symmetrischer Anfangsmarkierung m_0 können wir nach 7.7.3 den reduzierten Erreichbarkeitsgraphen verwenden, um festzustellen ob eine Markierung m von m_0 aus erreichbar ist; das ist genau dann der Fall, wenn die Menge $\{ \sigma(m) \mid \sigma \in S \} \cap R$ nichtleer ist.

Satz 7.9.

Wenn die Anfangsmarkierung m_0 symmetrisch ist, dann gilt:

1. *Eine Markierung m ist genau dann überdeckbar in N, wenn es eine Markierung $m^* \in R$ mit $m \leq m^*$ gibt.*

2. *N ist genau dann reversibel, wenn $m^*[** >m_0$ für alle $m^* \in R$ gilt.*

Aufgrund der Sätze 7.7 und 7.8 genügt es zu zeigen, daß N reversibel ist, wenn $m^*[** >m_0$ für alle $m^* \in R$ gilt. Es sei dazu $m \in R_N(m_0)$ und $m^* := \alpha(m) \in R$. Folglich gilt $m^*[** >m_0$, d.h. es gibt Transitionen t_i und Markierungen m_i, m^*_i mit
$$m^* = m^*_1[t_1 >m_1 \approx m^*_2[t_2 > m_2 \approx \dots m^*_k[t_k >m_k \approx m_0.$$
Wir behaupten, daß $m_0 \in R_N(m^*_i)$ für $i = 1,\dots,k$ gilt.

Das ist klar für $i = k$, denn aus der Symmetrie von m_0 und $m_k \approx m_0$ folgt $m_k = m_0$, also $m^*_k[*> m_0$.

Im Induktionsschritt schließen wir von i auf $i-1$. Es gelte $m^*_i[w > m_0$ für ein Wort $w \in W(T)$. Ferner ist $m^*_{i-1}[t_{i-1}>m_{i-1} \approx m^*_i$. Es sei $\sigma \in S$ mit $\sigma[m^*_i] = m_{i-1}$. Dann ist $\sigma[m^*_i] [\sigma(w)> \sigma(m_0) = m_0$, also $m^*_{i-1}[t_{i-1}> m_{i-1} = \sigma[m^*_i] [*> m_0$, d.h. $m^*_{i-1}[*> m_0$.

Wir wenden uns nun der Frage zu, welche Lebendigkeitseigenschaften wir mit Hilfe des reduzierten Erreichbarkeitsgraphen beweisen können.

Satz 7.10.

Ein Petri-Netz N ist genau dann verklemmungsfrei, wenn ein reduzierter Erreichbarkeitsgraph $REG(N,S)$ keinen Knoten enthält, aus dem kein Bogen entspringt.

Beweis. Wenn N verklemmungsfrei ist, gibt in $R_N(m_0)$ keine tote Markierung. Aus der Konstruktion von $REG(N,S)$ ergibt sich, daß an jedem Knoten m soviele Bögen entspringen wie Transitionen in N bei m Konzession haben. Wegen $R \subseteq R_N(m_0)$ gibt es also in $REG(N,S)$ keinen toten Knoten. Ist andererseits in N eine tote Markierung m erreichbar, dann ist $\alpha(m)$ ein Knoten von $REG(N,S)$. Die Zahl der Bögen, die im Knoten $\alpha(m)$ in $REG(N,S)$ entspringt, ist gleich der Bogenzahl, die dem Knoten $\alpha(m)$ in $EG(N)$ entspringt, und die ist nach 7.4.3 gleich 0, weil m tot ist und m, $\alpha(m)$ äqivalent sind.

Für $m \in R$ sei
$$rnt(m) := \{\ t\ |\ \exists\sigma\exists m^{\bullet}(\ \sigma \in S\ \wedge\ m\ [\star\star > m^{\bullet}\ \wedge\ [\sigma(t)]^{-} \leq m^{\bullet})\ \}.$$
Es ist also $rnt(m)$ die Menge der Transitionen, die in bezug auf den reduzierten Erreichbarkeitsgraphen nicht tot sind. Die Funktion rnt bildet demnach das Analogon zur Funktion nt im Erreichbarkeitsgraphen (vgl. Abschnitt 6).

Im Beispiel von Abb. 7.2 haben wir
$$nt([0,1,0,0,0]) = \{\ t_3, t_5\ \} \subseteq \{\ t_3, t_4, t_5, t_6\ \} = rnt([0,1,0,0,0]).$$

Satz 7.11.

1. *Wenn m erreichbar in N ist, dann gilt $nt(m) \subseteq rnt(\alpha(m))$.*
2. *Wenn t lebendig bei m_0 ist, dann ist $t \in rnt(m^{\bullet})$ für alle $m^{\bullet} \in R$.*
3. *Wenn m_0 symmetrisch ist, so ist t genau dann ein Fakt in N, wenn t nicht in $rnt(m_0)$ liegt.*

Beweis. Es sei $t \in nt(m)$, es gibt also ein m' mit $m \, [* > m'$ und mit $t^- \leq m'$. Nach 7.8 gilt $\alpha(m) \, [** > \alpha(m')$. Wegen $m' \approx \alpha(m')$ existiert ein $\sigma \in S$ mit $\sigma[m'] = \alpha(m')$ und $[\sigma(t)]^- \leq \sigma[m']$. Damit haben wir

$$\alpha(m) \, [** > \alpha(m') = \sigma[m'] \geq [\sigma(t)]^-,$$

also $t \in rnt(\alpha(m))$. Die Aussage 7.11.2 folgt unmittelbar aus 7.11.1.

Wenn $t \notin rnt(m_0)$ ist, dann ist $t \notin nt(m_0)$, also ist t ein Fakt. Ist dagegen $t \in rnt(m_0)$, dann gibt es ein $\sigma \in S$, $m^* \in R$ mit $[\sigma(t)]^- \leq m^*$. Folglich ist $t^- \leq \sigma^{-1}[m^*] \in R_N(\sigma^{-1}[m_0]) = R_N(m_0)$, d.h. t ist kein Fakt.

Die Umkehrung von 7.11.2 gilt nicht, im Beispiel der Abbildung 7.2 gibt es keine lebendige Transition, aber es ist $t_3 \in rnt(m)$ für alle $m \in R$. Deshalb führen wir einen abgeschwächten Lebendigkeitsbegriff ein, der allerdings stärker als die Verklemmungsfreiheit ist.

Definition 7.4.
Eine Menge $U \subseteq T$ von Transitionen heißt *kollektiv lebendig bei m in N*, wenn $U \cap nt(m^*) \neq \emptyset$ für alle $m^* \in R_N(m)$ ist.

In der Abb. 7.2 ist $U = \{ t_3, t_6 \}$ kollektiv lebendig bei m_0.

Folgerung 7.12.
1. *t ist lebendig bei m genau dann, wenn $\{ t \}$ kollektiv lebendig bei m ist.*
2. *Wenn U kollektiv lebendig ist bei m und $U \subseteq U'$, dann ist U' kollektiv lebendig bei m.*

Für $t \in T$ bezeichnen wir die Äquivalenzklasse von t bezüglich S mit $[t]$, es ist also $[t] = \{ \sigma(t) \mid \sigma \in S \}$.

Satz 7.13.
$[t]$ ist kollektiv lebendig bei m_0 genau dann, wenn $[t] \cap rnt(m) \neq \emptyset$ für alle $m \in R$ gilt.

Beweis. Es sei $[t]$ kollektiv lebendig bei m_0, dann ist $[t] \cap nt(m) \neq \emptyset$ für alle $m \in R_N(m_0)$. Nun ist $R \subseteq R_N(m_0)$ und nach 7.11.1 gilt für $m \in R$ $nt(m) \subseteq rnt(m)$, also $[t] \cap rnt(m) \neq \emptyset$.

Es gelte $[t] \cap rnt(m^*) \neq \emptyset$ für alle $m^* \in R$, ferner sei $m \in R_N(m_0)$. Wir zeigen, daß $[t] \cap nt(m) \neq \emptyset$ ist. Wegen $m \in R_N(m_0)$ existiert $\alpha(m) \in R$, $\alpha(m) \approx m$. Es gibt daher ein $\sigma \in S$ mit $\sigma[\alpha(m)] = m$. Wegen $\alpha(m) \in R$ ist $[t] \cap rnt(\alpha(m)) \neq \emptyset$, es sei $t^* \in [t] \cap rnt(\alpha(m))$.

Dann existiert ein $m^* \in R$, $t' \in [t^*] = [t]$ mit $\alpha(m)$ $[** > m^* \geq [t]^-$. Folglich existieren Transitionen $t_1, \ldots, t_k$ und Markierungen $m_1, \ldots, m_k$ mit

$$\alpha(m)\ [t_1 > m_1 \approx \alpha(m_1)\ [t_2 > m_2 \approx \alpha(m_2)\ \ldots\ \alpha(m_{k-1})\ [t_k > m_k \approx m^*\ [t' >.$$

Damit ergibt sich $m = \sigma[\alpha(m)]\ [\sigma(t_1) > \sigma(m_1) \approx \alpha(m_1)$. Es sei $\sigma_1 \in S$ mit $\sigma_1[\alpha(m_1)] = \sigma(m_1)$. Dann ist

$$\sigma_1[\alpha(m_1)]\ [\sigma_1(t_2) > \sigma_1[m_2] \approx \alpha(m_2)$$

und

$$m\ [\sigma(t_1) > \sigma[m_1] = \sigma_1[\alpha(m_1)]\ [\sigma_1(t_2) > \sigma_1[m_2] \approx \alpha(m_2).$$

Auf diese Weise schließt man weiter und erhält

$$m\ [\sigma(t_1) > \sigma[m_1] = \sigma_1[\alpha(m_1)]\ [\sigma_1(t_2) > \sigma_1[m_2] = \sigma_2[\alpha(m_2)]\ \ldots.$$

$$\ldots\ \sigma_{k-2}[m_{k-1}] = \sigma_{k-1}[\alpha(m_{k-1})]\ [\sigma_{k-1}(t_k) > \sigma_{k-1}[m_k] = \sigma_k[m^*]\ [\sigma_k(t') >.$$

Folglich ist $\sigma_k(m^*) \in R_N(m)$ und $[\sigma_k(t')]^- \geq \sigma_k[m^*]$, d.h. wir haben damit $t' \in [t] \cap nt(m)$.

Der Satz 7.13 gibt uns die Möglichkeit, die kollektive Lebendigkeit von Äquivalenzklassen von Transitionen zu entscheiden. Um die Lebendigkeit einer Transition t mit Hilfe des reduzierten Erreichbarkeitsgraphen zu entscheiden, muß man eine Untergruppe S der Symmetriegruppe derart wählen, daß $[t] = \{t\}$ ist. Dazu ist es nötig, Algorithmen zu entwickeln, die neben der vollen Symmetriegruppe eines Petri-Netzes auch die bezüglich der Inklusion maximalen Untergruppen berechnen, die vorgegebenen Anforderungen genügen.

Es muß bemerkt werden, daß das Problem, die Symmetriegruppe eines Netzes zu berechnen, von exponentieller Kompliziertheit ist. Es gibt Netze mit n Transitionen, $2n$ Plätzen und genau n erreichbaren Markierungen, bei denen S_N genau $n \cdot 2^n$ Elemente und die Untergruppe S der Symmetrien, die die Anfangsmarkierung invariant lassen, genau 2^n Elemente hat (vgl. Abb. 11.4). Das Schlimmste freilich ist, daß auch $REG(N,S)$ genau n Knoten hat, daß man also bei der Konstruktion des reduzierten Erreichbarkeitsgraphen nichts gewinnt. Nach 7.6.2 ist das immer dann der Fall, wenn die Anfangsmarkierung symmetrisch und die Äquivalenz für Transitionen trivial ist.

Literatur:

Huber, P., Jensen, A. M., Jensen, K., Jepsen, L. O., Towards Reachability Trees for High-Level Petri Nets. Advances in Petri Nets 1984, LNCS 188 (1984) 215 – 233.

Jensen, K., Coloured Petri Nets, Ch. 6: Occurrence Graphs for CP-Nets. (in Vorbereitung).

8. STURE TRANSITIONEN

Im Abschnitt 7 haben wir Erreichbarkeitsgraphen betrachtet, die nicht alle erreichbaren Markierungen enthalten, es aber dennoch gestatten, Aussagen über das Verhalten des betreffenden Netzes abzuleiten. Die Hauptschwierigkeit des angegebenen Verfahrens besteht in der Bestimmung der Symmetriegruppe des Netzes bzw. einer adäquaten Untergruppe. Ist ein Netz graphisch gegeben, so kann es leicht sein, (wie in unseren Beispielen) wenigstens einige Symmetrien visuell zu erkennen. Wir müssen aber auch an Anwendungsfälle denken, wie sie bei der Verifikation von Kommunikationssoftware auftreten, wo das Netz aus einer irgendwie gegebenen Spezifikation automatisch erzeugt wird. Der hier dargestellte Ansatz von VALMARI vermeidet diese Schwierigkeit, er nutzt stattdessen Freiheiten in der Reihenfolge des Schaltens von Transitionen aus, wie sie von Nebenläufigkeit (vgl. Abschnitt 3) impliziert werden. Das Ziel besteht auch hier darin, einen möglichst kleinen Ausschnitt des Erreichbarkeitsgraphen zu konstruieren, aus dem sich noch Aussagen beweisen lassen. Der zentrale Begriff dabei ist der der *sturen* Menge von Transitionen.

Definition 8.1.

Es sei $N = [P,T,F,V,m_0]$ ein Petri-Netz, m eine Markierung von P und U eine Transitionsmenge. U wird *halb-stur bei* m genannt, wenn für alle t aus U die Aussage [1] oder die Aussage [2] zutrifft, wobei

[1]: $\exists p(p \in P \;\wedge\; t^-(p) > m(p) \;\wedge$

$$\forall t_1(t_1 \notin U \;\Rightarrow\; t_1^-(p) \geq t_1^+(p) \;\vee\; t_1^-(p) > m(p)))),$$

[2]: $\forall p(p \in P \;\Rightarrow\; [2a] \;\vee\; [2b] \;\vee\; [2c] \;\vee\; [2d]),$

[2a]: $\quad t^-(p) = 0$

[2b]: $\quad m(p) \geq t^-(p) \leq t^+(p) \;\wedge\; \forall t_1(t_1 \notin U \;\Rightarrow\; t_1^+(p) \geq t_1^-(p))$

[2c]: $\quad m(p) \geq t^-(p) \;\wedge\; \forall t_1(t_1 \notin U \;\Rightarrow\; t_1^+(p) \geq t_1^-(p) \leq m(p) + \Delta t(p))$

[2d]: $\quad \forall t_1 (t_1 \notin U \;\Rightarrow\; t_1^-(p) \geq t_1^+(p) \leq t^+(p) \;\vee\; t_1^-(p) > m(p))$.

Wenn für eine Transition t aus U der Fall [1] eintritt, dann hat t bei m nicht Konzession, weil auf dem Platz p zuwenig Marken sind. Diese Situation kann sich nicht ändern, solange nur Transitionen schalten, die nicht in U liegen, weil diese mindestens soviele Marken von p abziehen wie sie aufbringen oder selbst nicht Konzession haben. Wenn der Fall [2] für $t \in U$ eintritt und p ein Vorplatz von t (also $t^-(p) > 0$) ist, dann tritt einer der Fälle [2b], [2c] oder [2d] ein. Im Fall [2b] kann weder die Transition t noch eine Transition t_1, die nicht in U liegt, durch Schalten die Markenzahl auf dem Platz p vermindern. Im Fall [2c] (bzw. [2d]) kann keine Transition t_1, die nicht in U ist, die Markenzahl auf p vermindern (bzw. erhöhen).

Obwohl sie für das Schalten uninteressant sind, werden auch bei m nicht konzessionierte Transitionen als Elemente halb-sturer Mengen zugelassen, weil sonst Markierungen m existieren, bei denen die leere Menge als einzige halb-stur ist. Weil für $U = T$ der Fall [2d] stets zutrifft, gilt

Folgerung 8.1.
Die Menge T ist bei jeder Markierung halb-stur.

Die grundlegende Aussage über die Vertauschbarkeit in der Reihenfolge des Schaltens bildet der

Satz 8.2.
Es sei U halb-stur bei m, t eine Transition aus U und $q \in W(T-U)$ derart, daß $qt \in L_N(m)$ ist. Dann ist $tq \in L_N(m)$.

Beweis. Die Behauptung ist trivial, wenn q leer ist, es sei $q = t_1 \ldots t_n$ mit $n \geq 1$ und $t_i \notin U$. Wegen $qt \in L_N(m)$ gibt es Markierungen $m_1, \ldots, m_n$ und m^* mit

$$m \,[t_1 > m_1\, [t_2 > m_2 \,\ldots\, [t_n > m_n\, [t > m^*.$$

Wir zeigen zuerst, daß t Konzession bei m hat. Weil U halb-stur bei m

ist und $t \in U$, tritt [1] oder [2] für t ein.

Wenn der Fall [1] eintritt und p ein Platz ist, dessen Existenz von [1] gefordert wird, dann ergibt sich daraus, daß alle t_i nicht zu U gehören, ihr Schalten also die Markenzahl auf U nicht erhöhen kann, daß $m_n(p) \le m(p) < t^-(p)$ ist, im Widerspruch dazu, daß t Konzession bei m_n hat. Es muß also der Fall [2] für t eintreten.

Es sei p ein beliebiger Platz. In den Fällen [2a], [2b] und [2c] haben wir sofort, daß $t^-(p) \le m(p)$. Im Fall [2d] ist $m(p) \ge m_n(p) \ge t^-(p)$, weil durch Schalten der Transitionen t_i die Zahl der Marken auf p nicht vermindert werden kann.

Wir zeigen jetzt noch, daß die Transition t_i (für $i = 1,\ldots,n$) auch bei der Markierung m_i' Konzession hat, wobei

$$m_i' := \begin{cases} m + \Delta t, & \text{falls } i = 1, \\ m_{i-1} + \Delta t, & \text{sonst.} \end{cases}$$

Es sei $p \in P$, wir behaupten $m_i'(p) \ge t_i^-(p)$. Wir wissen, daß $m(p) \ge t_1^-(p)$ und $m_{i-1}(p) \ge t_i^-(p)$ ist. In den Fällen [2a] und [2b] ist $\Delta t(p) \ge 0$, woraus die Behauptung folgt. Im Fall [2c] ist $m_{i-1}(p) \ge m(p)$, folglich gilt $m_i'(p) \ge m(p) + \Delta t(p) \ge t_i^-(p)$. Im Fall [2d] schließlich gilt

$$m_i(p) \ge m_n(p) \ge t^-(p),$$

weil t Konzession bei m_n hat und $t_1, \ldots, t_n$ die Markenzahl auf p nicht erhöhen, denn der Fall $t_i^-(p) > m(p)$ kann nicht eintreten, da sonst t_1 bei m und für $i > 1$ t_i bei m_{i-1} nicht Konzession hat. Es gilt

$m_i'(p) \ge m_{i-1}(p) + \Delta t(p) = m_i(p) - \Delta t_i(p) + \Delta t(p) \ge m_i(p) + t_i^-(p) - t^-(p)$

und aus $m_i(p) \ge t^-(p)$ folgt $m_i'(p) \ge t_i^-(p)$.

Damit haben wir

$$m \ [t > m_1' \ [t_1 > m_2' \ [t_2 > \ldots \ [t_{n-1} > m_n' \ [t_n > m^*,$$

was zu beweisen war.

In diesem Beweis haben wir im Fall [2b] nur $m(p) \ge t^-(p) \le t^+(p)$ benutzt; daß die Transitionen, die nicht in U liegen, die Markenzahl auf p erhöhen, brauchen wir erst später.

Definition 8.2.

Eine Transitionsmenge U heißt *stur bei der Markierung* m, wenn U halb-stur bei m ist und es ein $t \in U$ derart gibt, daß für alle Vorplätze $p \in Ft$ von t gilt:

$$m(p) \geq t^-(p) \quad \wedge \quad \forall t_1 (\, t_1 \notin U \;\Rightarrow\; t_1^+(p) \geq t_1^-(p)\,).$$

Folgerung 8.3.

Ist m nicht tot in N, so ist T stur bei m.

Definition 8.3.

Für Markierungen m, m^* sei $wl(m, m^*)$ *die Länge des kürzesten Wortes* q *mit* $m\ [q > m^*$, falls $m\ [* > m^*$ in N gilt und ω sonst.

Die Funktion wl erfüllt zwar die Dreiecksungleichung und ist gleich 0 genau dann, wenn $m = m^*$ ist, ist aber kein Abstand im topologischen Sinne, weil sie im allgemeinen nicht symmetrisch ist.

Satz 8.4.

Es sei U stur bei m, $m\ [* > m^*$ und m^* tot in N. Dann gibt es eine Transition t aus U und eine Markierung m' mit

$$m\ [t > m' \quad \wedge \quad m'\ [* > m^* \quad \wedge \quad wl(m', m^*) < wl(m, m^*).$$

Beweis. Es ist $m \neq m^*$, weil sonst m tot wäre, im Widerspruch dazu, daß U stur bei m ist. Es sei $k = wl(m, m^*)$ und $r = t_1 \ldots t_k$ ein Wort mit $m\ [r > m^*$, ferner $t \in U$ mit $t^- \leq m$. Weil t aus U und U stur bei m ist, vermindert das Schalten einer Transition, die nicht in U liegt, die Markenzahlen auf den Vorplätzen von t nicht. Weil t nicht Konzession bei m^* hat, kommen also in r Transitionen aus U vor, es sei t_i die erste von diesen, also ist $q := t_1 \ldots t_{i-1} \in W(T-U)$. Wir wenden 8.2 auf q und t_i an und erhalten

$$m\ [t_i > m'\ [t_1 \ldots t_{i-1} t_{i+1} \ldots t_k > m^*$$

und $wl(m', m^*) = k-1 < k$.

Wir nehmen jetzt an, daß uns eine Funktion *stur* bekannt ist, die zu jeder Markierung *m* des betrachteten Petri-Netzes *N*, die nicht tot ist, eine bei *m* sture Menge *stur*(*m*) von Transitionen als Wert hat. Nach 8.3 können wir beispielsweise *stur*(*m*) := *T* für alle nicht toten Markierungen *m* setzen, aber damit wäre nichts gewonnen. Zu jeder solchen Funktion konstruieren wir einen *stur-reduzierten* Erreichbarkeitsgraphen *SEG*(*N,stur*) mit dessen Hilfe wir für beschränkte Petri-Netze die Verklemmungsfreiheit entscheiden können. Das im folgenden angegebene Verfahren unterscheidet sich von der Konstruktion des normalen Erreichbarkeitsgraphen nur darin, daß an jedem erzeugten Knoten *m* nur solche konzessionierten Transitionen geschaltet werden, die in der Menge *stur*(*m*) liegen.

```
VAR
     R,W: Markierungsmenge;          E: Bogenmenge;
     Konz: Transitionsmenge;     m,m*: Markierung;     t: Transition;
BEGIN
     R := Ø;     W := { m₀ };     E := Ø;
     WHILE   W ≠ Ø  DO
        Wähle-m-aus-W;     R := R ∪ {m};     W := W - {m};
        Konz := { t | t ∈ T ∧ t⁻ ≤ m };
        IF   Konz ≠ Ø   THEN
           Konz :=   Konz ∩ stur(m)   END;
           FOR   t ∈ Konz   DO
              m* := m + Δt;
              IF   m* ∉ R ∪ W   THEN   W := W ∪ { m* }   END;
              E := E ∪ { [m,t,m*] };
           END;
        END;
     END;
     SEG(N,stur) := [R,E];
END SEG.
```

Offenbar ist *SEG*(*N,stur*) stets ein Teilgraph des Erreichbarkeitsgraphen *EG*(*N*), der von der Anfangsmarkierung m_0 zusammenhängt und *SEG*(*N,stur*) ist gleich dem Erreichbarkeitsgraphen von *N*, wenn *stur*(*m*) bei jeder erreichbaren Markierung *m* alle bei *m* konzessionierten Transitionen enthält. Um *SEG*(*N,stur*) klein zu halten, sollte also *stur*(*m*) möglichst wenige konzessionierte Transitionen enthalten, aber es ist kein Kriterium bekannt, das einem die Auswahl zwischen mehreren Möglichkeiten erleichtert. Aus der Konstruktion ergibt sich

Folgerung 8.4.

Es sei $[R,E] = SEG(N,stur)$. *Dann gilt*

1. $m_0 \in R \subseteq R_N(m_0)$, $\quad E \subseteq E_N$.
2. *Wenn es in* $SEG(N,stur)$ *einen vom Wort* q *beschriebenen Bogenzug von* m *nach* m' *gibt, dann gilt* $m \lfloor q > m'$.

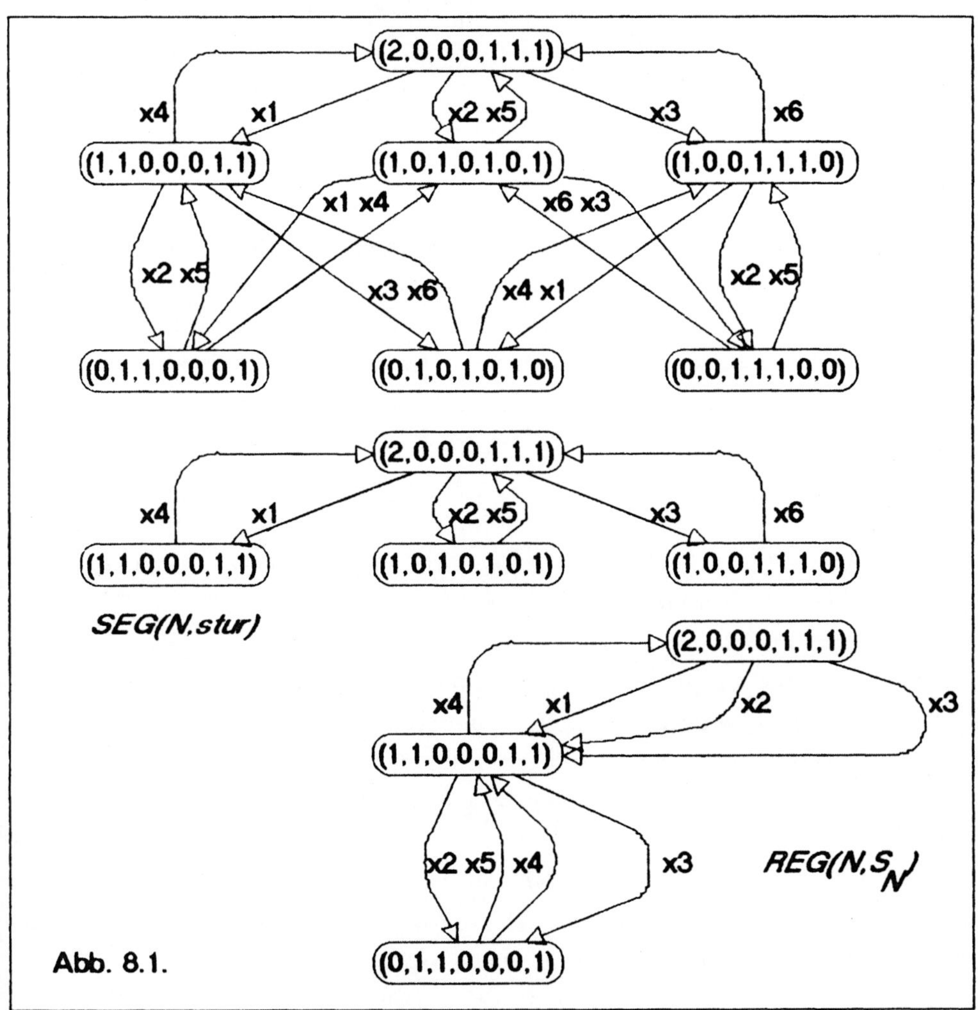

Abb. 8.1.

Aus dem Satz 8.4 folgt

Satz 8.6.

Ein Petri–Netz N ist genau dann nicht verklemmungsfrei, wenn in jedem sturen Erreichbarkeitsgraphen SEG(N,stur) eine tote Markierung vorkommt.

Als Beipiel betrachten wir nochmals das Netz in der Abbildung 1.1 (Seite 17). Für $m_0 = [2,0,0,0,1,1,1]$ setzen wir $stur(m_0) = T = \{x_1,...,x_6\}$. Damit muß *stur* für die Markierungen $m_0 + \Delta x_1$, $m_0 + \Delta x_2$ und $m_0 + \Delta x_3$ definiert werden. Man überzeugt sich leicht davon, daß $stur(m_0 + \Delta x_i) := \{x_{i+3}\}$ eine zulässige Wahl ist. Zum Vergleich sind in der Abbildung 8.1 neben *SEG(N,stur)* auch der Erreichbarkeitsgraph und der (maximal) reduzierte Erreichbarkeitsgraph dargestellt.

Eine wesentliche Vereinfachung der Forderungen an sture Mengen ergibt sich, wenn man sich auf schleifenfreie Netze beschränkt, also Netze, wo für alle $t \in T$ gilt: $Ft \cap tF = \emptyset$. Aus der Schleifenfreiheit folgt ja:

$$t^-(p) > 0 \;\Rightarrow\; t^+(p) = 0, \qquad t^+(p) > 0 \;\Rightarrow\; t^-(p) = 0.$$

Daraus erhält man für alle $t \in T$, $p \in P$:

$$t^-(p) \geq t^+(p) \;\Rightarrow\; t^+(p) = 0, \qquad t^+(p) \geq t^-(p) \;\Rightarrow\; t^-(p) = 0.$$

Satz 8.7.

1. *In einem schleifenfreien Netz ist eine Menge $U \subseteq T$ genau dann halb–stur bei m, wenn für alle $t \in U$ gilt:*

   (1) $\exists p(\; p \in Ft \;\wedge\; m(p) < t^-(p) \;\wedge\; Fp \subseteq U \;)\; \vee$

   (2) $\vee\; \forall p(\; p \in Ft \;\Rightarrow\; Fp \subseteq U \;\vee\; [\; pF \subseteq U \;\wedge\; m(p) \geq t^-(p)\;]\;).$

2. *In einem schleifenfreien Netz ist eine Menge $U \subseteq T$ genau dann stur bei m, wenn U halb–stur bei m ist und ein t aus U existiert mit*

   $$\forall p(\; p \in Ft \;\Rightarrow\; m(p) \geq t^-(p) \;\wedge\; pF \subseteq U \;).$$

Beweis. Es sei $t \in U \subseteq T$. Wir zeigen zuerst, daß der Fall [1] von Def. 8.1 für t genau eintritt, wenn (1) gilt. Wenn [1] gilt, dann gibt es ein $p \in P$ mit $t^-(p) > m(p) \geq 0$, also $p \in Ft$, und

$$\forall t_1(\; t_1^-(p) < t_1^+(p) \;\wedge\; t_1^-(p) \leq m(p) \;\Rightarrow\; t_1 \in U\;).$$

Ist nun $t_1 \in Fp$, dann ist $t_1^+(p) > 0$ und $t_1^-(p) = 0$, also $t_1 \in U$, also gilt (1). Wenn (1) gilt, dann gibt es ein $p \in P$ mit $t^-(p) > m(p)$ und $Fp \subseteq U$. Wenn t_1 nicht in U ist, so $t_1 \notin Fp$, also $t_1^+(p) = 0$. Also gilt $t_1^-(p) \geq t_1^+(p)$, d.h. [1] ist erfüllt.

Wenn der Fall [2] von Def. 8.1 für $t \in U$ eintritt, dann ist ist für jedes $p \in P$ eine der Aussagen [2a] ... [2d] erfüllt. Es ist [2a] genau dann für p erfüllt, wenn $p \notin Ft$ ist. Wenn für p der Fall [2b] eintritt, dann ist $t^+(p) \geq t^-(p)$, also $p \notin Ft$. Wenn [2c] für p gilt und $p \in Ft$ ist, dann ist $m(p) \geq t^-(p) > 0$ und für alle t_1 gilt:

$$t_1^+(p) < t_1^-(p) \quad \vee \quad t_1^-(p) > m(p) + \Delta t(p) \quad \Rightarrow \quad t_1 \in U.$$

Für $t_1 \in pF$ ist $t_1^-(p) > 0 = t_1^+(p)$, also $t_1 \in U$, es tritt also die zweite Alternative von (2) ein. Wenn schließlich für p der Fall [2d] zutrifft, dann gilt für alle t_1

$$[\; t_1^-(p) < t_1^+(p) \quad \vee \quad t_1^+(p) > t^+(p) \;] \quad \wedge \quad t_1^-(p) \leq m(p) \quad \Rightarrow \quad t_1 \in U.$$

Aus $t_1 \in Fp$, d.h. $t_1^+(p) > 0 = t_1^-(p)$, folgt also $t_1 \in U$; in diesem Fall tritt die erste Alternative von (2) ein.

Es sei umgekehrt (2) für eine Transition t erfüllt und p ein beliebiger Platz. Wenn $p \notin Ft$ ist, dann gilt [2a], sonst ist $t^-(p) > 0 = t^+(p)$. Wenn jetzt $m(p) \geq t^-(p)$ ist und $t_1 \notin U$, dann ist $t_1 \notin Fp$ oder $t_1 \notin pF$. Wenn $t_1 \notin Fp$ ist, d.h. $t_1^+(p) = 0$, dann tritt der Fall [2d] ein, wenn $t_1 \notin pF$ ist, d.h. $t_1^-(p) = 0$, dann tritt [2c] ein. Ist jedoch $m(p) < t^-(p)$, dann gilt $Fp \subseteq U$, für $t_1 \notin U$ gilt also $t_1^+(p) = 0$, d.h. [2d] tritt ein.

Um abschließend zu zeigen, daß U genau dann stur bei m ist, wenn

$$\forall p(\; p \in Ft \quad \Rightarrow \quad m(p) \geq t^-(p) \quad \wedge \quad pF \subseteq U \;).$$

gilt, genügt es zu zeigen, daß für alle $p \in Ft$ genau dann $pF \subseteq U$ ist, wenn $\forall t_1(\; t_1 \notin U \Rightarrow t_1^+(p) \geq t_1^-(p) \;)$ gilt, was äquivalent ist mit

$$\forall t_1(\; t_1^+(p) < t_1^-(p) \quad \Rightarrow \quad t_1 \in U \;).$$

Nun ist aber $t_1^+(p) < t_1^-(p)$ genau dann, wenn $0 = t_1^+(p) < t_1^-(p)$) ist, und das gilt genau dann, wenn $t_1 \in pF$ ist.

Der Satz 8.7 vereinfacht die Berechnung einer Funktion *stur*, ohne daß damit die Problematik aus der Welt ist, daß man einerseits am Knoten m eine sture Menge mit wenigen konzessionierten Transitionen haben möchte, andererseits aber der stur-reduzierte Erreichbarkeitsgraph bei Auswahl einer Menge mit der kleinsten Zahl konzessionierter Transitionen größer werden kann als wenn man eine Menge mit größerer Zahl konzessionierter Transitionen gewählt hätte. Aussagen über weitere Eigenschaften des

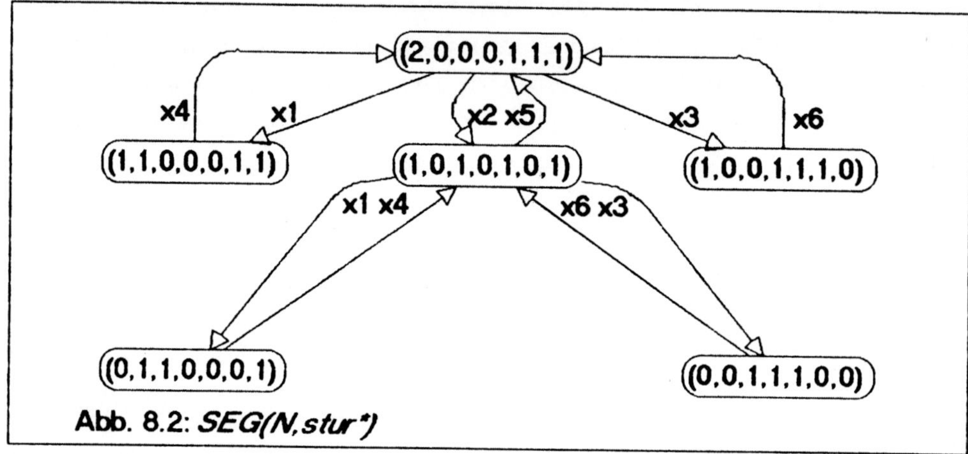

Abb. 8.2: *SEG(N,stur*)*

untersuchten Netzes aus dem stur-reduzierten Erreichbarkeitsgraphen abzuleiten, bildet eine aktuellen Forschungsaufgabe. Wenn wir in unserem Beispiel die Funktion *stur* zu einer Funktion *stur** abändern, die für die Markierung $m_0 + \Delta x_2 = [1,0,1,0,1,01]$ statt $\{x_5\}$ den Wert T hat, so erhalten wir zwei neue Knoten, $m_0 + \Delta x_2 x_1$ und $m_0 + \Delta x_2 x_3$. Für diese Knoten setzen *stur** gleich $\{x_4\}$ bzw. $\{x_5\}$. Der entsprechende stur-reduzierte Erreichbarkeitsgraph ist in der Abbildung 8.2 dargestellt. Die Markierung $m_0 + \Delta x_2 x_1$ ist in N von $[1,1,0,0,0,1,1]$ durch Schalten von x_1 erreichbar, in $SEG(N,stur*)$ spiegelt sich das nicht wieder.

Literatur

Valmari, A., Error Detection by Reduced Reachability Graph Generation. Proc. of the Ninth European Workshop on Application And Theory of Petri Nets, Venice 1987, 95 – 112.

9. REDUKTION

Eine weitere Methode, zu kleineren Erreichbarkeitsgraphen zu kommen, besteht in der schrittweisen Reduktion des Netzes. Ein Reduktionsschritt besteht dabei im Ersetzen eines Unternetzes durch ein anderes Unternetz (im allgemeinen mit weniger Plätzen) in einer solchen Weise, daß die interessierenden Eigenschaften des Netzes bei dieser Transformation invariant bleiben. Dabei nennen wir eine Eigenschaft E *invariant* beim Übergang vom Netz N zum Netz N', wenn das Netz N' dann und nur dann die Eigenschaft E hat, wenn N die Eigenschaft E hat. Die Eigenschaften, die uns hier interessieren werden, sind Lebendigkeit und Beschränktheit.

Damit zum Beispiel die Lebendigkeit invariant unter einer bestimmten Netztransformation ist, muß diese Transformation nicht nur lebendige Netze in lebendige Netze umformen, sondern auch nicht lebendige in nicht lebendige.

Wir betrachten in diesem Abschnitt Petri-Netze wie sie im Abschnitt 2 definiert wurden. Für die im nächsten Abschnitt zu besprechenden Netztypen, für zeitbewertete Netze, usw. garantieren die hier angegebenen Reduktionsregeln nicht die Invarianz von Lebendigkeit und Beschränktheit.

Der Idealfall wäre gegeben, wenn man einen Satz von Reduktionregeln hätte, der *vollständig* in dem Sinne ist, daß sich jedes Netz mit Hilfe dieser Regeln auf ein Netz aus einer endlichen (kleinen) Menge von Netzen (unter Invarianz von Lebendigkeit und Beschränktheit) reduzieren läßt. Für diese Prototypen stellt man fest, welche Eigenschaften sie haben, und schließt dann vom Reduktionergebnis auf die Eigenschaften des Originals. Ein solcher Satz von Reduktionsregeln ist nicht bekannt, und es scheint problematisch, ob es überhaupt ein solches vollständiges

System existieren kann, wenn man von den Regeln verlangt, daß sie *lokal* sind. Damit meinen wir, daß die Anwendung der Regeln keine (globale) Kenntnis des Erreichbarkeitsgraphen voraussetzt, wie z.B. die Regel "Streiche alle unbeschränkten Plätze". (Bei dieser Regel ist übrigens weder Beschränktheit noch Lebendigkeit invariant, vgl. Abb. 6.3 auf Seite 61.)

Bei der Reduktion werden Plätze und Transitionen gestrichen und neue Transitionen und neue Plätze in das Netz eingefügt. Dadurch gehen natürlich Informationen über realisierbare Schaltfolgen, erreichbare (Teil-) Markierungen, usw. verloren. In Reduktionsprogrammen ist daher gewöhnlich die Möglichkeit vorgesehen, gewisse Knoten des Netzes von der Reduktion auszunehmen (z.B. die Plätze, die Nachrichtenpuffer in einem Kommunikationsprotokoll modellieren). Damit beschneidet man zwar die Reduktionsmöglichkeiten, erleichtert indessen die Interpretation der Ergebnisse einer Analyse des Reduktionsresultats, die aber stets mit Hilfe des vom Programm erzeugten Reduktionsprotokolls möglich ist.

Definition 9.1.
Ein *Reduktionsschritt* besteht im einmaligen Anwenden einer (Reduktions-) Regel auf das Petri-Netz $N = [P,T,F,V,m_0]$, das Ergebnis wird stets mit $N' = [P',T',F',V',m_0']$ bezeichnet.

Das Anwenden von (Reduktions-) Regeln ist stets mit dem Streichen von Netzknoten verbunden. Wir vereinbaren hier, daß mit einem Knoten immer alle anhängenden Bögen ebenfalls entfernt werden und daß alle Knoten, die isoliert worden sind, ohne besondere Erwähnung ebenfalls gestrichen werden.

Auf diese Weise kann als Ergebnis eines Reduktionsschrittes "das leere Netz" entstehen; aus Bequemlichkeit lassen wir in diesem Abschnitt das Tupel $N' = [\emptyset,\emptyset,\emptyset,\emptyset,\emptyset]$ als Netz gelten und qualifizieren es als lebendig und beschränkt, sofern nicht in der Regel dem Netz N bereits eine andere Eigenschaft zugeschrieben wurde.

Regel 1:   (Streichen lebendiger Transitionen)

Voraussetzung: *Es gibt Transitionen ohne Vorplatz in N.*

Anwendung: *Streiche alle Transitionen ohne Vorplatz und ihre Nachplätze.*

Merke: 1. *Alle gestrichenen Plätze sind unbeschränkt.*

              2. *Alle gestrichenen Transitionen sind lebendig.*

              3. *Das Netz N ist nicht beschränkt.*

              4. *Wenn N' leer ist, dann ist N lebendig.*

Definition 9.2.

Eine Regel heißt *konsistent*, wenn bei ihrer Anwendung auf ein beliebiges Petri–Netz N Lebendigkeit und Beschränktheit *invariant* sind, d.h.

N ist lebendig genau dann, wenn N' lebendig ist, und

N ist beschränkt genau dann, wenn N' beschränkt ist,

oder die Regel das Netz N genau dann als lebendig bzw. beschränkt qualifiziert, wenn das Netz diese Eigenschaft hat.

Satz 9.1.

Die Regel 1 ist konsistent.

Beweis. Das Petri–Netz N werde durch die Regel 1 in das Netz N' transformiert. Also hat N Transitionen ohne Vorplatz, und weil wir Regeln nur auf Petri–Netze anwenden, hat jede dieser Transitionen einen Nachplatz, diese Plätze sind unbeschränkt, d.h. N wird zu Recht als nicht beschränkt qualifiziert. Es bleibt zu zeigen, daß N genau dann lebendig ist, wenn N' lebendig ist.

Nehmen wir an, daß N lebendig ist, $t' \in T'$ und $m' \in R_{N'}(m_0')$. Ferner sei $q' \in L_{N'}(m_0')$ mit $m' = m_0' + \Delta'q'$. Im Wort q' können Transitionen vorkommen, die Vorplätze in $P-P'$ haben, aber diese Plätze können wir durch Schalten von Transitionen aus $T-T'$ mit hinreichend vielen Marken versorgen. Es gibt also ein Wort $q \in W(T-T')$ derart, daß $qq' \in L_N(m_0)$ ist. Die Abbildung Δq hat also für alle $p \in P'$ den Wert 0. Folglich stimmt $m^* := m_0 + \Delta qq'$ auf P' mit m' überein. Weil t' lebendig in N ist, existiert ein Wort q'' mit $q''t' \in L_N(m^*)$. q'' kann Transitionen aus $T-T'$

enthalten, aber wir können annehmen, daß sie alle am Anfang dieses Wortes stehen, also daß $q'' = uv$ mit $u \in W(T-T')$, $v \in W(T')$ ist. Dann ist wiederum $\Delta u = 0$ auf P' und folglich $vt' \in L_{N'}(m')$, was zu zeigen war. Auf dieselbe Weise überlegt man sich, daß aus der Lebendigkeit von N' folgt, daß alle $t \in T'$ in N lebendig sind, für die übrigen Transitionen

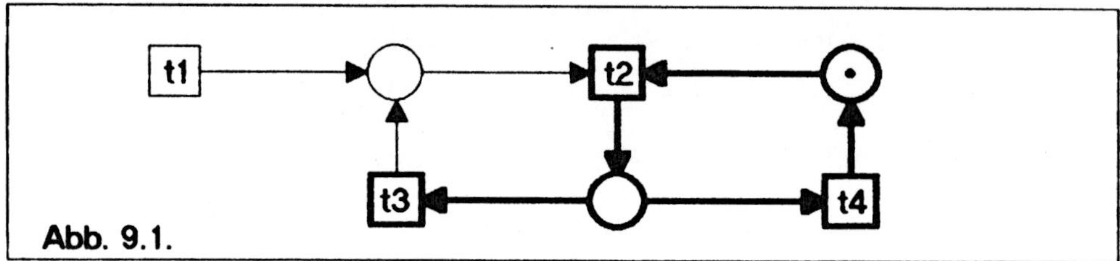

Abb. 9.1.

ist das trivial. Als Beispiel betrachten wir das Netz in der Abbildung 9.1. Nach Anwendung der Regel 1 bleibt nur der fett hervorgehobene Teil des Netzes stehen. In N' führt das Wort $t_2 t_3$ zur Nullmarkierung, alle Transitionen sind tot. In N führt $t_1 t_2 t_3$ zur Nullmarkierung, bei der t_2, t_3 und t_4 tot sind.

Sozusagen das Dual zur Regel 1 wäre die

*Regel *:*

Voraussetzung: *Es gibt Plätze ohne Vortransition in N.*

Anwendung: *Streiche alle Plätze ohne Vortransition und ihre Nachtransitionen.*

Merke: *1. Alle gestrichenen Plätze sind beschränkt.*

       2. Alle gestrichenen Transitionen sind nicht lebendig.

       3. Das Netz N ist nicht lebendig.

       4. Wenn N' leer ist, dann ist N beschränkt.

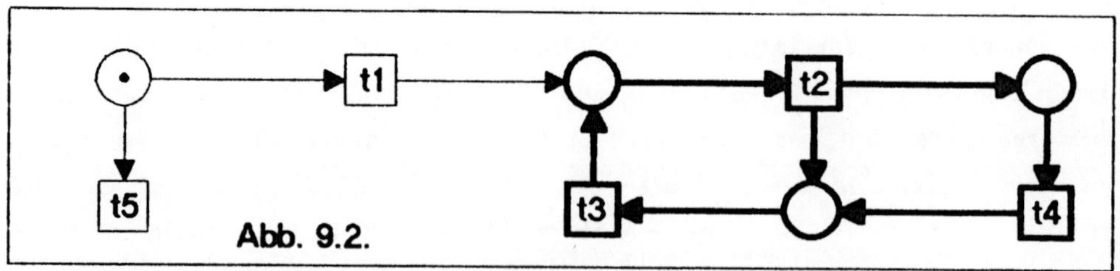

Abb. 9.2.

Leider ist diese Regel nicht konsistent, es kann nämlich N unbeschränkt, aber N' beschränkt sein. Ein Beispiel zeigt die Abbildung 9.2. Der Fehler rührt offensichtlich daher, daß wir eine Marke gestrichen haben, N' ist tot, obwohl N unbeschränkt ist. Die Transition t_5 zeigt, daß man sich nicht damit retten kann, daß man vor dem Streichen des Platzes die Marke irgendwohin schaltet. Nach dem Schalten von t_1 ist N unbeschränkt, nach dem Schalten von t_5 beschränkt.

Regel 2:   (Streichen toter Plätze)

Voraussetzung: *Es gibt in N Plätze ohne Vortransition, deren Markierung kleiner ist als alle Vielfachheiten der Bögen zu den Nachtransitionen.*

Anwendung: *Streiche alle Plätze p mit $Fp = \emptyset$ und $m_0(p) < V(p,t)$ für alle Nachtransitionen t, und ihre Nachtransitionen.*

Merke: 1. *Alle gestrichenen Plätze sind beschränkt.*

                2. *Alle gestrichenen Transitionen sind nicht lebendig.*

                3. *Das Netz N ist nicht lebendig.*

                4. *Wenn N' leer ist, dann ist N beschränkt.*

Weil das Streichen toter Transitionen an der Beschränktheit bzw. Unbeschränktheit nichts ändern kann, gilt

Satz 9.2.

Die Regel 2 ist konsistent.

Definition 9.3.

Zwei Plätze p_1, p_2 werden *parallel im Netz N* genannt, wenn $p_1 F = p_2 F$, $Fp_1 = Fp_2$, $V(p_1, t^*) = V(p_2, t^*)$ für alle $t^* \in p_1 F$ und $V(t^*, p_1) = V(t^*, p_2)$ für alle $t^* \in Fp_1$ gilt. Zwei Transitionen t_1, t_2 heißen *parallel in N*, wenn $t_1^- = t_2^-$ und $t_1^+ = t_2^+$ ist.

Parallele Knoten sind also mit allen anderen Knoten auf die gleiche Weise und mit der gleichen Vielfachheit verbunden. Parallele Plätze können zwar unterschiedlich markiert sein, dieser Unterschied ist aber gegenüber dem Schalten von Transitionen invariant, deshalb sind sie entweder beide beschränkt oder beide unbeschränkt. Parallele Transitionen sind bei den gleichen Markierungen konzessioniert und haben die gleiche Wirkung, sind also austauschbar entweder beide lebendig oder beide nicht lebendig.

Regel 3:   (Streichen paralleler Knoten)

Voraussetzung: *Es gibt im Netz N parallele Knoten x,y. Wenn x,y unterschiedlich markierte Plätze sind, dann sei x der Platz mit weniger Marken.*

Anwendung: *Streiche den Knoten y.*

Merke: *1. Wenn y Platz ist, so ist y beschränkt in N genau dann, wenn x beschränkt in N' ist.*

2. Wenn y Transition ist, so ist y lebendig in N genau dann, wenn x lebendig in N' ist.

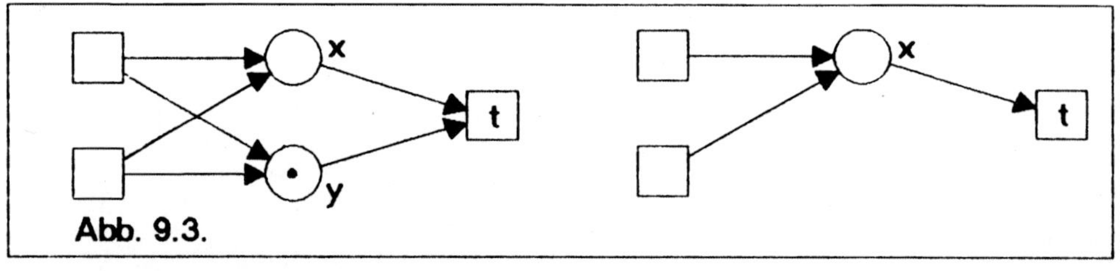

Ein Beispiel zeigt die Abbildung 9.3 (links vor, rechts nach Anwendung der Regel 3). Man sieht hier, daß man den Platz mit mehr Marken streichen muß, weil sonst *t* Konzession bekäme. Es ist klar, daß gilt

Satz 9.3.

Die Regel 3 ist konsistent.

Definition 9.4.

Zwei Plätze p_1, p_2 werden *äquivalent* genannt, wenn sie je genau eine Nachtransition t_1 bzw. t_2 besitzen, wobei die Vielfachheit der Bögen von p_1 nach t_1 bzw. von p_2 nach t_2 gleich 1 ist und die Transitionen t_1 bzw.

t_2 mit allen von p_1 und p_2 verschiedenen Plätzen in der gleichen Weise verbunden sind:

$$p_1F = \{t_1\}, \quad Fp_1 \neq \emptyset, \quad p_2F = \{t_2\}, \quad Fp_2 \neq \emptyset, \quad t_1^-(p_1) = 1 = t_2^-(p_2),$$
$$t_1^-(p) = t_2^-(p) \quad \text{für alle} \quad p \in P - \{p_1,p_2\},$$
$$t_1^+(p) = t_2^+(p) \quad \text{für alle} \quad p \in P.$$

Von äquivalenten Plätzen p_1, p_2 können Marken nur über die (einzigen) Nachtransitionen t_1, t_2 abgezogen werden. Weil diese Transitionen, von p_1 und p_2 abgesehen, parallel sind, kann man statt t_2 stets t_1 schalten, wenn man die Marken auf bzw. für p_2 nach p_1 umleitet.

Regel 4:   (Streichen äquivalenter Plätze)

Voraussetzung: *Es gibt im Netz N zwei äquivalente Plätze p_1 und p_2.*

Anwendung: 1. *Zu jedem Bogen $[t,p_2]$ führe einen Bogen $[t,p_1]$ der gleichen Vielfachheit in N ein; wenn ein Bogen $[t,p_1]$ schon existiert, so erhöhe seine Vielfachheit um $V(t,p_2)$.*

2. *Erhöhe die Markierung von p_1 um $m_0(p_2)$.*

3. *Streiche die Knoten p_2 und t_2.*

Merke: 1. *Wenn der Platz p_2 unbeschränkt in N ist, dann ist p_1 unbeschränkt in N'. Wenn p_1 und p_2 beschränkt in N sind, dann ist p_1 beschränkt in N'.*

2. *Wenn die Transition t_2 nicht lebendig in N ist, dann ist N' nicht lebendig. Wenn t_2 in N lebendig ist, dann ist t_1 lebendig in N'.*

Wenn t_2 nicht lebendig in *N* ist, dann ist in *N* eine Markierung erreichbar, bei der t_2 tot ist. Wenn dabei p_2 nicht mehr markiert werden kann, ist eine Vortransition von p_2 nicht lebendig in *N*, also auch in *N'*, d.h. *N'* ist nicht lebendig. Wenn p_2 markiert werden kann, dann hat t_2 weitere Vorplätze, die nicht alle zugleich ausreichend markiert werden können, dann ist aber t_1 nicht lebendig in *N'*. Also gilt

Satz 9.4.

Die Regel 4 ist konsistent.

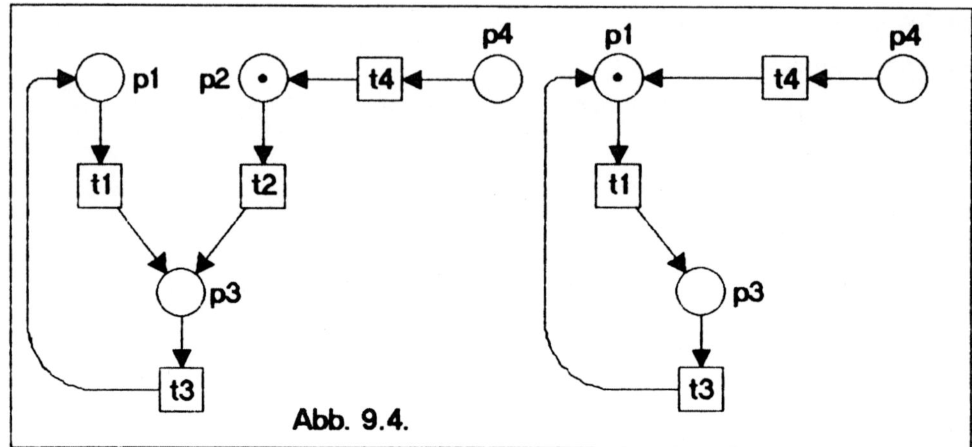

Ein Beispiel ist in der Abb. 9.4 dargestellt.

Nach der folgenden Verschmelzungsregel werden Vor- und Nachtransitionen eines Platzes p paarweise zu neuen Transitionen verschmolzen. Wichtig dabei ist, daß die Nachtransitionen von p keine weiteren Vorplätze haben, so daß sie lebendig sind, sofern eine Vortransition von p lebendig ist.

Regel 5:   (Verschmelzen von Vor- mit Nachtransitionen)

Voraussetzung: *Es gibt einen Platz p mit folgenden Eigenschaften:*

$$Fp = \{t_1,...,t_k\} \neq \emptyset, \quad pF = \{t_1',.....,t_n'\} \neq \emptyset,$$

$$pF \cap Fp = \emptyset, \quad (pF)F \neq \emptyset, \quad F(pF) = \{p\},$$

$$\forall t'(\ t' \in pF \ \Rightarrow \ V(p,t') = v \ ),$$

[$n=1$ und alle bei p einmündenden Bögen haben eine durch v teilbare Vielfachheit] oder [$n>1$, $m_0(p) < v$ und alle bei p einmündenden Bögen haben die Vielfachheit v].

Anwendung: 1. *Wenn $m_0(p) \geq v$ ist, schalte man die Nachtransition von p solange, bis weniger als v Marken auf p liegen.*

2. *Für alle i,j mit $1 \leq i \leq k$, $1 \leq j \leq n$ führe man eine neue Transition $t_{i,j}$ in N ein mit $t_{i,j}^- := t_i^-$ und $t_{i,j}^+ := t_i^+ + \lfloor \ t_i^+(p)/v \ \rfloor \cdot t_j'^+$.*

3. *Streiche die Knoten p, t_1, ... ,t_k, t_1', ... ,t_n'.*

Merke: 1. *Wenn der Platz p unbeschränkt in N ist, dann ist ein Nachplatz einer Nachtransition von p in N unbeschränkt in N'.*

2. *Die Transition t_i ist genau dann lebendig in N, wenn $t_{i,j}$ lebendig in N' ist.*

3. *Ein Schalten der Transition $t_{i,j}$ in N' ersetzt ein Schalten von t_i gefolgt von $\lceil t_i^+(p)/v \rceil$ –maligem Schalten von t_j' in N.*

Satz 9.5.
Die Regel 5 ist konsistent.

Beweis. Marken erreichen den Platz p nur in Paketen zu v Stück und können ihn nur in solchen Paketen verlassen. Wir können daher ohne Beschränkung der Allgemeinheit annehmen, daß $v = 1$ ist. Wenn $m_0(p) > 0$ ist, dann ist $n=1$, es gibt nur eine Nachtransition von p und diese hat wenigstens einen Nachplatz. Weil p der einzige Vorplatz seiner Nachtransition t' ist (wegen $F(pF) = \{p\}$), hat t' Konzession und kann geschaltet werden bis p sauber ist. Offenbar sind Lebendigkeit und Beschränktheit bei diesem Wechsel der Markierung invariant, weil dabei kein Konflikt zu lösen ist.

Nehmen wir an, daß p unbeschränkt in N ist. Eine der Nachtransitionen t' von p hat einen Nachplatz p' (wegen $(pF)F \neq \emptyset$), dieser Platz p' ist also ebenfalls unbeschränkt in N und offensichtlich auch unbeschränkt in N'. Ist ein anderer Platz in N unbeschränkt, so ist er unbeschränkt in N', weil Marken, die durch ein t_i auf p gebracht werden, nur über die t_j' abfließen können und man stattdessen in N' die Transition $t_{i,j}$ schalten kann. Ebenso folgt aus der Beschränktheit von N jene von N'.

Nehmen wir an, daß N lebendig ist, N' aber nicht, es gibt also eine in N' von m_0' durch ein Wort q erreichbare Markierung m', bei der eine Transition t' tot ist. Aus q entstehe das Wort q', indem jedes auftretende $t_{i,j}$ durch die Folge $t_i t_j$ ersetzt wird (denn $v = 1$). Offensichtlich kann q' bei m_0 geschaltet werden und führt zu einer Markierung m^*, die auf P' mit m' übereinstimmt und mit $m^*(p) = 0$. Wenn

t' zu N gehört, ist t' tot bei m^*, wenn t' die Form $t_{i,j}$ hat, ist t_i tot bei m^*, im Widerspruch zur Lebendigkeit von N. Ebenso überlegt man sich, daß aus der Lebendigkeit von N' jene von N folgt.

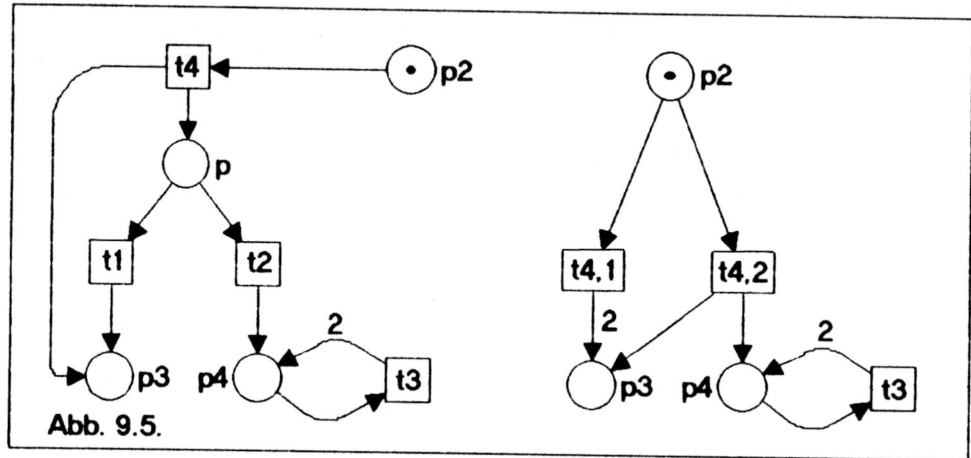

Die Abbildung 9.5 zeigt ein Beispiel für die Anwendung der Regel 5.

Die folgende Regel ist der Regel 5 ähnlich, wir lassen aber zu, daß die Nachtransitionen des betreffenden Platzes p weitere Vorplätze haben. Dafür wird verlangt, daß die Vortransition von p nur ungeteilte Vorplätze hat.

Regel 6: (Verschmelzen einer Vor- mit Nachtransitionen)

Voraussetzung: *Es gibt einen Platz p mit folgenden Eigenschaften:*

$$Fp = \{t_0\}, \quad t_0 F = \{p\}, \quad pF = \{t'_1,\ldots,t'_n\} \neq \emptyset,$$
$$pF \cap Fp = \emptyset, \quad (Ft_0)F = \{t_0\},$$

alle bei p einmündenden oder entspringenden Bögen haben dieselbe Vielfachheit v und $m_0(p) < v$.

Anwendung: *1. Für alle j mit $1 \leq j \leq n$ führe man eine neue Transition t_j in N ein mit $t_j^- := t_0^- + t_j'^-$ und $t_j^+ := t_j'^+$.*
2. Streiche die Knoten p, t_0, t'_1, ... ,t'_n.

Merke: *1. Wenn der Platz p unbeschränkt in N ist, dann sind die Vorplätze von t_0 in N unbeschränkt in N'.*

2. *Ein Schalten der Transition* t_j *in N' ersetzt ein Schalten des Wortes* $t_0 t_j'$ *in N.*

Satz 9.6.

Die Regel 6 ist konsistent.

Beweis. Wir können wieder o.B.d.A. annehmen, daß $v = 1$, also $m_0(p) = 0$ ist. Es sei N nicht lebendig. Dann gibt es ein Wort q und eine Transition t mit $m_0[q > m$, derart, daß t tot bei m ist. Weil $m_0(p) = 0$ ist, ist die Zahl der Stellen in einem beliebigen Anfangsstück von q, die mit t_0 besetzt sind, nicht kleiner als die Zahl der Stellen, die mit Transitionen aus pF besetzt sind. Weil die Transition t_0 keinen geteilten Vorplatz hat und Marken nur auf p gibt, können wir sie im Wort q nach rechts verschieben, solange die obige Bedingung gültig bleibt, wir schalten sie also so spät wie möglich. Es gibt also eine Permutation von q, die die Form $q'u$ hat mit folgenden Eigenschaften:

$$m_0[q' > m^* \ [u > m, \quad u \in W(\{ t_0 \})$$

und in q' folgt auf jedes t_0 unmittelbar ein $t_j' \in pF$. Offenbar ist $m^*(p) = 0$ und u genau dann nicht leer, wenn $m(p) > 0$ ist. Ferner ist $m^*(p') \geq m(p')$ für alle $p' \in P'$ und t ist nicht lebendig bei m^*.

Aus q' bilden wir das Wort q'', indem wir jedes Teilwort der Form $t_0 t_j'$ ($t_j' \in pF$) durch die Transition t_j ersetzen. Offenbar kann q'' in N' geschaltet werden, es sei $m_0'[q'' > m'$. Die Markierungen m^* und m' stimmen auf P' überein.

Wir setzen

$$t' := \begin{cases} t, & \text{falls} \quad t \in T', \\ t_1, & \text{falls} \quad t = t_0 \in Fp, \\ t_j, & \text{falls} \quad t = t_j' \in pF. \end{cases}$$

Nehmen wir an, daß N' lebendig ist, dann ist t' lebendig bei m'. Von m' kann durch Schalten eines Wortes r' in N' eine Markierung m'' erreicht werden, bei der t' Konzession hat. Ersetzen wir in r' jedes t_j durch $t_0 t_j'$, so erhalten wir ein Wort r, das bei m^* geschaltet werden kann und zu einer Markierung in N führt, bei der t Konzession hat. Die Transition t ist also nicht tot bei m^* in N, folglich ist u nicht leer und $m \neq m^*$.

Es sei jetzt t und m^* so gewählt, daß u von *minimaler Länge $l > 0$* ist. Bei m^* ist keine Transition tot in N, sonst wäre $l = 0$. Es sei r und t_j' so gewählt, daß $m^*[r > m_1[t_j' > m_2$ in N gilt, wobei r keine Nachtransition von p enthält. Weil $m^*(p) = 0$ und $m_1(p) > 0$ ist, enthält r wenigstens an einer Stelle die Transition t_0. Weil wir t_0 beliebig nach rechts verschieben können, können wir annehmen, daß $r = r^* t_0$ ist. Weil u nicht leer ist, gibt es ein u' mit $u = t_0 u'$ und es sei

$$m^*[t_0 > m^{**}[u' > m.$$

Bei m^* können die Wörter u und r^* geschaltet werden. Das Wort r^* enthält t_0 nicht und kann keine Marken von den Vorplätzen von t_0 entfernen, umgekehrt kann u keine Marken verbrauchen, die von r^* benötigt werden. Es gibt also Markierungen m_1, m_2, m_3 mit

$$m^*[r^* > m_1[t_0 > m_2[u' > m_3.$$

Weil r^* und t_0 vertauschbar sind, gilt $m^{**}[r^* > m_2$ und $m[r^* > m_3$. Nach Wahl von r^* hat t_j' Konzession bei $m_2 = m^* + \Delta r^* t_0$. Weil t_0 und t_j' vertauschbar sind, gibt es also Markierungen m_4 und m_5 mit

$$m_2[t_j' > m_4, \quad m_4[u' > m_5, \quad m_3[t_j' > m_5.$$

Wegen $m[r^* t_j' > m_5$ ist t tot bei m_5. Ferner ist m_4 eine in N erreichbare Markierung mit $m_4(p) = 0$ und $m_4[u' > m_5$, im Widerspruch zur Minimalität von u.

Aus der Lebendigkeit von N' folgt also die Lebendigkeit von N. Wenn N lebendig ist, dann ist N' lebendig, und in N' sind genau die Markierungen erreichbar, die Einschränkung einer erreichbaren Markierung

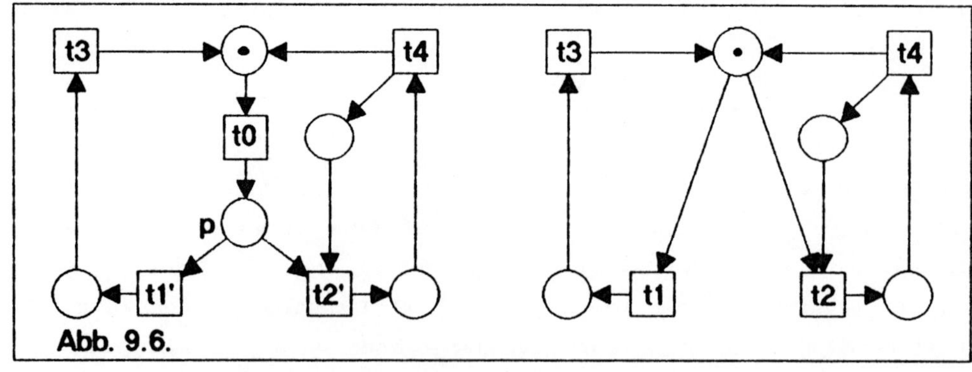

Abb. 9.6.

m von N mit $m(p) = 0$ sind.

Ein Beispiel für die Anwendung der Regel 6 zeigt die Abbildung 9.6.

Regel 7:   (Streichen von Laufplätzen)

Voraussetzung: *Es gibt einen Platz p derart, daß für alle Transitionen t*
                 gilt: $t^-(p) = t^+(p) \leq m_0(p)$.

Anwendung: *Streiche den Platz p und alle Transitionen, die dadurch*
                 isoliert werden.

Merke: *Der Platz p ist beschränkt in N, alle Transitionen, die*
                 gestrichen werden, sind lebendig in N.

Offensichtlich ist diese Reduktionregel konsistent, ebenso wie:

Regel 8:   (Streichen von Schleifen)

Voraussetzung: *Es gibt eine Transition t mit $t^- = t^+$, zu der eine*
                 Transition $t_0 \neq t$ mit $t_0^- \geq t^-$ existiert.

Anwendung: *Streiche die Transition t.*

Merke: *Wenn die Transition t nicht lebendig in N ist, dann ist*
                 die Transition t_0 nicht lebendig in N'.

Regel 9:   (Verschmelzen eines Vor- mit den Nachplätzen)

Voraussetzung: *Es gibt eine Transition t mit folgenden Eigenschaften:*
                 t hat genau einen Vorplatz p und $V(p,t) = 1$;
                 $Fp = \{t_1,...,t_k\} \neq \emptyset$, $p \notin tF \neq \emptyset$.

Anwendung: *1. Schalte t solange bis $m_0(p) = 0$ ist.*
                 2. Führe für $j = 1,...,k$ eine Transitionen t_j^* ein mit
                 $[t_j^*]^- := t_j^-$,
                 $[t_j^*]^+(p') := t_j^*(p') + t_j^*(p) \cdot t^+(p')$ für $p' \in P - \{p\}$.
                 3. Streiche die Knoten $p, t, t_1, ..., t_k$.

Merke: *Wenn die Transition t nicht lebendig in N ist, dann sind*
                 die Transition $t_1^*, ..., t_k^*$ nicht lebendig in N'. Ist p
                 nicht beschränkt in N, dann sind die Nachplätze einer
                 Transition t_j^* nicht beschränkt in N'.

Satz 9.7.

Die Regel 9 ist konsistent.

Beweis. Ist m eine Markierung von P, so bezeichne m' die Markierung von $P' = P - \{p\}$, die auf P' mit m übereinstimmt. Ist umgekehrt m' eine Markierung von P', so sei m^* die Markierung von P, die auf P' mit m' übereinstimmt und mit $m^*(p) = 0$. Man überlegt sich ohne Schwierigkeiten, daß für jede Markierung $m \in R_N(m_0)$ die Markierung m' in N' von m_0' erreichbar ist und daß für jedes $m' \in R_{N'}(m_0')$ die Markierung m^* in N erreichbar ist, wenn man berücksichtigt, daß ein Schalten von t_i^* in N'

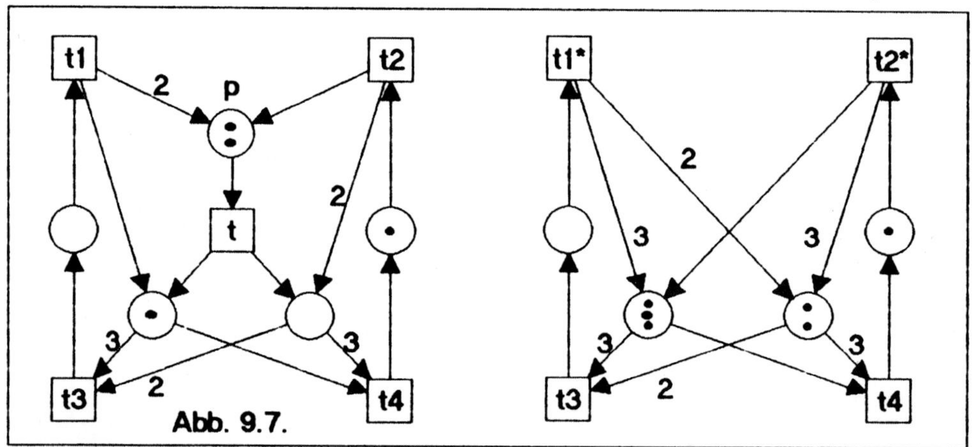

die gleiche Wirkung hat wie ein Schalten von t_i gefolgt von $t_i^+(p)$-maligem Schalten von t in N. Daraus folgt unmittelbar, daß die Regel 9 konsistent ist.

Die Abbildung 9.7 zeigt ein Beispiel für die Anwendung der Regel 9.

Literatur

Berthelot, G., Checking Properties of Nets Using Transformations. LNCS 222 (1986) 19 – 40.

Berthelot, G., Transformations and Decompositions of Nets. LNCS 254 (1987) 359 – 376.

10. NETZTYPEN

In diesem Abschnitt besprechen wir die Zusammenhänge zwischen verschiedenen bei der Systemmodellierung verwendeten Netztypen, insbesondere gehen wir auf ihre gegenseitige Simulierbarkeit ein. Bei einer ersten Bekanntschaft und Begeisterung für die Konzepte der Netztheorie ist man leicht geneigt, für eigene Anwendungen bequeme Modifikationen der Grundbegriffe, insbesondere der Schaltregel, vorzunehmen. Man gewinnt damit unter Umständen einfachere und übersichtlichere Modelle, verliert aber in vielen Fällen die Möglichkeit zu analysieren, weil die entsprechenden theoretischen Resultate für den ad hoc definierten Netztyp nicht vorliegen. Einen solchen Netztyp kann man natürlich erfolgreich als Beschreibungssprache, als Mittel zur Modellbildung und als Grundlage für Ablaufsimulationen anwenden, aber der wesentliche Vorteil der Modellierung mit Petri-Netzen, eine entwickelte Netztheorie im Rücken zu haben, geht verloren.

Man hat in diesem Sinne gefährliche und ungefährliche Modifikationen zu unterscheiden. Ungefährlich sind solche Modifikationen, die, wie z.B. die Kapazitäts-Schaltregel, auf Standardkonzepte zurückgeführt werden können, gefährlich dagegen jene, wie z.B. die Prioritäts-Schaltregel, bei denen das nicht der Fall ist. Wir präzisieren hier "zurückführen" durch den Begriff der *Simulierbarkeit*.

Ein *Netztyp* ist gegeben, wenn folgende Festlegungen getroffen sind:
1. die Art der Marken (z.B. ununterscheidbar, farbig, strukturiert,...),
2. die Art der Beschriftungen der Netzelemente (z.B. Vielfachheiten für Bögen, Schaltausdrücke für Transitionen,...),
3. die Art der Bewertungen von Netzelementen (z.B. Kapazitäten für Plätze, Prioritäten für Transitionen,...),
4. die Schaltregel,

5. die Schaltstrategie.

Bei den bisher betrachteten Petri-Netzen haben wir (teilweise implizit) festgelegt, daß wir es mit ununterscheidbaren (schwarzen) Marken zu tun haben, daß die Bögen mit positiven natürlichen Zahlen (Vielfachheiten) und die anderen Netzelemente nicht beschriftet sind, daß keine Bewertungen von Netzelementen vorgenommen sind, daß eine Transition t genau dann Konzession bei m hat, wenn $t^- \leq m$ ist und ihr Schalten zur Markierung $m + \Delta t$ führt, daß wir schließlich keinen Zwang zum Schalten ausüben, d.h. Transitionen einzeln schalten.

Mit *FIFO-Netzen* kann man Systeme, deren Verhalten wesentlich von Warteschlangen bestimmt wird, modellieren. Diese Warteschlangen werden nach dem First-In-First-Out-Prinzip verarbeitet, daher der Name FIFO. Bei diesem Netztyp sind die Marken strukturiert, nämlich Wörter über einem gegebenen endlichen Alphabet (z.B. der Prozeßnamen). Die Bögen von FIFO-Netzen sind mit nichtleeren Wörtern beschriftet und es ist für Plätze als Bewertung festgelegt, daß jeder Platz stets genau eine Marke, d.h. ein Wort enthält. Das kann das leere Wort sein, dann ist die von diesem Platz modellierte Warteschlange leer. Eine Transition t hat genau dann Konzession bei einer Markierung m (der Plätze mit Wörtern), wenn für jeden Vorplatz p von t das Wort $V(p,t)$ ein Anfangsstück (Spitze der Warteschlange) des Wortes $m(p)$ auf dem Platz ist. Die durch Schalten von t bewirkte Veränderung besteht darin, daß auf den Vorplätzen p die Anfangsstücke $V(p,t)$ von $m(p)$ gestrichen werden (der Rest rückt auf) und auf den Nachplätzen p von t das Wort $V(t,p)$ an die Schlange $m(p)$ angehängt wird. Wie bei Petri-Netzen wird kein Schaltzwang ausgeübt, es werden also einzelne Transitionen geschaltet. Wir gehen hier auf diesen Netztyp nicht weiter ein, wir haben ihn nur angeführt, um zu erläutern, was wir unter strukturierten Marken verstehen. Offenbar kann man unsere Petri-Netze als einen Spezialfall von FIFO-Netzen auffassen, bei dem das betreffende Alphabet genau einen Buchstaben enthält, weil ein Wort über einem solchen Alphabet bereits durch seine Länge charakterisiert ist.

Im Rest dieses Abschnittes werden wir nur Netze mit ununterscheidbaren Marken betrachten.

Definition 10.1.

Der Netztyp $\mathcal{N}_1$ heißt *simulierbar durch den Netztyp* $\mathcal{N}_2$, wenn es einen Algorithmus gibt, der zu jedem Netz N_1 vom Typ $\mathcal{N}_1$ ein Netz N_2 vom Typ $\mathcal{N}_2$ und eindeutige Abbildungen ζ (die *Zustandsübersetzung*) und τ (die *Transitionsübersetzung*) konstruiert mit:

(a) Die Abbildung ζ bildet die Erreichbarkeitsmenge R_2 von N_2 auf die Erreichbarkeitsmenge R_1 von N_1 ab, wobei die Anfangsmarkierung $m_0^{(2)}$ von N_2 auf die Anfangsmarkierung $m_0^{(1)}$) von N_1 abgebildet wird, d.h. $\zeta(m_0^{(2)}) = m_0^{(1)})$;

(b) Die Abbildung τ bildet die Transitionsmenge T_2 von N_2 in die Transitionsmenge T_1 von N_1, in die zusätzlich das leere Wort aufgenommen wird, ab: $\tau: T_2 \twoheadrightarrow T_1 \cup \{e\}$.

(c) Wenn $m_2, m_2' \in R_2$, $q \in W(T_2)$ und $m_2[q > m_2'$ (in N_2), dann gilt $\zeta(m_2)[\tau(q)> \zeta(m_2')$ (in N_1).

(d) Wenn $m_1, m_1' \in R_1$, $q \in W(T_1)$ und $m_1[q > m_1'$ (in N_1), dann existieren Markierungen $m_2, m_2' \in R_2$ und ein Wort $q' \in W(T_2)$ mit $m_1 = \zeta(m_2)$, $q = \tau(q')$, $m_2[q' > m_2'$ (in N_2) und $m_1' = \zeta(m_2')$.

Wenn darüberhinaus die Abbildung ζ eineindeutig (bijektiv) ist, sprechen wir von Simulierbarkeit *des Zustandsverhaltens*. Wenn die Konstruktion von N_2, ζ und τ aus N_1 Knoten für Knoten und Bogen für Bogen erfolgt, wobei nur Information über den Knoten und seine Umgebung, nicht aber über das gesamte Netz oder seine Erreichbarkeitsmenge verwendet wird, dann sprechen wir von *lokaler* Simulierbarkeit.

Wenn ein Netztyp $\mathcal{N}_1$ simulierbar durch den Netztyp $\mathcal{N}_2$ ist und ein Netz N_1 von Typ $\mathcal{N}_1$ zur Untersuchung vorgelegt ist, so können wir stattdessen das entsprechende Netz N_2 analysieren und die Resultate mit Hilfe der Abbildungen ζ und τ in die Sprache von N_1 übersetzen. Wenn umgekehrt auch $\mathcal{N}_2$ durch $\mathcal{N}_1$ simulierbar ist, nennt man die beiden Netztypen *äquivalent*. Wichtig ist die Simulierbarkeit insbesondere dann, wenn man über rechnergestützte Werkzeuge etwa zur Analyse oder zur Ablaufsimulation von Netzen eines Typs N_2 zur Verfügung hat, für bestimmte Modellierungsaufgaben aber einen anderen Netztyp N_1 verwenden möchte. Das bereitet dann keine Probleme, wenn man N_1 durch N_2 simulieren und die Übersetzung automatisieren kann. Für die Theorie bietet der Simulierbarkeitsbegriff die Möglichkeit, Begriffe und Methoden, die für einen Netztyp entwickelt worden sind, auf einen anderen zu übertragen.

Die *gewöhnlichen Petri-Netze* bilden den Netztyp, bei dem alle Festlegungen wie bei Petri-Netzen getroffen sind, nur daß die Bögen nicht beschriftet sind (alle haben die Vielfachheit 1).

Satz 10.1.
Petri-Netze sind durch schleifenfreie gewöhnliche Petri-Netze lokal simulierbar.

Die Beweisidee besteht darin, jeden Platz p des Petri-Netzes N, dessen Eingangsbögen maximal die Vielfachheit $in(p)$ und dessen Ausgangsbögen maximal die Vielfachheit $out(p)$ haben, durch einen Ring von Plätzen und Transitionen mit $in(p) + out(p)$ Plätzen zu ersetzen und die mehrfachen Bögen über die Plätze des Ringes zu verteilen. Den Transitionen des Ringes wird durch die Abbildung τ das leere Wort e zugeordnet. Für eine

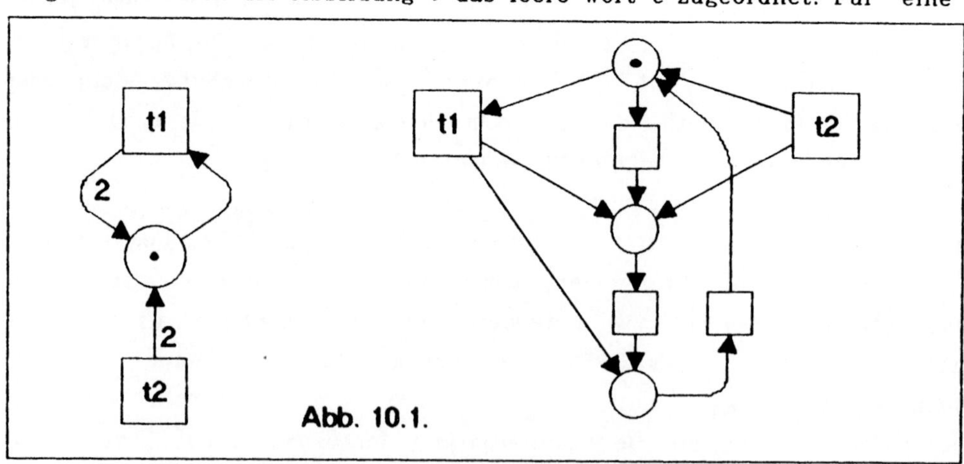

Abb. 10.1.

Markierung m des konstruierten Netzes hat die Markierung $\zeta(m)$ genau so viele Marken auf dem Platz p, wie in m auf den Plätzen des entsprechenden Ringes zu finden sind, die Abbildung 10.1 zeigt ein Beispiel.

Da jedes gewöhnliche Petri-Netz ein Petri-Netz ist, sind also diese beiden Typen äquivalent. Wir erinnern daran, daß ein Petri-Netz *sicher* genannt wird, wenn alle seine Plätze bei der Anfangsmarkierung 1-beschränkt sind.

Satz 10.2.
Jedes beschränkte Petri-Netz ist durch ein sicheres Petri-Netz lokal simulierbar.

Die Beweisidee besteht darin, jeden k-beschränkten Platz p ($k \geq 1$) in $k+1$ Plätze $p_0,...,p_k$ und die anliegenden Transitionen t in k Transitionen $t_1,...,t_k$ (mit $\tau(t_1) = ...= \tau(t_k) = t$) so aufzuspalten, daß im erhaltenen Netz bei jeder erreichbaren Markierung m genau einer dieser Plätze genau eine Marke enthält, und zwar der Platz p_i genau dann, wenn der Platz p bei der entsprechenden Markierung $\zeta(m)$ genau i Marken enthält. Die Abbildung 10.2 zeigt ein Beispiel.

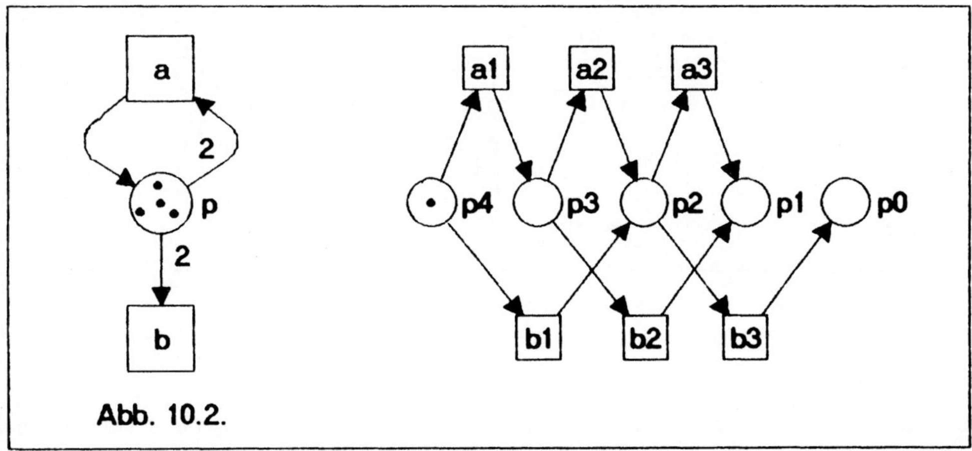

Abb. 10.2.

Natürlich können unbeschränkte Petri-Netze nicht durch sichere Petri-Netze simuliert werden, weil sichere Petri-Netze nur endlich viele erreichbare Markierungen haben.

Definition 10.2.
Ein Paar $[N, c]$, wobei $N = [P, T, F, V, m_0]$ Petri-Netz und c eine ω-Markierung von P mit $m_0 \leq c$ ist, wird *Petri-Netz mit Kapazitäten* genannt. Eine Transition t hat genau dann *Konzession bei m*, wenn $t^- \leq m$ und $m + \Delta t \leq c$ ist.

Die Zahl $c(p)$ wird als *Kapazität des Platzes p* bezeichnet, das ist die Höchstzahl von Marken, die bei einer erreichbaren Markierung auf p erscheinen kann. Wenn $c(p) = \omega$ ist, kann der Platz p unbeschränkt viele Marken aufnehmen. Jedes Petri-Netz kann als ein Petri-Netz mit Kapazitäten betrachtet werden, bei dem alle Plätze die Kapazität ω haben. Durch Einführen von endlichen Kapazitäten für alle Plätze kann jedes unbeschränkte Petri-Netz zu einem beschränkten Netz gemacht werden, aber dabei kann sich das Verhalten dramatisch ändern. Das Netz in der Abbildung 10.3 ist z.B. nicht lebendig, weil wir beide Marken nach p_2 bringen können. Geben wir dem Platz p_2 die Kapazität 1, dann ist das nicht mehr möglich und das Netz ist lebendig.

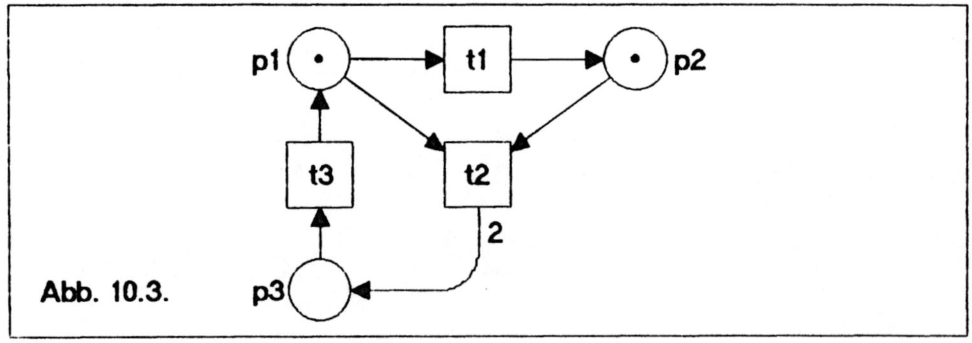

Satz 10.3.
Jedes Petri-Netz mit Kapazitäten ist durch ein Petri-Netz (ohne Kapazitäten) lokal simulierbar.

Zum Beweis führen wir in das gegebene Netz für jeden Platz mit endlicher Kapazität $k = c(p)$ einen komplementären Platz $\text{co}(p)$ ein, markieren ihn (als Anfangsmarkierung) mit $k - m_0(p)$ Marken und verbinden ihn mit den Transitionen des Netzes in solcher Weise, daß für alle erreichbaren Markierungen m gilt: $m(p) + m(\text{co}(p)) = k$. Ist also t eine Transition mit $\Delta t(p) > 0$, d.h. t gibt mehr Marken auf p als t von p nimmt, dann fügen wir einen Bogen der Vielfachheit $\Delta t(p)$ von $\text{co}(p)$ nach t ein, ist $\Delta t(p) < 0$, dann fügen wir einen Bogen der Vielfachheit $-\Delta t(p)$ von t nach $\text{co}(p)$ in das Netz ein. Die Abbildung 10.4 zeigt ein Beispiel, wobei $k = c(p) = 4$ ist. Offenbar ist die Zuordnung ζ hier bijektiv, es handelt sich also sogar um eine lokale Simulation des Zustandsverhaltens.

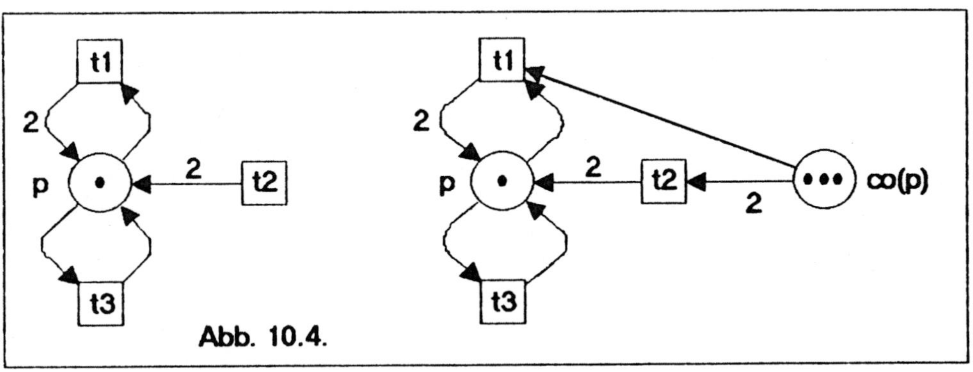

Abb. 10.4.

Netze mit Prioritäten zeichnen sich dadurch aus, daß eine irreflexive und transitive Relation » (eine Halbordnung) auf ihrer Transitionsmenge gegeben ist. Wenn $t_1 \gg t_2$ ist, sagt man, daß t_1 *höhere Priorität als* t_2 hat. Die Schaltstrategie ändert sich dahingehend, daß bei jeder Markierung von den konzessionierten Transitionen nur die mit der höchsten Priorität einzeln geschaltet werden. Weil » lediglich eine Halbordnung ist, können Transitionen mit dieser Relation unvergleichbar sein. Ist inbesondere » die leere Relation, dann ändert sich garnichts. Petri-Netze können also als Prioritäts-Petri-Netze aufgefasst werden, wo die Relation » leer ist.

Der Typ der Prioritäts-Petri-Netze ist nicht durch den Typ der Petri-Netze simulierbar, mit Prioritäts-Petri-Netzen kann nämlich jeder Algorithmus, jede TURING-Maschine (in kodierter Form) simuliert werden. Das ergibt sich daraus, daß von solchen Netzen getestet werden kann, ob einer ihrer Plätze aktuell *sauber* ist, d.h. keine Marke enthält. Betrachten wir das Netz in der Abbildung 10.5. Wenn dieser Netzteil testen soll, ob der Platz *test* sauber ist, dann muß die Marke auf dem Platz *p* dann und nur dann auf den Platz p_1 weitergeschaltet werden können, wenn *test* eine Marke enthält. In unserem Netz hat aber t_0 auch Konzession, wenn *test* sauber ist, kann also die Marke auf *p* nach p_0 bringen. Betrachten wir dieses Netz unter der Prioritätsrelation » mit $t_1 \gg t_0$, dann realisiert es tatsächlich den gewünschten Nulltest auf dem Platz *test*.

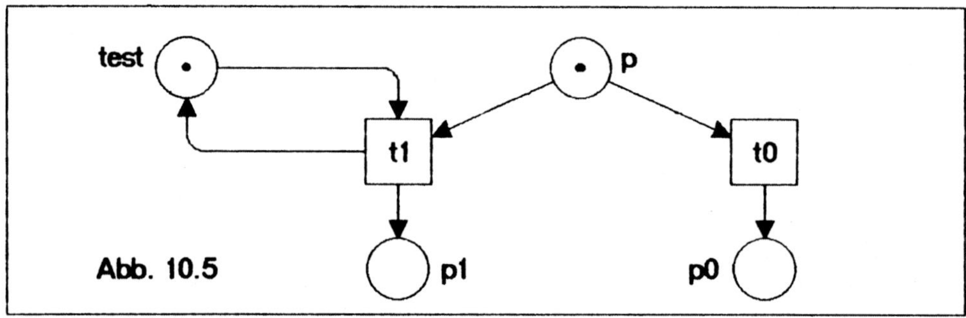

Mit Prioritäts-Petri-Netzen können wir also den Nulltest realisieren. Man kann zeigen, daß daraus folgt, daß jede TURING-Maschine durch ein Prioritäts-Petri-Netz simuliert werden kann, woraus sich ergibt, daß jedes nichttriviale Problem für Prioritäts-Petri-Netze unentscheidbar ist. Für Prioritäts-Petri-Netze ist also z.B. Beschränktheit nicht entscheidbar, für Petri-Netze ist das der Fall, folglich kann man Prioritäts-Petri-Netze nicht durch Petri-Netze simulieren.

Bei der Systemmodellierung mit Petri-Netzen entsteht häufig der Wunsch nach Erweiterungen des Netzbegriffs, weil sich beispielsweise bestimmte Koordinationsprobleme oder Konfliktlösungen mit Petri-Netzen nicht oder nicht einfach genug beschreiben lassen. Sowohl der oben erwähnte Begriff des FIFO-Netzes als auch der des Prioritäts-Petri-Netzes und weitere Netztypen sind auf diese Weise entstanden. Jede solche Verallgemeinerung des Netzbegriffs bzw. des Netztyps birgt aber die Gefahr in sich, daß der neue allgemeinere Netztyp zwar bequem als Beschreibungssprache ist, aber nicht mehr analysierbar, weil alle interessierenden Fragen nicht entscheidbar, also nicht durch Anwendung universeller Algorithmen zu beantworten sind. Die einzige generelle Analysemethode für solche Netze besteht darin, die Erreichbarkeitsmenge aufzuzählen und zu hoffen, daß dieses Verfahren abbricht, d.h. daß das Netz beschränkt ist, und anschließend Analysen auf der Grundlage des Erreichbarkeitsgraphen durchzuführen. Man kann sich also Möglichkeiten zur Behandlung seiner Probleme dadurch vergeben, daß man eine Beschreibungssprache wählt, die zu universell ist.

In diesem Zusammenhang müssen wir unbedingt darauf hinweisen, daß die oben erwähnten Aussagen unter der Annahme bewiesen wurden, daß der Platz *test* unbeschränkt ist. Auf einem beschränkten Platz kann der Nulltest auch innerhalb eines Petri-Netzes durchgeführt werden, wie die Abbildung 10.6 zeigt, wo *test* als 7-beschränkt angenommen ist und co(*test*) sein Komplementplatz ist. Hier kann t_0 nur schalten, wenn auf co(*test*) 7 Marken sind, und das ist genau dann der Fall, wenn *test* sauber ist.

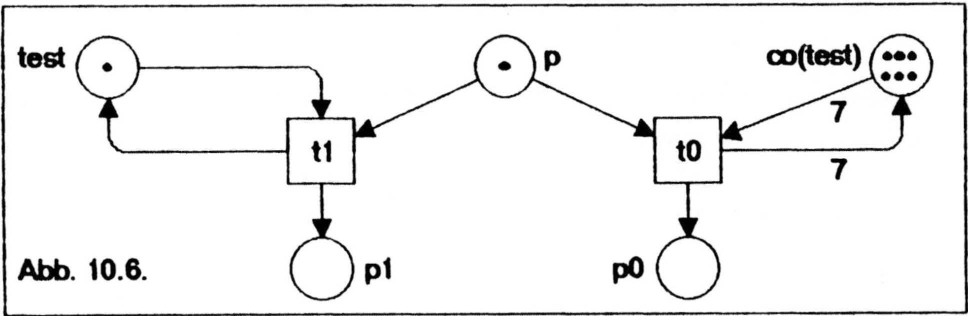

Inhibitor-Netze sind Netze, in denen sogenannte *Inhibitor-Bögen* vorkommen. Diese Bögen verlaufen stets von einem Platz *p* zu einer

Transition und verbieten ihr Schalten in Abhängigkeit von der Markierung des Platzes p. Bei *Inhibitor–Petri–Netzen* sind als Vielfachheiten von Bögen, die von einem Platz zu einer Transition verlaufen, auch negative ganze Zahlen zugelassen. Ist etwa $V(p,t) = -k$ $(k \in \mathbb{N})$ und $m(p) \geq k$, so darf t nicht schalten, auch wenn t sonst Konzession bei m hat. Die Berechnung der durch Schalten einer Transition entstehenden neuen Markierung erfolgt ohne Berücksichtigung der Inhibitor–Bögen.

In der graphischen Darstellung eines Inhibitor–Bogens wird die Pfeilspitze durch eine kleinen Kreis ersetzt. Die Abbildung 10.7 zeigt, daß man in Inhibitor–Petri–Netzen den Nulltest durchführen kann $(V(test, t_0) = -1)$. Inhibitor–Bögen, die von beschränkten Plätzen ausgehen, können durch entsprechende Schleifen um die zugehörigen Komplementplätze ersetzt werden.

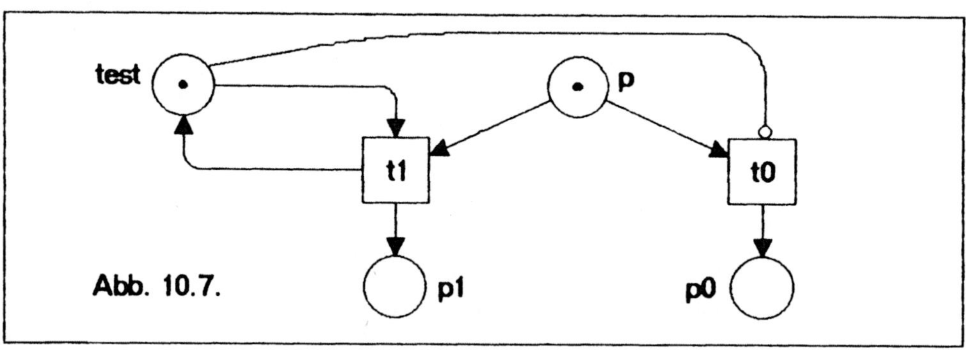

Schließlich wollen wir einen für die Modellierung wichtigen Netztyp betrachten, der in gewisser Weise gegen die Prinzipien der Netztheorie verstößt, indem kausale Zusammenhänge nicht nur durch Bögen modelliert werden, die *selbstmodifizierenden Petri–Netze.*

Bei einem selbstmodifizierenden Petri–Netz hat die Abbildung V nicht nur positive natürliche Zahlen als Werte, sondern auch Plätze des Netzes. Beim Bestimmen der bei einer Markierung m konzessionierten Transitionen und der Folgemarkierung zählt als Vielfachheit eines mit p beschrifteten Bogens die Zahl $m(p)$ der Marken auf dem Platz p. Die Vielfachheit gewisser Bögen wird also durch das Schalten von Transitionen modifiziert.

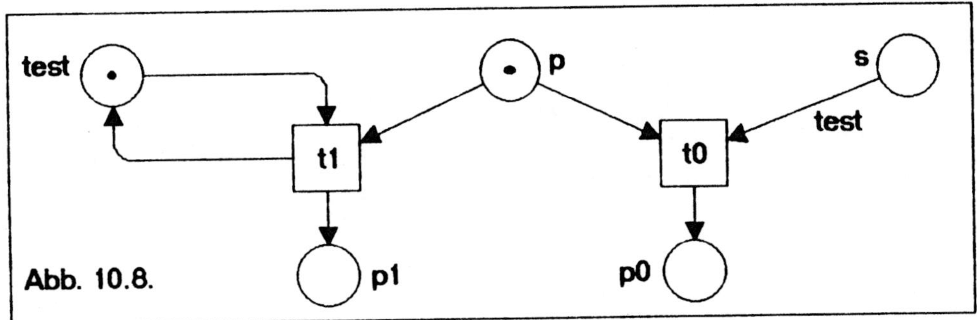

Auch in selbstmodifizierenden Netzen kann der Nulltest auf unbeschränkten Plätzen durchgeführt werden. In der Abbildung 10.8 ist s ein neuer Platz, der stets sauber ist, folglich kann t_0 nur dann schalten, wenn *test* sauber ist, denn nur dann ist die Vielfachheit des Bogens $[s, t_0]$ gleich Null. Der Typ der selbstmodifizierenden Petri-Netze ist mit dem der Prioritäts-Petri-Netze und dem der Inhibitor-Petri-Netze äquivalent. Man kann darüber hinaus zeigen:

Satz 10.4.
Es gibt eine lokale Simulation des Zustandsverhaltens aller beschränkten selbstmodifizierenden Petri-Netze durch (beschränkte) Petri-Netze.

Zuletzt betrachten wir Petri-Netze unter der *Maximum-Strategie*, d.h. es werden nicht einzelne Transitionen, sondern bei jeder Markierung m wird eine in bezug auf die Mengeninklusion maximale bei m nebenläufige Menge von Transitionen geschaltet. Beim Übergang von der normalen Strategie zur Maximum-Strategie bzw. umgekehrt ändern sich natürlich die Verhaltenseigenschaften des Netzes, so wie das oben für die Einführung von Prioritäten vermerkt wurde. Praktisch bedeutet ja der Übergang zur Maximum-Strategie, daß wir die Mengeninklusion als Prioritätsrelation in unser Netz einführen. Daher ist es nicht verwunderlich, daß auch unter der Maximumstrategie der Nulltest möglich ist. In dem in der Abbildung

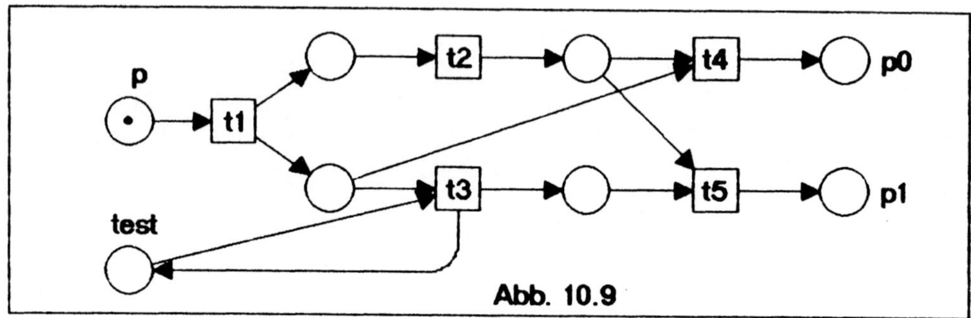

10.9 dargestellten Netzteil werden bei sauberem Platz *test* die Mengen $\{t_1\},\{t_2\},\{t_4\}$ in dieser Reihenfolge geschaltet, wenn *test* dagegen markiert ist, ergibt sich die Folge $\{t_1\},\{t_2,t_3\},\{t_5\}$, die die Marke von p nach p_1 bringt. Wenn man in ein beliebiges Petri-Netz einen Platz p^* einführt, diesen anfangs mit genau einer Marke versieht und von p^* zu jeder Transition und von jederTransition zu p^* einen Bogen der Vielfachheit 1 in der Netz einträgt, dann hat man auf diese Weise alle Nebenläufigkeiten beseitigt, d.h. alle maximalen nebenläufigen Mengen enthalten je genau ein Element. Ein solches Netz verhält sich unter der Maximum-Strategie genauso wie unter der normalen.

Literatur

Corbeel, D., Gentina, J. C., Vercauter, C., Application of an Extension of Petri Nets to Modelization of Control and Production Processes. LNCS 222 (1986) 162 -180.

Finkel, A., Memmi, G.,Fifo Nets: A New Model of Parallel Computation. LNCS 145 (1982) 111 - 121.

Hack, M., Petri Net Languages. Computation Structutes Group Memo 124, Project MAC, MIT 1975.

Müller, H., Prompt and Hangupfree Simulations of Place/Transition Nets by Pure Nets without Multiple Arcs. Petri Net Newsletter Nr. 15 (1983), 16 - 21.

Ullrich, *G.*, Der Entwurf von Steuerstrukturen für parallele Abläufe mit Hilfe von Petri-Netzen. Universität Hamburg, Institut für Informatik, Bericht Nr. 36. IFI-HH-B-36/77, 1977.

Valk, *R.*, Self-Modifying Nets, a Natural Extension of Petri Nets. LNCS 62 (1978) 464 -476.

11. Invarianten

Als Invariante eines Systems bezeichnet man gewöhnlich eine solche Eigenschaft, die bei der Arbeit des Systems unabhängig vom konkreten Ablauf erhalten bleibt. Wir haben bereits *Fakten* (tote Transitionen) als Widerspiegelung solcher Systeminvarianten kennengelernt. In diesem Abschnitt werden wir die Lösungen gewisser homogener Gleichungssysteme als *Invarianten* bezeichnen, diese Bezeichnung aber dadurch rechtfertigen, daß wir ihren Zusammenhang mit Invarianten des modellierten Systems aufzeigen.

Wir betrachten ein beliebiges Petri-Netz und setzen in diesem Abschnitt stets voraus, daß seine Platzmenge P als $P = \{p_1,...,p_n\}$ und seine Transitionsmenge T als $T = \{t_1,...,t_k\}$ durchnumeriert ist $(n,k \geq 1)$. Dann schreiben wir die Abbildungen Δt als n-zeilige Spaltenvektoren und nennen die aus diesen Spalten gebildete Matrix C die *Akzidenzmatrix* des Netzes.

Definition 11.1.
Es sei $N = [P,T,F,V,m_0]$ ein Petri-Netz. Als *Akzidenzmatrix von N* (häufig auch *Inzidenzmatrix* genannt) wird die Matrix $C = (c_{i,j})_{1 \leq i \leq n, 1 \leq j \leq k}$ mit $c_{i,j} := \Delta t_j(p_i)$ bezeichnet.

In der Abb. 11.1 ist ein Netz zusammen mit seiner Akzidenzmatrix wiedergegeben. Man sieht an diesem Beispiel, daß das Netz durch die Akzidenzmatrix nicht bestimmt ist: Man kann der Matrix ansehen, daß es eine Transition t_4 gibt, aber nicht, wie sie mit den Plätzen verbunden ist.

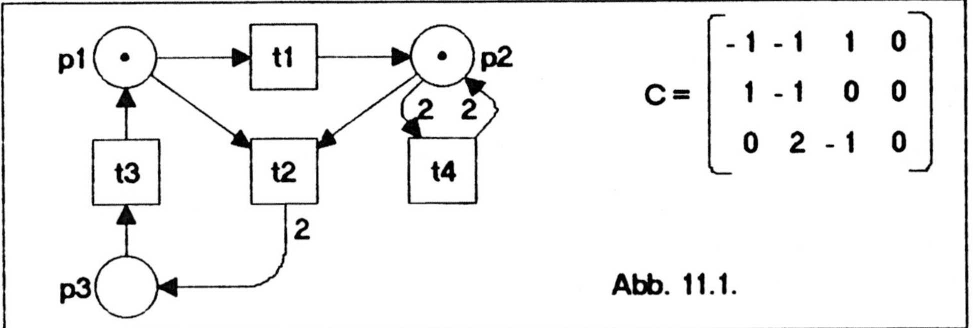

Definition 11.2.

Für jedes Wort $q \in W(T)$ bezeichne $\bar{q}$ den *Parikh-Vektor von q*, das ist eine Abbildung von T in $\mathbb{N}$, die für $t \in T$ die Anzahl des Vorkommens von t in q als Wert hat.

Wir schreiben Parikh-Vektoren (wie alle T-Vektoren) als Spalten und alle P-Vektoren (wie z.B. Markierungen) als Zeilen. x^T bzw. C^T bezeichnet den Transponierten des Vektors x bzw. der Matrix C.

Folgerung 11.1.

Wenn $m \lfloor q > m'$, so ist $m' = m + \Delta q$ und $\Delta q = \sum_{t \in T} \bar{q}(t) \cdot \Delta t = (C \cdot \bar{q})^T$.

Die Gleichung $m' = m + (C \cdot \bar{q})^T$ wird auch als *Zustandsgleichung* des Netzes bezeichnet. Notwendig dafür, daß die Markierung m' in N von der Markierung m erreicht werden kann, ist folglich, daß das lineare Gleichungssystem $C \cdot x = (m' - m)^T$ eine ganzzahlige Lösung x besitzt, bei der keine Komponente $x_i = x(t_i)$ negativ ist, denn der Parikh-Vektor jedes Wortes q mit $m \lfloor q > m'$ ist von dieser Art, aber hinreichend ist das nicht.

Ist z.B. in der Abb. 11.1 $m = [1,0,0]$, $m' = [0,0,1]$, so ist $x = (1,1,1,0)^T$ eine Lösung von $C \cdot x = (m - m')^T = [1,0,-1]$, aber keine Permutation des Wortes $t_1 t_2 t_3$ kann bei m geschaltet werden (t_2 braucht zwei Marken).

Andererseits gibt es zu jedem Wort $q \in W(T)$ eine Markierung m, bei der q geschaltet werden kann. Eine Markierung dieser Art, die im allgemeinen zu groß ist, ist offensichtlich $m := \sum_{t \in T} \overline{q}(t) \cdot t^{-}$. Folglich gilt

Satz 11.2.

Zu einem gegebenen ganzzahligen P–Vektor Δ gibt es genau dann eine Markierung m, von der die Markierung $m + \Delta$ erreichbar ist, wenn das Gleichungssystem $C \cdot x = \Delta$ eine Lösung ohne negative Komponenten hat.

Wählen wir den Vektor $\Delta > 0$, also $0 \neq \Delta \geq 0$, dann folgt aus Satz 4.3:

Folgerung 11.3.

Es gibt genau dann eine Anfangsmarkierung, bei der das Netz N unbeschränkt ist, wenn das Gleichungssystem $C \cdot x > 0$ eine nichttriviale Lösung ohne negative Komponenten hat.

Definition 11.3.

(1) Jede nicht-triviale ganzzahlige Lösung x des homogenen linearen Gleichungssystems $C \cdot x = 0$ wird *Transitionsinvariante* (kurz: *T–Invariante*) *von N* genannt.

(2) Eine *T*–Invariante x wird als *echte T–Invariante* bezeichnet, wenn x keine negative Komponente hat: $x \geq 0$.

(3) Eine *T*–Invariante x heißt *realisierbar in N*, wenn es ein Wort q mit $\overline{q} = x$ und eine in N erreichbare Markierung m mit $m \lfloor q \rangle m$ gibt.

(4) Wir nennen das Netz N *von T–Invarianten überdeckt*, wenn es eine *T*–Invariante x besitzt, die in allen Komponenten positiv ist.

T–Invarianten ohne negative Komponenten beschreiben also mögliche Kreise im Erreichbarkeitsgraphen, realisierbare *T*–Invarianten tatsächlich vorhandene. Bei einer *T*–Invarianten (genauer: beim Schalten eines entsprechenden Wortes) ist also die Markierung, d.h. der Systemzustand invariant. Negative Komponenten in *T*–Invarianten kann man (etwas gezwungen) als Rückwärtsschalten (Schalten im reversen Netz) der entsprechenden Transition interpretieren. Wenn das Netz nicht schleifenfrei ist, dann kann es echte T-Invarianten geben (z.B. $(0,0,0,1)^T$ in Abb. 11.1), bei denen der entsprechende Kreis zu einem Knoten und einem Bogen entartet.

Folgerung 11.4.
Die Menge aller T-Invarianten des Netzes N ist abgeschlossen gegenüber der Bildung von Linearkombinationen mit ganzzahligen Koeffizienten und gegenüber der Division durch den größten gemeinsamen Teiler aller Komponenten.

Da jede Lösung x von $C \cdot x = 0$ mit rationalen Komponenten durch Multiplikation mit einer geeigneten ganzen Zahl zu einer T-Invariante wird, kann man eine Basis für den linearen Raum aller T-Invarianten mit den üblichen Eliminationsalgorithmen bestimmen. Etwas komplizierter ist die Lage, wenn man ein Erzeugendensystem für alle echten T-Invarianten berechnen will. Wir gehen darauf weiter unten ein.

Satz 11.5.
Wenn das Netz N bei irgendeiner Markierung m lebendig und beschränkt ist, dann ist N von T-Invarianten überdeckt.

Beweis. Es sei N lebendig bei m, folglich gibt es ein Wort $q_1 \in L_N(m)$, in dem alle Transitionen vorkommen. Die Markierung $m + \Delta q_1$ ist von m erreichbar, also lebendig. Daher existiert ein ebensolches Wort $q_2 \in L_N(m+\Delta q_1)$ und $m + \Delta q_1 q_2$ ist lebendig. Es existiert also eine unendliche Folge (m_i) von Markierungen $m_i := m + \Delta q_1 ... q_i$ mit

$$m \, [q_1 > m_1 \, [q_2 > m_2 \, ... m_i \, [q_{i+1} > m_{i+1} \, ...$$

Weil N beschränkt bei N ist, sind von m aus nur endlich viele Markierungen erreichbar, es gibt also Zahlen $i < j$ mit $m_i = m_j$. Damit gilt $m_i [q_{i+1} ... q_j > m_j = m_i$ und $x = \bar{q}_{i+1} + ... + \bar{q}_j$ überdeckt N.

Das Netz in der Abbildung 11.1 ist von der T-Invarianten $x = (1,1,2,1)^T$ überdeckt, besitzt aber keine lebendige Markierung, man kann stets alle Marken auf p_2 versammeln und dann ist t_2 tot. Dagegen zeigt die Abb.

11.2 ein Netz, das von $x = (1,1)^T$ überdeckt ist und keine beschränkte Markierung besitzt, dafür ist jede Markierung lebendig.

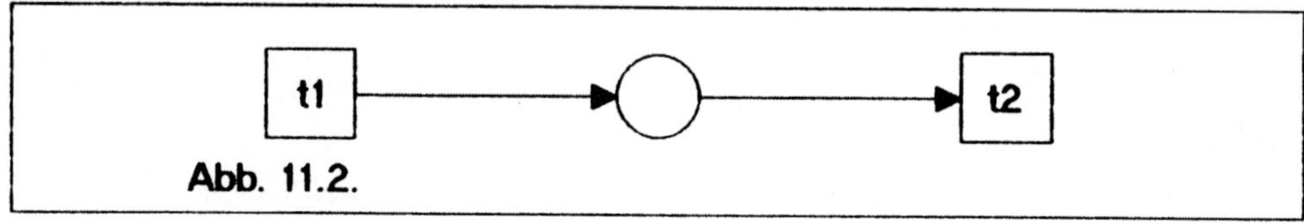

Definition 11.4.

(1) Jede nicht-triviale ganzzahlige Lösung y des homogenen linearen Gleichungssystems $y \cdot C = 0$ wird *Platzinvariante* (kurz: *P-Invariante* oder auch *S-Ivariante*) *von N* genannt.

(2) Eine *P*-Invariante y wird als *echte P-Invariante* bezeichnet, wenn y keine negative Komponente hat: $y \geq 0$.

(3) Wir nennen das Netz N *von P-Invarianten überdeckt*, wenn es eine *P*-Invariante y besitzt, die in allen Komponenten positiv ist.

Im folgenden Sinne ist der Begriff der T-Invarianten dual zum Begriff der *P-Invarianten* (auch *S-Invariante* genannt). Als *Dual eines Netzes N* versteht man das Netz N^d, das aus N entsteht, wenn Plätze und Transitionen die Rolle tauschen. Dem entspricht als Matrixoperation das Transponieren, so daß jede (echte) T-Invariante von N Transponierte einer (echten) *P*-Invarianten von N^d ist und umgekehrt.

Satz 11.6.

Es sei y eine P-Invariante von N. Dann gilt für alle von m_0 erreichbaren Markierungen m: $y \cdot m^T = y \cdot m_0^T$.

Beweis. Es sei $q \in W(T)$ mit $m_0 \, [q > m$, also ist $m = m_0 + (C \cdot \bar{q})^T$. Es ergibt sich

$$y \cdot m^T = y \cdot m_0^T + y \cdot (C \cdot \bar{q}) = y \cdot m_0^T + (y \cdot C) \cdot \bar{q} = y \cdot m_0^T + 0 \cdot \bar{q} = y \cdot m_0^T.$$

Der Satz 11.6 liefert einen Nichterreichbarkeitstest, der ohne großen Aufwand durchzuführen ist:

Folgerung 11.7.

Wenn es eine (nicht notwendig echte) P-Invariante y von N gibt, für die $y \cdot m^T \neq y \cdot m_0^T$ ist, dann ist m nicht erreichbar von m_0.

Die Umkehrung von 11.6 gilt i. a. nicht, aber für lebendige Netze:

Satz 11.8.

Ist N ein lebendiges Netz und y ein Vektor derart, daß $y \cdot m^T = y \cdot m_0^T$ für alle erreichbaren Markierungen m gilt, dann ist y eine P-Invariante.

Beweis. Es ist zu zeigen, daß $y \cdot \Delta t^T = 0$ für alle $t \in T$ ist. Weil N lebendig ist, gibt es eine erreichbare Markierung m, bei der t Konzession hat. Daher ist $m + \Delta t$ erreichbar und $y \cdot (m + \Delta t)^T = y \cdot m^T = y \cdot m_0^T$, folglich ist $y \cdot \Delta t^T = 0$.

Bei einer P-Invarianten y ist also die mit y gewichtete Markenzahl invariant gegenüber dem Schalten. Diese Zahl kann in vielen praktischen Fällen unmittelbar als Zustandseigenschaft interpretiert werden. Im Beispiel von Abb. 1.1 (Seite 17) bilden die folgenden Vektoren ein minimales Erzeugendensystem für alle echten P-Invarianten:

yi	0	1	2	3	4	5	6
$y1$	0	1	0	0	1	0	0
$y2$	0	0	1	0	0	1	0
$y3$	0	0	0	1	0	0	1
$y4$	1	1	1	1	0	0	0

Die Invariante y_4 bedeutet, daß bei jedem erreichbaren Systemzustand (gegeben durch die Markierung m) die Summe aus der Zahl $m(p_0)$ der freien Terminals und der Zahl $m(p_1) + m(p_2) + m(p_3)$ der belegten Terminals konstant gleich $y_4 \cdot m_0^T = 2$ ist. Die Invariante y_1 sagt aus, daß bei jeder erreichbaren Markierung entweder p_1 oder p_4 mit genau einer Marke belegt ist ($y_1 \cdot m_0^T = 1$), d.h. in jedem Systemzustand arbeitet der Programmierer 1 entweder oder macht Pause.

Mit Hilfe dieser Invarianten kann man auch sofort beweisen, daß das System verklemmungsfrei ist. Bei einer Markierung m, wo einer der Plätze

p_1, p_2 oder p_3 markiert ist, hat eine der Transitionen x_4, x_5 oder x_6 Konzession, wie ein Blick auf die Abb. 1.1 lehrt. Ist $m(p_1) = m(p_2) = m(p_3) = 0$, dann ist $m(p_0) = 2$ wegen y_4 und aus den übrigen Invarianten folgt, daß $m(p_4) = m(p_5) = m(p_6) = 1$ ist, also haben x_1, x_2 und x_3 Konzession. Bei jeder von m_0 erreichbaren Markierung hat also eine Transition Konzession, das Netz ist verklemmungsfrei.

Offensichtlich ist unser Netz mit P-Invarianten überdeckt, die Summe y der angegebenen Invarianten leistet das in Def. 11.4.3 Verlangte. Nach dem folgenden Satz ist das Netz beschränkt:

Satz 11.9.
1. *Ist y eine echte P-Invariante von N und $y(p) > 0$, dann ist der Platz p bei jeder Anfangsmarkierung beschränkt.*
2. *Wenn N durch P-Invarianten überdeckt ist, dann ist N bei beliebiger Anfangsmarkierung beschränkt.*

Beweis. Aus der ersten Behauptung folgt offensichtlich die zweite. Unter den Voraussetzungen von 11.9.1 gilt für jede Anfangsmarkierung m_0 und jede von m_0 erreichbare Markierung m:
$$y \cdot m_0^T = y \cdot m^T \geq y(p)m(p) \geq m(p),$$
also ist der Platz p bei der Anfangsmarkierung m_0 $y \cdot m_0^T$–beschränkt.

Die Umkehrung von 11.9 gilt allgemein nicht. Ein Netz, das aus genau einer Transition mit genau einem Vorplatz besteht, besitzt keine P-Invariante, ist aber bei jeder Anfangsmarkierung beschränkt (dafür sagen wir auch, daß N bzw. p *strukturell beschränkt* ist).

Satz 11.10.
Wenn das Petri-Netz N eine lebendige Markierung besitzt, dann ist N von P-Invarianten überdeckt genau dann, wenn N strukturell beschränkt ist.

Zum Beweis benötigen wir den Satz von FARKAS:

Ist C ganzzahlige Matrix und b ein ganzzahliger (Spalten-) Vektor passender Dimension, dann ist genau eines der Ungleichungssysteme (1) und (2) ganzzahlig lösbar:

(1): $C \cdot x \geq b$, x *beliebig,*

(2): $y \cdot C = 0$, $y \geq 0$, $y \cdot b > 0$.

Wegen 11.9 genügt es zu zeigen, daß ein bei m_0 lebendiges und strukturell beschränktes Petri-Netz N von P-Invarianten überdeckt ist. Weil N speziell bei m_0 beschränkt ist, ist N nach Satz 11.5 von T-Invarianten überdeckt, das Gleichungssystem $C \cdot x = 0$ besitzt also eine Lösung x_0, die in allen Komponenten positiv ist. Um zu zeigen, daß N von P-Invarianten überdeckt ist, genügt es zu zeigen, daß für jeden Platz p_i von N das System

$$y \cdot C = 0, \qquad y \cdot b_i > 0, \qquad y \geq 0$$

eine Lösung besitzt, wobei b_i der Spaltenvektor ist, dessen i-te Komponente gleich 1 und dessen übrige Komponenten gleich 0 sind. Daher ist $y \cdot b_i = y(p_i)$.

Nehmen wir an, daß das Ungleichungssystem für den Platz p_i nicht lösbar ist. Nach dem Satz von FARKAS folgt daraus, daß das Ungleichungssystem $C \cdot x \geq b_i$ eine Lösung x_1 hat. Der Vektor x_1 kann negative Komponenten haben, aber für eine passende natürliche Zahl l ist $x^* := x_1 + l x_0$ eine Lösung von $C \cdot x \geq b_i$, die in allen Komponenten positiv ist. Folglich ist der Platz p_i unbeschränkt bei der Markierung $m^* := \sum_{i=1}^{k} x^*(i) \cdot t_i^-$, im Widerspruch zur strukturellen Beschränktheit von N.

Als weiteres Beispiel betrachten wir das Netz in der Abbildung 11.3. Die Akzidenzmatrix dieses Netzes ist

$$C = \begin{pmatrix} 2 & 1 & -2 & -1 & 0 \\ 0 & -1 & 1 & 0 & 0 \\ -3 & 0 & 1 & -1 & 1 \\ 0 & 0 & 0 & 3 & -1 \end{pmatrix}$$

und $x = (1,1,1,1,3)^T$ ist eine T-Invariante, die N überdeckt. Es gibt

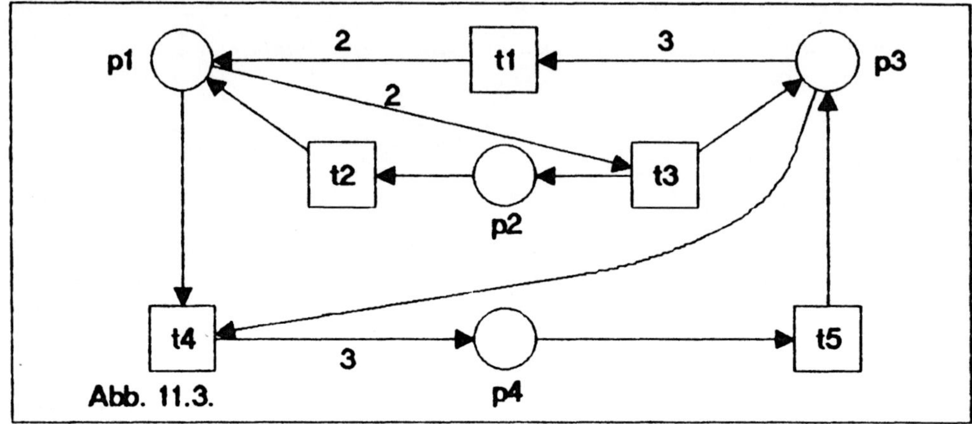

Abb. 11.3.

also eine Markierung m, bei der ein Wort q mit $\bar{q} = x$ geschaltet werden kann, wobei $m\,[q > m$ gilt. Hier leisten $m = [2,0,0,0]$ und $t_3 t_2 t_4 t_5^3 t_1$ das Verlangte. Mit m als Anfangsmarkierung ist N beschränkt und lebendig, also ist die Existenz eines in allen Komponenten positiven Vektors x mit $C{\cdot}x = 0$ kein Zufall. Alle bei m schaltbaren Wörter sind Anfangsstücke der unendlichen Folge $t_3 t_2 t_4 t_5^3 t_1 t_3 t_2 t_4 t_5^3 t_1 t_3 t_2 t_4 t_5^3 t_1 \ldots$ und bei keiner von m erreichbaren Markierung stehen zwei Transitionen im Konflikt, das Netz ist also dynamisch konfliktfrei, aber nicht strukturell konfliktfrei. Ferner ist $C{\cdot}(1,0,0,2,6)^T = [0,0,1,0]^T > 0$, nach 11.3 gibt es eine Markierung m^*, bei der N unbeschränkt ist, d.h. N ist nicht strukturell beschränkt. Die Markierung $m^* = [2,0,2,0]$ ist von dieser Art, denn es gilt $m^*\,[t_4^2 t_5^6 t_1 > [2,0,3,0] > m^*$. Nach Satz 11.9 kann N nicht von P-Invarianten überdeckt sein. Man rechnet nach, daß dieses Netz keine P-Invarianten besitzt.

Zum Schluß dieses Abschnittes skizzieren wir ein Verfahren zur Berechnung einer Menge echter ($P-$ oder $T-$) Invarianten, aus der alle anderen echten Invarianten durch Linearkombination mit positiven ganzzahligen Koeffizienten und durch Division durch einen gemeinsamen Teiler aller Komponenten gewonnen werden können.

Definition 11.5.

(1) Ist x ein Vektor ohne negative Komponenten, dann bezeichnen wir die Menge der Stellen von x, deren Komponente positiv ist, als *Träger von x* und schreiben dafür *supp(x)*.

(2) Eine echte Invariante x heißt *minimal*, wenn es keine echte Invariante y mit *supp(y) $\subset$ supp(x) gibt*.

Satz 11.11.

Jede P–Invariante kann aus minimalen P–Invarianten linear kombiniert werden.

Beweis. Es sei y eine echte P–Invariante von N. Wenn y nicht minimal ist, dann sei y^* eine minimale P–Invariante von N mit $supp(y^*) \subset supp(y)$ und p^* sei so gewählt, daß der Quotient $r := y(p^*)/y^*(p^*)$ der kleinste unter den Quotienten $y(p)/y^*(p)$ für $p \in supp(y^*)$ ist. Wir betrachten den Vektor $y' := i \cdot y - j \cdot y^*$, wobei $i := y^*(p^*)$ und $j := y(p^*)$ positive natürliche Zahlen sind. Es ist $y' \neq 0$, wegen $supp(y^*) \subset supp(y)$. Weil y und y^* echte P–Invarianten sind, ist y' P–Invariante. Wäre für einen Platz $p \in P$ $y'(p) < 0$, d.h. $i \cdot y(p) < j \cdot y^*(p)$, so ergäbe sich $y(p)/y^*(p) < j/i = r$, ein Widerspruch zur Wahl von p^*. Die folglich echte P–Invariante y' kann nur dort positiv sein, wo y positiv ist, d.h. $supp(y') \subseteq supp(y)$. Für p^* gilt aber $y'(p^*) = 0$, also gilt sogar $supp(y') \subset supp(y)$. Wenn y' nicht minimal ist, setzen wir das Verfahren mit y' fort. Nach Konstruktion ist $i \cdot y = y' + j \cdot y^*$, also kann y aus y' und y^* durch Linearkombination mit positiven ganzzahligen Koeffizienten und durch Division durch einen gemeinsamen Teiler aller Komponenten gewonnen werden.

Folgerung 11.12.

Minimale Invarianten mit dem gleichen Träger sind linear abhängig.

Es sei ein Petri–Netz N mit n Plätzen und k Transitionen gegeben, seine Akzidenzmatrix C hat also n Zeilen und k Spalten. Zur Berechnung der minimalen Platzinvarianten von N bilden wir zunächst die Matrix D_0, indem wir an C rechts eine n-reihige Diagonalmatrix I_n anfügen. D_0 hat n Zeilen und $n+k$ Spalten, wobei in den letzten k Spalten außer Nullen je genau eine Eins steht. Danach wird für $i = 1,\ldots,k$ aus der Matrix D_{i-1} die Matrix D_i wie folgt berechnet:

(a) Für alle Paare z_1,z_2 von Zeilen von D_{i-1} mit $z_1(i) \cdot z_2(i) < 0$ (deren i-te Komponenten verschiedene Vorzeichen haben), wird die Zeile

$$z := |z_2(i)| \cdot z_1 + |z_1(i)| \cdot z_2$$

(mit $z(i) = 0$) gebildet, durch den größten gemeinsamen Teiler aller Komponenten dividiert und an D_i angehängt;

(2) danach werden aus der erhaltenen Matrix alle Zeilen z gestrichen, wo $z(i) \neq 0$ ist.

In der schließlich erhaltenen Matrix D_k streichen wir die ersten k Spalten, in ihnen befinden sich nur Nullen. Die restliche Matrix hat n Spalten und jeder ihrer Zeilen ist eine echte P-Invariante, darunter sind alle minimalen P-Invarianten von N.

Für das Netz in der Abb. 11.1 (Seite 111) ergibt sich

$$D_0 = \begin{pmatrix} -1 & -1 & 1 & 0 & 1 & 0 & 0 \\ 1 & -1 & 0 & 0 & 0 & 1 & 0 \\ 0 & 2 & -1 & 0 & 0 & 0 & 1 \end{pmatrix},$$

$$D_1 = \begin{pmatrix} 0 & 2 & -1 & 0 & 0 & 0 & 1 \\ 0 & -2 & 1 & 0 & 1 & 1 & 0 \end{pmatrix}, \qquad D_2 = D_4 = (\,0\ 0\ 0\ 0\ 1\ 1\ 1\,).$$

Es ist also $y = [1,1,1]$ die einzige minimale P-Invariante des Netzes in der Abbildung 11.1.

Zur Verifikation des Algorithmus überlegt man sich, daß für $i = 0,\ldots,k$ die aus den letzen n Spalten von D_i gebildete Matrix die Eigenschaft hat, daß aus ihren Zeilen alle P-Invarianten des Netzes N_i kombiniert werden können, bei dem die Transitionen $t_{i+1},\ldots,t_k$ gestrichen sind. Formal ist natürlich N_0 gar kein Netz, aber wenn wir das für den Moment übersehen, stimmt die Aussage: für jeden Platz ist die Markenzahl auf diesem Platz invariant. Im Induktionsschritt schließen wir von i auf $i+1$. Offensichtlich ist jede P-Invariante y von N_{i+1} auch eine P-Invariante von N_i. Daher kann sie nach Satz 11.11 aus minimalen

P-Invarianten von N_i kombiniert werden. Eine P-Invariante von N_{i+1}, die aus mehr als zwei minimalen P-Invarianten von N_i kombiniert wurde, kann aber nicht minimal sein, weil ihr Träger die Träger entsprechender Zweierkombinationen umfasst (vgl. 11.12). Folglich konstruiert der Algorithmus alle minimalen P-Invarianten von N_{i+1}.

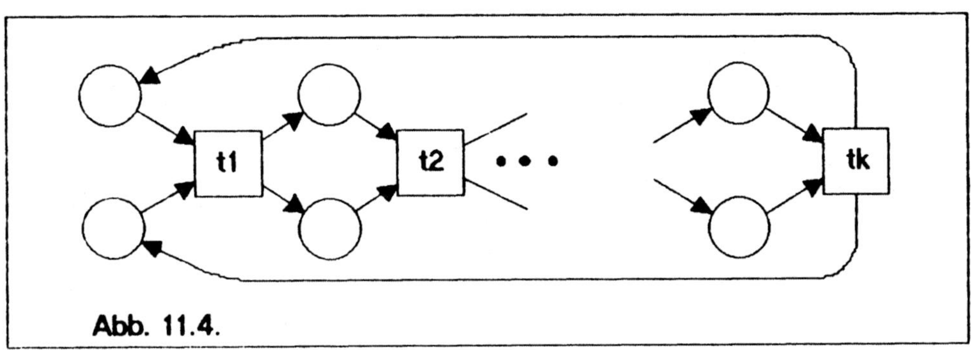

Abb. 11.4.

Die Abbildung 11.4 zeigt ein Schema von Netzen mit k Transitionen und $2k$ Plätzen, die 2^k unabhängige minimale P-Invarianten besitzen. Das Problem, alle minimalen Invarianten zu berechnen, ist folglich exponentiell. Dennoch kann der angegebene Algorithmus sowohl was seine Laufzeit als auch den Speicherplatzbedarf betrifft, wesentlich verbessert werden. Erfahrungen hierzu vermitteln COLOM und SILVA.

Literatur

Colom, J. M., Silva, M., Convex Geometry and Semiflows in P/T Nets. A Comparative Study of Algorithms for Computation of Minimal P-Semiflows. Proc. of the 10th Int. Conf. on Application and Theory of Petri Nets, Bonn 1989, 74 – 95.

Martinez, J., Silva, M., A Simple and Fast Algorithm to Obtain All Invariants of a Generalised Petri Net. Informatik-Fachberichte 52 (1982) 301 – 310.

Sifakis, J., Structural Properties of Petri Nets. LNCS 64 (1978) 474 – 483.

12. Fairness

Verklemmungsfreiheit und Lebendigkeit sind wichtige Eigenschaften für Systeme, die fortlaufend arbeiten sollen, z.B. um Steuerungs- oder Kontrollfunktionen kontinuierlich wahrzunehmen. Es kann aber nicht ausgeschlossen werden, daß eine durchaus immer wieder ausführbare Aktion niemals ausgeführt wird, weil das System einerseits die Freiheit hat, unter den ausführbaren Aktionen eine oder einige zur Ausführung auszuwählen, andererseits das Auswahlprinzip in irgendeinem Sinne unfair oder überhaupt nicht präzisiert ist, also einige Aktionen benachteiligt. Im letzten Fall sagt man, daß für eine solche Aktion die Gefahr eines *Livelocks* besteht. In diesem Abschnitt beschäftigen wir uns mit der Widerspiegelung derartiger Phänomene in Petri-Netz-Modellen.

Als Beispiel verwenden wir DIJKSTRAs Fünf-Philosophen-Problem: Fünf Philosophen sitzen am runden Tisch, auf dem zwischen je zwei Philosophen eine Gabel liegt. Jeder Philosoph hat genau zwei Zustände, nämlich "denkend" und "essend", dabei ist "denkend" sein Anfangszustand. Um in den Zustand "essend" überzugehen, muß der Philosoph beide ihm benachbarten Gabeln aufnehmen (es gibt Fisch), auf andere Gabeln kann er nicht zugreifen. Bei der Rückkehr in seinen Anfangszustand legt er beide Gabeln wieder (rechts und links von seinem Teller je eine) ab. Die "geteilten" Gabeln bewirken, daß niemals zwei benachbarte Philosophen gleichzeitig essen können.

Die einfachste verklemmungsfreie Lösung des Problems bestimmt, daß die Philosophen beide benötigten Gabeln nur gleichzeitig (synchronisiert) aufnehmen können. Ein Netzmodell zeigt die Abbildung 12.1. Dabei sind die Plätze g_i ($i = 1,...,5$) genau dann markiert, wenn die Gabel Nr.i, die rechte Gabel des Philosophen Nr.i auf dem Tisch liegt, also

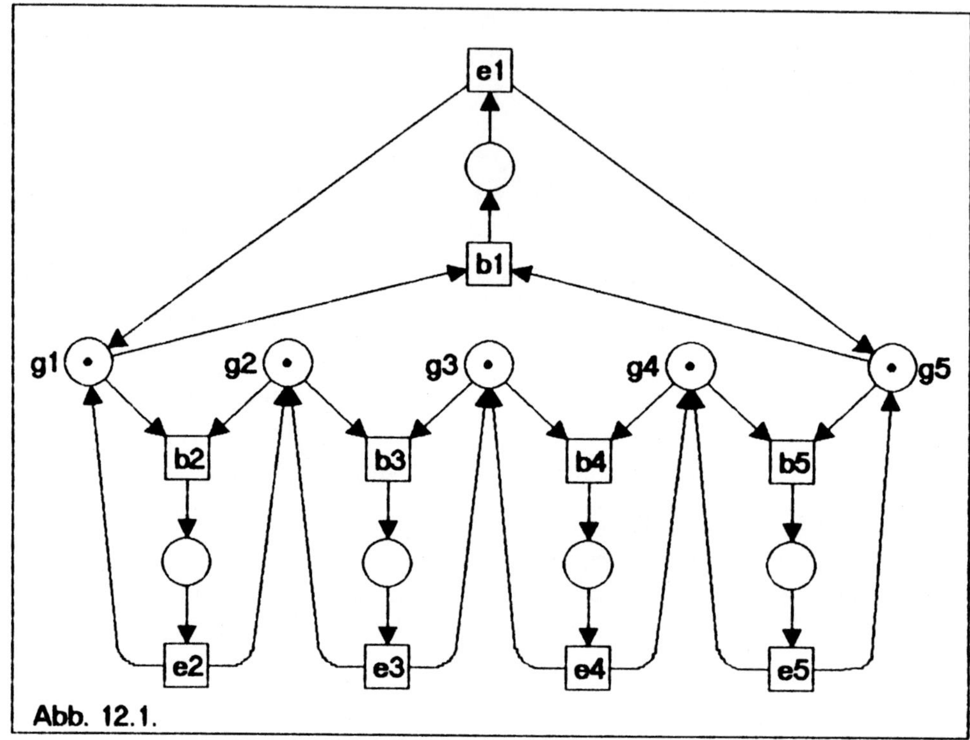

Abb. 12.1.

verfügbar ist. Die Transition b_i modelliert den Übergang des Philosophen Nr.i in den Zustand "essend" (der Platz zwischen b_i und e_i wird markiert) und die Transition e_i den Übergang in den Zustand "denkend". Das Netz ist offensichtlich lebendig (und beschränkt, sogar sicher), aber es ist möglich, daß die Philosophen Nr.1 und Nr.3 sich gegen ihren gemeinsamen Nachbarn Philosoph Nr.2 dahingehend verschwören, daß jeder von ihnen höchstens dann zu essen aufhört, wenn der andere grade isst. In diesem Fall würde der Philosoph Nr.2 niemals beide Gabeln auf dem Tisch vorfinden, müsste also verhungern. Ein solcher Ablauf ist natürlich auch ohne eine Absprache zweier Philosophen möglich und ist als unfair zu bezeichnen.

Man kann das Verhungern einer lebendigen Aktion dadurch verhindern, daß man das Problem verschärft, indem man feste Verhältnisse für das

Durchführen bestimmter Aktionen vorschreibt. In unserem Beispiel könnte man zusätzlich verlangen, daß kein Philosoph irgendeinem anderen um mehr als zwei Portionen voraus sein darf. Derartige Vorschriften können durch Einfügen weiterer Netzelemente in das Netzmodell ausgedrückt werden und es ist dann zu analysieren, ob die betreffenden Verhältnisse eingehalten werden, d.h. es ist zu untersuchen, ob bestimmte *Synchronieabstände* eingehalten werden. Mit diesem Problemkreis beschäftigen wir uns im nächsten Abschnitt.

Durch die Einbettung des modellierten System in ein größeres System sind aber vielleicht garnicht alle Abläufe, die zum Verhungern einer Aktion führen können, möglich. In diesem Fall könnte ein Vorgehen wie oben beschrieben zu einer Überspezifikation führen. Man kann sich also eventuell darauf beschränken herauszufinden, ob in einem zu präzisierenden Sinne unfaire Abläufe möglich sind und welche Konflikte dabei ungerecht gelöst werden. Dieser Fragestellung wenden wir uns jetzt zu.

Definition 12.1.
Es sei $N = [P,T,F,V,m_0]$ ein Petri-Netz und $w = (t_i)$ $(i \geq 0)$ eine unendliche Folge von Transitionen. Wir nennen w einen *Ablauf in N* oder eine *Ausführung von N*, wenn es eine mit $m_0^w := m_0$ beginnende unendliche Folge (m_i^w) von Markierungen gibt mit

$$m_0^w\ [t_0 > m_1^w\ [t_1 > m_2^w\ [t_2> \ldots m_i^w\ [t_i > m_{i+1}^w \ldots,$$

d.h. mit $t_i^- \leq m_i^w$ und $m_{i+1}^w = m_i^w + \Delta t_i$ für $i = 0,1,2\ldots$
Die Menge aller Ausführungen von N wird durch $L_\omega(N)$ bezeichnet.

Natürlich gibt es Netze, die in diesem Sinne keine Ausführungen besitzen, wo also $L_\omega(N)$ leer ist.

Satz 12.1.
Für Petri-Netze N ist entscheidbar, ob $L_\omega(N)$ leer ist.

Beweis. Man stellt zunächst fest, ob N beschränkt ist – unbeschränkte Netze haben immer (unendliche) Abläufe. Wenn N beschränkt ist, berechnet man den Erreichbarkeitsgraphen von N. Genau dann, wenn dieser Graph kreisfrei ist, besitzt N keine Ausführung.

Zu jeder Ausführung $w = (t_i)$ gibt es offenbar genau eine Folge (m_i^w) von Markierungen so, daß die Definition 12.1 erfüllt wird, es ist für alle i $m_{i+1}^w = m_0 + \Delta t_0 \dots t_i$. Die Umkehrung gilt nicht, denn es kann ja $\Delta t = \Delta t'$ sein, ohne daß $t = t'$ ist.

Folgerung 12.2.
Ist $w = (t_i)$ eine Ausführung von N, dann gilt $t_0 \dots t_j \in L_N(m_0)$ für alle j und umgekehrt.

Definition 12.2.
Es sei $N = [P,T,F,V,m_0]$ ein Petri-Netz, $T' \subseteq T$ und $w = (t_i)$ ein Ablauf in N.

(1) Wir nennen w *unparteilich (bezüglich T')*, wenn jede Transition (aus T') in w unendlich oft vorkommt.

(2) w heißt *verschleppungsfrei* oder *gerecht (bezüglich T')*, wenn für jede Transition t (aus T') gilt:
Wenn für fast alle $i \in \mathbb{N}$ $t^- \leq m_i^w = m_0 + \Delta t_0 \dots t_{i-1}$ ist, dann kommt t in w unendlich oft vor.

(3) Der Ablauf w wird als *fair (bezüglich T')* bezeichnet, wenn für jede Transition t (aus T') gilt:
Wenn für unendlich viele $i \in \mathbb{N}$ $t^- \leq m_i^w = m_0 + \Delta t_0 \dots t_{i-1}$ ist, dann kommt t in w unendlich oft vor.

In unserem Beispiel ist die Ausführung $w = b_1 b_3 e_1 b_1 e_3 b_3 e_1 b_1 e_3 b_3 \dots$, die wir durch $b_1 \cdot (b_3 e_1 b_1 e_3)^\omega$ notieren, unparteilich bezüglich $\{b_1, b_3\}$, aber parteilich (bezüglich T). Bei allen Markierungen in der zugehörigen Folge, außer bei m_0, hat b_2 nicht Konzession, deshalb ist w sowohl verschleppungsfrei als auch fair bzgl. $\{b_1, b_2, b_3\}$. Immer wenn bei diesem Ablauf e_1 grade geschaltet hat, dann hat b_5 Konzession, also hat b_5

unendlich oft Konzession, kommt aber in w nicht vor, d.h. der Ablauf w ist nicht fair (bzgl. T). Keine Transition aus T ist bei dieser Ausführung von N bei fast allen durchlaufenen Markierungen (bei allen bis auf endlich viele Ausnahmen) konzessioniert, demnach ist w verschleppungsfrei (bzgl. T), aber nicht fair.

Der Begriff der Unparteilichkeit trifft vermutlich am ehestens die Vorstellungen, die man anschaulich mit Fairneß verbindet. Allerdings können auch bei einem unparteilichen Ablauf die Intervalle, in denen eine Aktion nicht auftritt, so lang werden, so daß ein realer Philosoph während dieses Intervalls verhungern würde. Für Verschleppungsfreiheit verlangt man nur, daß von einem Moment an ständig konzessionierte Transitionen unendlich oft geschaltet werden ("für fast alle i ..." bedeutet ja, daß es ein j gibt, so daß für alle $i > j$ ...), was bei einem fairen Ablauf von allen unendlich oft konzessionierten Transitionen gefordert wird. Weil jede ständig konzessionierte Transition unendlich oft konzessioniert ist, gilt

Folgerung 12.3.
1. *Wenn w unparteilich (bzgl. T') ist, dann ist w fair (bzgl. T').*
2. *Wenn w fair (bzgl. T') ist, dann ist w verschleppungsfrei (bzgl. T').*

Der Ablauf $b_1 \cdot (b_3 e_1 b_5 e_5 b_1 e_3 b_4 e_4)^{\omega}$ ist nicht unparteilich, aber fair, denn b_2 und e_2 erhalten niemals Konzession.

Satz 12.4.
Wenn N persistent ist, dann ist jeder verschleppungsfreie Ablauf fair.

Beweis. Bei einem (dynamisch) konfliktfreien Netz kann eine Transition die Konzession nur dadurch verlieren, daß sie selbst schaltet. Ist $w =$ $= (t_i)$ ein verschleppungsfreier Ablauf in N und t eine Transition, die bei w unendlich oft konzessioniert ist, dann ist t entweder für fast alle i bei m_i^w konzessioniert, wird also unendlich oft geschaltet, oder zu jedem i mit $t^- \leq m_i^w$ gibt es ein $j > i$ so, daß t bei m_j^w nicht

Konzession hat. Weil N persistent ist, existiert ein k mit $i \leq k < j$ und $t_k = t$, d.h. t kommt unendlich oft in w vor.

Um zu zeigen, daß bei persistenten und lebendigen Petri-Netzen jeder faire Ablauf unparteilich ist, benötigen wir den folgenden
Hilfssatz 12.5.
Es sei N persistent, $t,t_i \in T$ mit $t \neq t_i$, $q \in W(T - \{t\})$ und m eine in N erreichbare Markierung mit $t_i^- \leq m$ und $qt \in L_N(m)$. Dann existiert ein Wort $r \in W(T - \{t\})$ mit $l(r) \leq l(q)$ und $t_i rt \in L_N(m)$.

Beweis. Wenn t_i in q nicht vorkommt, dann leistet $r := q$ das Verlangte, daß $qt \in L_N(m + \Delta t_i)$ ist, zeigt man durch Induktion über die Länge von q. Dabei ist der Anfangsschritt $q = e$ trivial, weil t Konzession bei m hat und N persistent ist. Im Induktionsschritt schließen wir aus der Voraussetzung

$$qt \in L_N(m) \;\land\; t_i^- \leq m \;\land\; \bar{q}(t_i) = 0 \;\Rightarrow\; qt \in L_N(m + \Delta t_i),$$

daß für beliebiges $t^* \neq t_i$ gilt

$$t^* qt \in L_N(m) \;\land\; t_i^- \leq m \;\land\; \bar{q}(t_i) = 0 \;\Rightarrow\; t^* qt \in L_N(m + \Delta t_i)$$

(Schluß von q auf $t^* q$). Wegen $t^* qt \in L_N(m)$ hat t^* Konzession bei m und $qt \in L_N(m + \Delta t^*)$, ferner hat t_i Konzession bei $m + \Delta t^*$. Aus der Induktionsvorausetzung erhalten wir also $qt \in L_N((m + \Delta t^*) + \Delta t_i)$, weil t^* Konzession bei m hat, folgt daraus $t^* qt \in L_N(m + \Delta t_i)$.
Wenn dagegen t_i in q vorkommt, etwa $q = ut_i v$ ist, wobei t_i in u nicht vorkommt, dann wählen wir $r := uv$ und haben $l(r) < l(q)$. Es ist zu zeigen, daß $t_i uvt \in L_N(m)$, was für $u = e$ trivial ist, weil in diesem Fall $q = t_i v$ ist. Im Induktionsschritt schließt man wie oben von u auf $t^* u$. Damit ist Hilfssatz 12.5 bewiesen.

Satz 12.6.
Es sei N lebendig und persistent, ferner $w = (t_i)$ verschleppungsfreier Ablauf in N. Dann ist w unparteilich.

Beweis. Wir haben zu zeigen, daß jede Transition t in w unendlich oft vorkommt. Wegen der Verschleppungsfreiheit von w ist das nach 12.4

sicher für alle Transitionen der Fall, die in der Folge (m_i^w) unendlich oft konzessioniert werden. Es sei T^* die Menge aller Transitionen, die von der Folge (m_i^w) nur endlich oft konzessioniert werden. Dann existiert ein j so, daß für $k \geq j$ alle t^* nicht konzessioniert bei m_k^w sind. Für $i \geq k$ sei l_i die Länge eines kürzesten Wortes q_i für das ein $t^* \in T^*$ mit $q_i t^* \in L_N(m_i^w)$ existiert. Weil die Transitionen $t^* \in T^*$ lebendig sind, existiert stets ein solches Wort, da kein t^* jemals konzessioniert wird, ist $l_i > 0$ für alle $i \geq j$. Es sei k ein Index derart, daß l_k minimal unter den l_i ist. Wir betrachten ein Wort q mit $l(q) = l_k$ und das zugehörige $t^* \in T^*$ mit $qt^* \in L_N(m_k^w)$. Wir haben also $t_k \neq t^*$, $t_k^- \leq m_k^w$, $q \in W(T - T^*)$ und $qt^* \in L_N(m_k^w)$. Nach 12.5 existiert ein r mit $t_k r t^* \in L_N(m_k^w)$, also $rt^* \in L_N(m_{k+1}^w)$. Nach Definition von l_k muß $l(r) = l(q)$ sein. Aus dem Beweis von 12.5 ergibt sich, daß folglich t_k in q nicht vorkommt und $r = q$ gewählt werden kann. Damit haben wir $t_{k+1} \neq t^*$, $t_{k+1}^- \leq m_{k+1}^w$, $q \in W(T - T^*)$ und $qt^* \in L_N(m_{k+1}^w)$, woraus sich wie oben ergibt, daß t_{k+1} nicht in q vorkommt. Folglich kommt keine von (m_i^w) unendlich oft konzessionierte Transition in q vor. Das bedeutet aber einen Widerspruch dazu, daß kein $t^* \in T^*$ in q vorkommt. Mithin ist T^* leer, was zu beweisen war.

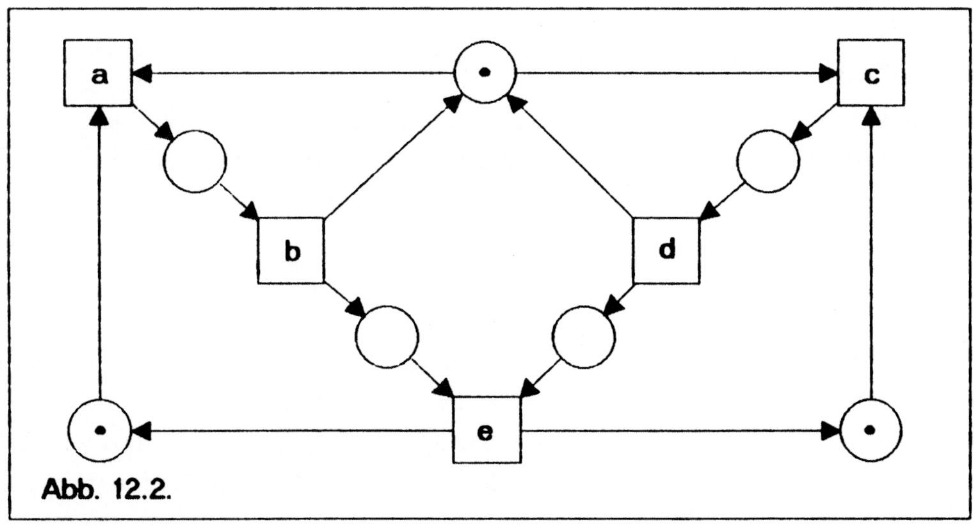

Abb. 12.2.

Das Netz in der Abbildung 12.2 ist nicht persistent, aber lebendig und jeder Ablauf ist unparteilich. Auch bei den Netz in der Abbildung 10.3 (Seite 102) ist jeder Ablauf unparteilich, das Netz ist aber weder persistent noch lebendig. Das Netz in der Abbildung 12.3 ist lebendig,

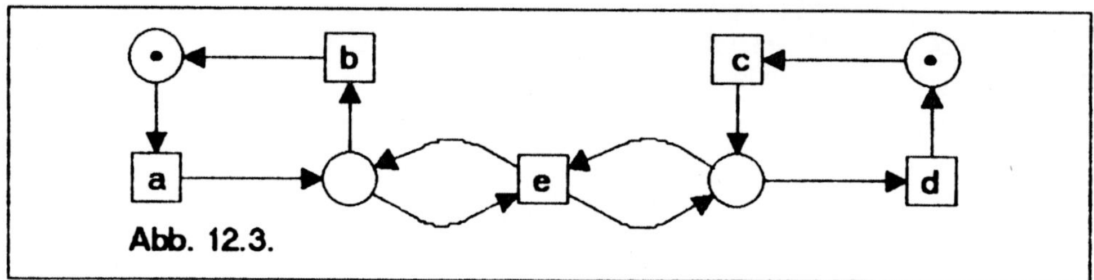

sicher, und $w = (abcd)^\omega$ ist ein fairer Ablauf, weil die Transition e dabei niemals konzessioniert wird. Fairneß reicht also nicht dafür aus, daß jede lebendige Transition unendlich oft schaltet. Wir verschärfen daher die Fairneß zur *Zustandsfairneß*. Hier wird verlangt, daß jede Transition, die bei einer Markierung, die unendlich oft durchlaufen wird, Konzession hat, auch unendlich oft geschaltet wird. Wenn also zwei Transitionen bei einer unendlich oft durchlaufenen Markierung im Konflikt stehen, wird dieser unendlich oft zugunsten jeder von ihnen entschieden.

Definition 12.3.

Ein Ablauf $w = (t_i)$ von N heißt *zustandsfair*, wenn für alle Markierungen m und alle Transitionen t von N mit $t^- \leq m$ gilt: Wenn es unendlich viele i mit $m_i^w = m$ gibt, dann existieren unendlich viele j mit $t = t_j$ und $m_j^w = m$.

Wir werden zeigen, daß jeder zustandsfaire Ablauf in einem beschränkten Netz auch fair ist. Um zu sehen, daß diese Aussage für unbeschränkte Netze nicht gilt, betrachten wir das Netz in der Abbildung 12.4 und den Ablauf $(ab)^\omega$. In der zugehörigen Markierungsfolge kommt keine Markierung mehrfach vor, deshalb ist dieser Ablauf zustandsfair. Andererseits ist er nicht fair, denn die Transition c ist unendlich oft konzessioniert,

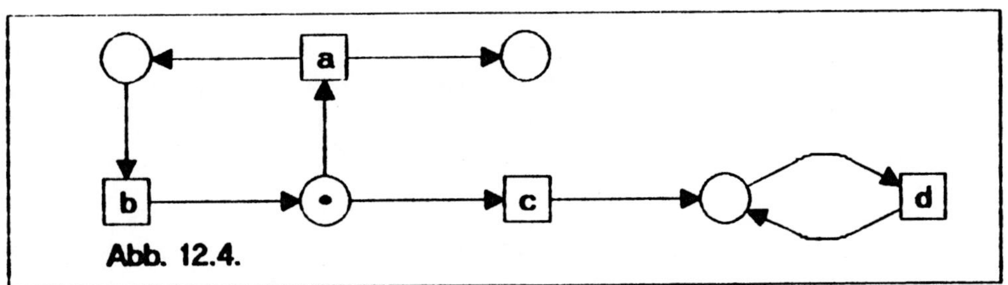

wird aber nicht geschaltet.

Satz 12.7.

Es sei $w = (t_i)$ eine zustandsfaire Ausführung des verklemmungsfreien und beschränkten Petri-Netzes N. Dann wird in (m_i^w) jede von fast allen m_i^w erreichbare Markierung unendlich oft durchlaufen.

Beweis. Weil N beschränkt ist, gibt es wenigstens eine Markierung m^*, die unendlich oft von (m_i^w) durchlaufen wird. Wir zeigen durch Induktion über q, daß jede Markierung m' mit $m^*[q > m'$ ebenfalls von (m_i^w) unendlich oft durchlaufen wird. Für $q = e$ ist das trivial. Im Induktionsschritt schließen wir von q auf qt. Aus $m^*[qt > m'$ folgt die Existenz einer Markierung m'' mit $m^*[q > m''$ $[t > m'$. Aus der Induktionsvoraussetzung erhalten wir, daß m'' unendlich oft durchlaufen wird. Weil w zustandsfair ist und t bei m'' Konzession hat, ist für unendlich viele j $t_j = t$ und $m_j^w = m''$, also $m_{j+1}^w = m'$.

Es sei nun m eine Markierung, die von fast allen m_i^w erreichbar ist. Dann ist m von m^* erreichbar, folglich wird m unendlich oft durchlaufen.

Satz 12.8.

Es sei N ein beschränktes Petri-Netz, t eine lebendige Transition und $w = (t_i)$ eine zustandsfaire Ausführung von N. Dann kommt t unendlich oft in w vor.

Beweis. Von jeder erreichbaren Markierung von N kann eine Markierung erreicht werden, bei der t Konzession hat. Weil N beschränkt ist, gibt es nur endlich viele erreichbare Markierungen, bei denen t Konzession hat, eine unter ihnen muß also von unendlich vielen Markierungen m_i^w erreichbar sein. Nach dem Satz 12.7 kommt diese Markierung in der Folge (m_i^w) unendlich oft vor. Weil w zustandsfair ist, kommt folglich t in der Folge (t_i) unendlich oft vor.

Jede zustandsfaire Ausführung eines lebendigen und beschränkten Petri-Netzes ist also unparteilich. Abschließend machen wir eine Bemerkung über den Zusammenhang mit T-Invarianten:

Satz 12.9.
1. *Wenn das Petri-Netz N eine realisierbare T-Invariante besitzt, deren Träger nicht alle Transitionen enthält, dann besitzt N eine parteiliche Ausführung.*
2. *Ist N beschränkt und besitzt N eine parteiliche Ausführung, dann hat N eine realisierbare T-Invariante, deren Träger nicht alle Transitionen enthält.*

Beweis. Eine realisierbare T-Invariante von N ist ein Vektor x, zu dem eine erreichbare Markierung m und ein Wort $q \in L_N(m)$ mit $x = \bar{q}$ existieren. Für ein beliebiges Wort r mit $m_0[r > m$ ist dann $w = rq^\omega$ ein Ablauf, in dem alle Transitionen, die nicht im Träger von x liegen, nur endlich oft vorkommen.

Ist $w = (t_i)$ eine parteiliche Ausführung von N, so kommt in der Folge (m_i^w) eine Markierung m unendlich oft vor, weil N beschränkt ist. Es gibt also Zahlen j und k mit $j < k$ und $m_0[t_0 \ldots t_{j-1} > m_j = m [t_j \ldots t_{k-1} > m$ derart, daß $\{t_j, t_{j+1}, \ldots, t_{k-1}\} \subset T$ ist. Der Parikh-Vektor von $t_j \ldots t_{k-1}$ ist also eine realisierbare T-Invariante, deren Träger echt in T enthalten ist.

Folgerung 12.10.
1. *Ist N beschränkt, so ist genau dann jede Ausführung von N unparteilich, wenn jede realisierbare T-Invariante von N das Netz N überdeckt.*

2. *Wenn N beschränkt ist und jede minimale T-Invariante von N das Netz N überdeckt, so ist jede Ausführung von N unparteilich.*

Literatur

Burkhard, H.-D., Untersuchung von Steuerproblemen nebenläufiger Systeme auf der Basis abstrakter Steuersprachen. Sektion Mathematik der Humboldt-Universität zu Berlin, Seminarbericht Nr. 58, 1984.

Carstensen, H., Fairneß bei nebenläufigen Systemen. Eine Untersuchung am Modell der Petri-Netze. FB Informatik d. Universität Hamburg, Bericht Nr 126 (1987).

13. SYNCHRONIE

Man bezeichnet Aktivitäten als *synchronisiert*, wenn sie nur gleichzeitig ausgeführt werden können; in einem Petri-Netz-Modell würde ihnen eine gemeinsame Transition entsprechen. Wir beschäftigen uns hier mit der Frage nach (i.a. nicht sofort erkennbaren) Abhängigkeiten zwischen Schaltvorgängen. Unser Interesse an dieser Frage leitet sich aus der im vorigen Abschnitt besprochenen Livelock-Problematik her.

Stellen wir uns ein System vor, in dem Aktivitäten A_1, A_2 eine gemeinsame Resouce jeweils für eine endliche Zeit exklusiv nutzen. Wenn das System so programmiert ist, daß die Aktivität A_1 nur endlich oft ausgeführt werden kann, ohne daß zwischendurch die Aktivität A_2 ausgeführt wird, so sagen wir, daß A_1 eine beschränkte (Ausführungs-) *Abweichung* von A_2 hat, was bedeutet, daß die Ausführung von A_2 durch A_1 nur um eine endliche Zeit verzögert werden kann (A_2 kann nicht "verhungern", wenn A_1 nicht verhungert). Im Netzmodell kann einer Aktivität des Systems eine einzelne Transition, aber auch eine Menge von Transitionen entsprechen, wir definieren die Abweichung daher für Transitionsmengen.

Wir verallgemeinern die Parikh-Abbildung auf Transitionsmengen wie folgt:

$$\text{Für } q \in W(T), \ U \subseteq T \text{ sei } \ \overline{q}(U) := \sum_{t \in U} \overline{q}(t).$$

Definition 13.1.

Es sei $N = [P,T,F,V,m_0]$ ein Petri-Netz, m eine Markierung und $U, W \subseteq T$. Als *Abweichung der Transitionsmenge U von W bei m in N* bezeichnen wir die Zahl $Abw(m,U,W) := \sup \{ \ \overline{q}(U) \mid q \in L(m,W) \ \} \in \mathbb{N} \cup \{\omega\}$, wobei

$$L(m,W) := \{ \ q \mid \exists m^*(\ m^* \in R_N(m) \ \wedge \ q \in L_N(m^*) \ \wedge \ \overline{q}(W) = 0 \ )\}$$

Die Relation *BA[m]* der *beschränkten Abweichung bei m* wird definiert als

$$BA[m] := \{ [U,W] \mid Abw(m,U,W) \neq \omega \}.$$

Wenn $U = \{t\}$ oder $W = \{t^*\}$ eine Einermenge ist, so sprechen wir natürlich von der Abweichung der Transition t von W bzw der Transitionsmenge U von t^* und schreiben $Abw(m,t,W)$ bzw. $Abw(m,U,t^*)$. Die Abweichung von t von t^* bei m gibt also an, wie oft die Transition t bei einer von m erreichbaren Markierung höchstens schalten kann, ohne daß t^* schaltet.

Folgerung 13.1.

1. *Wenn $U \subseteq W$, so $Abw(m,U,W) = 0$.*

2. *Wenn U eine bei m lebendige Transition enthält, ist $Abw(m,U,\emptyset) = \omega$.*

Die Abweichung ist also im allgemeinen nicht symmetrisch, das gilt auch, wenn wir uns auf nichtleere Mengen U, W einschränken. Betrachten wir als Beispiel das Netz in der Abbildung 13.1.

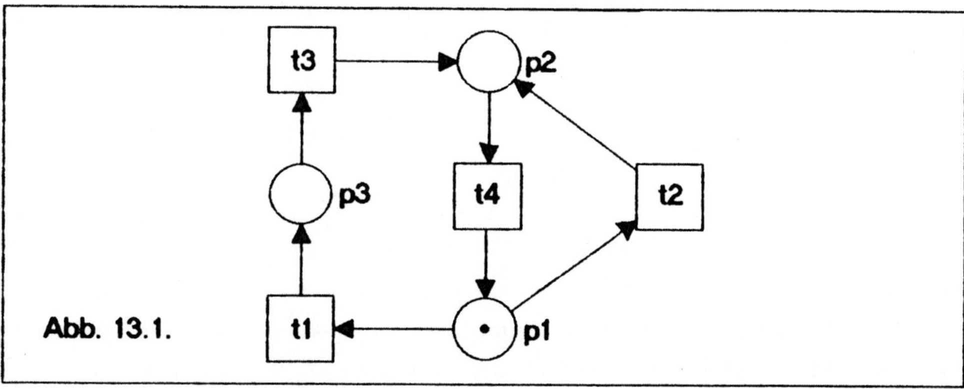

Abb. 13.1.

Hier ist bei $m_0 = [1,0,0]$ $Abw(m_0,t_1,t_2) = \omega$, denn für alle k ist das Wort $q_k := (t_1 t_3 t_4)^k \in L_N(m_0)$, $\overline{q}(t_1) = k$ und $\overline{q}(t_2) = 0$. Ebenso erhält man $Abw(m_0,t_2,t_1) = \omega$ und $Abw(m_0,t_4,t_3) = \omega$ ($q_k = (t_2 t_4)^k$). Ferner ist $Abw(m_0,t_3,t_4) = 1 \neq \omega$ ($q = t_1 t_3$) und $Abw(m_0,t_1,t_3) = Abw(m_0,t_3,t_1) = 1$.

Satz 13.2.

1. $Abw(m,U_1 \cup U_2,W) \geq Abw(m,U_1,W)$.

2. $Abw(m, U, W_1) \geq Abw(m, U, W_1 \cup W_2)$.

3. $Abw(m, U_1 \cup U_2, W) \leq Abw(m, U_1, W) + Abw(m, U_2, W)$.

Beweis. Es ist $Abw(m, U, W) = \sup \{ \overline{q}(U) \mid q \in L(m, W) \}$. Aus $\overline{q}(U_1 \cup U_2) \geq \overline{q}(U_1)$ folgt 13.2.1 und aus $L(m, W_1) \supseteq L(m, W_1 \cup W_2)$ die Behauptung 13.2.2, während die dritte Behauptung aus $\overline{q}(U_1 \cup U_2) \leq \overline{q}(U_1) + \overline{q}(U_2)$ folgt.

Obwohl $\overline{q}(U_1 \cup U_2) = \overline{q}(U_1) + \overline{q}(U_2)$ für disjunkte Mengen U_1, U_2 ist, gilt auch in diesem Fall in 12.2.3 die Gleichheit im allgemeinen nicht. In unserem Beispiel ist $Abw(m_0, t_1, t_4) = 1 = Abw(m_0, t_2, t_4)$, aber auch $Abw(m_0, \{ t_1, t_2 \}, \{ t_4 \}) = 1$.

Bei reversiblen Netzen hängt die Abweichung nicht von der Markierung ab:

Satz 13.3.

Wenn $m_1[* > m_2$ *und* $m_2[* > m_1$, *so* $Abw(m_1, U, W) = Abw(m_2, U, W)$ *und* $BA[m_1] = BA[m_2]$.

Zum Beweis überlegt man sich, daß aus $m_1[* > m_2$ stets $L(m_1, W) \supseteq L(m_2, W)$ folgt, also $Abw(m_1, U, W) \geq Abw(m_2, U, W)$.

Es sei $\ddot{U}G(N)$ der Überdeckbarkeitgraph des Petri-Netzes $N = [P, T, F, V, m_0]$ und $u_1, ..., u_k$ die Wörter, die die elementaren Kreise, d.h. die geschlossenen doppelpunktfreien Bogenzüge, dieses Graphen beschreiben. Wenn es keine Kreise im Überdeckbarkeitsgraphen gibt, also $k = 0$ ist, dann ist die Menge $L_N(m_0)$ endlich und folglich sind alle Mengen $L(m_0, W)$ endlich, d.h. für beliebiges U, W gilt $[U, W] \in BA[m_0]$.

Anderenfalls sei $D = (\overline{u}_1, ..., \overline{u}_k)$ die Matrix, die die Parikh-Vektoren dieser Wörter als Spalten hat. Die der Transition t entsprechende Zeile von D bezeichnen wir mit $d[t]$. Demgemäß sei für $U \subseteq T$ $d[U]$ die Summe der Zeilen $d[t]$ mit $t \in U$

$$d[U] := \sum_{t \in U} d[t].$$

Es seien schließlich U, W Transitionsmengen derart, daß der Träger

$supp(d[U])$ von $d[U]$ nicht im Träger $supp(d[W])$ von $d[W]$ enthalten ist. Es gibt also ein i mit

$$1 \leq i \leq k, \quad d[U](i) > 0, \quad d[W](i) = 0.$$

Wegen $d[U](i) > 0$ existiert eine Transition $t^* \in U$ mit $d[t^*](i) > 0$ und $d[t](i) = 0$ für alle $t \in W$. Wir betrachten nun den von u_i beschriebenen Kreis in $ÜG(N)$. Aus dem Satz 5.3 folgt, daß zu jedem $l \in \mathbb{N}$ eine von m_0 in N erreichbare Markierung m^* so existiert, daß das Wort $(u_i)^l$ in $L_N(m^*)$ liegt. Weil $\bar{u}_i(W) = 0$ ist, gilt $(u_i)^l \in L(m_0, W)$. Wegen $\bar{u}_i(U) \geq \bar{u}_i(t^*) \geq 1$ ist $Abw(m_0, U, W) = \omega$, d.h. $[U, W] \notin BA[m_0]$. Wir haben damit gezeigt

$$[U, W] \in BA[m_0] \Rightarrow supp(d[U]) \subseteq supp(d[W]).$$

Wir behaupten, daß sogar gilt:

Satz 13.4.

Es sei $N = [P, T, F, V, m_0]$ ein Petri–Netz mit dem Überdeckbarkeitsgraphen $ÜG(N)$. Wenn es in $ÜG(N)$ keine Kreise gibt, dann ist jedes Paar $[U, W]$ von Transitionsmengen in $BA[m_0]$, anderenfalls gilt

$$[U, W] \in BA[m_0] \iff supp(d[U]) \subseteq supp(d[W]).$$

Es sei U, $W \subseteq T$ mit $supp(d[U]) \subseteq supp(d[W])$. Wir nehmen an, daß $Abw(m_0, U, W) = \omega$ ist. Dann existieren zu jedem $l \in \mathbb{N}$ eine Markierung m_l aus $R_N(m_0)$ und ein Wort $q_l \in L_N(m_l)$ mit $\bar{q}_l(U) > l$ und $\bar{q}_l(W) = 0$. Aus $m_0[* > m_l$ folgt die Existenz eines Wortes r_l mit $m_0[r_l > m_l$. Es ist also $r_l q_l \in L_N(m_0) \subseteq L_{ÜG}(N)$ (Satz 5.2). Weil demnach q_l einen Bogenzug in $ÜG(N)$ beschreibt, kann der Parikh–Vektor $\bar{q}_l$ dargestellt werden in der Form

$$\bar{q}_l = \sum_{i=1}^{k} \lambda_i \cdot \bar{u}_i + \mu,$$

wobei λ_i angibt, wie oft der von u_i beschriebene Kreis durchlaufen wird und wobei jede Komponente $\mu(t)$ des Vektors $\mu \geq 0$ kleiner als die Zahl der Knoten von $ÜG(N)$ ist. Bei hinreichend großem l sind also nicht alle Koeffizienten λ_i gleich Null. Aus $\bar{q}_l(W) = 0$ und $\lambda_i > 0$ folgt also $\bar{u}_i(W) = 0$, d.h. für alle $t \in W$ ist $d[t](i) = 0$. Wenn $\lambda_i > 0$ ist, dann ist folglich $i \notin supp(d[W])$, also $i \notin supp(d[U])$, d.h. $\bar{u}_i(U) = 0$, im Widerspruch dazu, daß $\bar{q}_l(U) > l$ ist. Damit ist der Satz 13.4 bewiesen.

Mit Hilfe von Satz 13.4 haben wir die Relation der beschränkten Abweichung konstruktiv charakterisiert. Der entsprechende Algorithmus erfordert allerdings die Konstruktion des Überdeckbarkeitsgraphen und seiner Kreise, ist damit doppelt exponentiell.

Folgerung 13.5.
Die Relation BA[m] ist entscheidbar.

Für den Zusammenhang mit der Unparteilichkeit liegt es nahe zu vermuten

Satz 13.6.
Wenn jedes Paar $[t, t^*]$ von Transitionen in $BA[m_0]$ liegt, dann ist jeder Ablauf in N unparteilich.

Beweis. Nehmen wir an, daß $w = (t_i)$ ein parteilicher Ablauf in N ist, in dem die Transition t^* nur endlich oft vorkommt, also existiert ein j so, daß für $i \geq j$ stets $t_i \neq t^*$ ist. Für $U := T - \{\, t^* \,\}$ und alle $k > j$ gilt dann $q_k := t_j \ldots t_k \in L_N(m_j^w)$, $\overline{q}_k(t^*) = 0$, also $q_k \in L(m_0, \{\, t^* \,\})$, und $q_k(U) = k-j+1$. Folglich ist $Abw(m_0, U, t^*) = \omega$ und $[U, \{\, t^* \,\}] \notin BA[m_0]$.

Die Umkehrung von 13.6 gilt für unbeschränkte Netze nicht, wie das Beispiel in der Abbildung 13.2 zeigt. Hier ist jeder Ablauf unparteilich, aber die Abweichung von t_1 von t_2 (und umgekehrt) ist nicht beschränkt, weil immer eine Markierung mit mindestens k Marken auf p_1 erreichbar ist, sodaß das Wort t_1^k geschaltet werden kann.

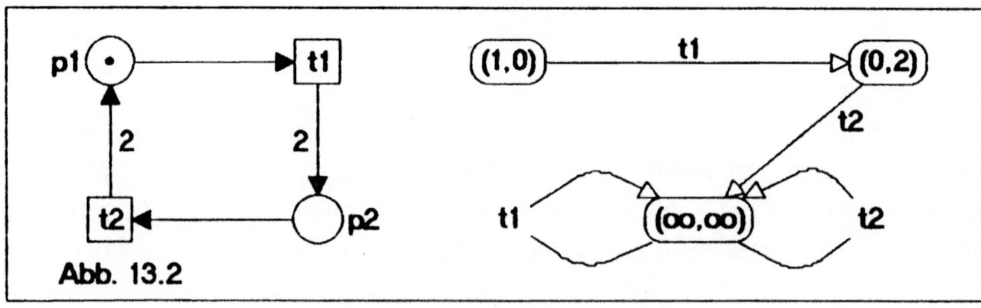

Satz 13.7.

Ist $N = [P,T,F,V,m_0]$ ein beschränktes Petri-Netz, bei dem jeder Ablauf unparteilich ist, dann ist $[\{\,t\,\},\{\,t^*\,\}] \in BA[m_0]$ für alle $t,t^* \in T$.

Beweis. Nehmen wir an, daß $Abw(m_0,t,t^*) = \omega$ ist. Dann existieren zu jeder Zahl k eine erreichbare Markierung m_k und ein Wort $q_k \in L_N(m_k)$ mit $q_k(t) > k$ und $q_k(t^*) = 0$. Es sei k^* die Anzahl der in N erreichbaren Markierungen. Weil $k^* < \omega$ ist, gibt es eine Markierung m^* derart, daß für unendlich viele k $m^* = m_k$, d.h. $q_k \in L_N(m^*)$, ist. Für eine Zahl k mit $k > k^*$ ist $l(q_k) > k > k^*$. Folglich wird beim Schalten des Wortes q_k von m^* aus eine Markierung m wenigstens zweimal durchlaufen, es gibt also eine Darstellung $q_k = ruv$ mit $m^* [r > m [u > m [v > m^* + \Delta q_k$, wobei $l(rv) < k^*$ ist. Folglich kommt t in u (und t^* nicht in u) vor. Ist jetzt q ein Wort mit $m_0 [q > m^*$, dann ist $w = qru^\omega$ ein parteilicher Ablauf in N, im Widerspruch zur Voraussetzung.

Wenn in irgendeinem Netz $Abw(m,U,W) = \omega$ ist, dann muß es wegen der Endlichkeit von T Transitionen $t \in U$, $t^* \in W$ mit $Abw(m,t,t^*) = \omega$ geben. Daher ist jedes Paar $[t,t^*]$ von Transitionen in $BA[m]$ genau dann, wenn jedes Paar $[U,W]$ von Transitionsmengen in $BA[m]$ liegt.

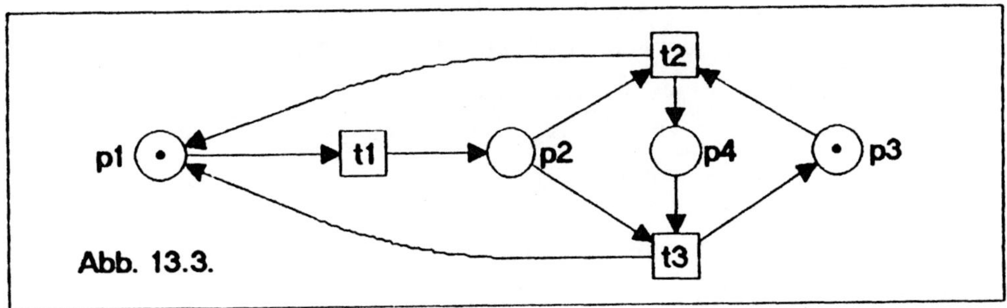

Bei dem Petri-Netz in der Abbildung 13.3 ist $Abw(m_0,t_1,t_2) = 2$ und $Abw(m_0,t_2,t_1) = 1$. Es liegt nahe, diese Asymmmetrie dadurch zu beseitigen, daß den Transitionen Gewichte zugeordnet werden und beim Zählen jede Transition ihrem Gewicht entsprechend gezählt wird. Geben wir t_1 das Gewicht 1 und t_2 das Gewicht 2, so hätte das Wort $q = t_1 t_3 t_1$ das Gewicht 2 ebenso wie das Wort $r = t_2$.

Definition 13.2.

Es sei $N = [P,T,F,V,m_0]$ ein Petri-Netz und x eine Abbildung von T in $\mathbb{N}$ (ein T-Vektor) mit $x(t) > 0$ für alle $t \in T$. Für Transitionsmengen $U,W \subseteq T$ sei $x_{U,W}$ der ganzzahlige T-Vektor mit

$$x_{U,W}(t) := \begin{cases} x(t), & \text{falls} \quad t \in U \ \wedge \ t \notin W, \\ -x(t), & \text{falls} \quad t \notin U \ \wedge \ t \in W, \\ 0, & \text{sonst.} \end{cases}$$

Als *Synchronieabweichung der Transitionsmenge* U *von* W *bezüglich* x bezeichnen wir die Zahl $SA(x,U,W)$ mit

$$SA(x,U,W) := \sup \{ \ x_{U,W}^{T} \cdot \bar{q} \ | \ \exists m^{\bullet}(\ m^{\bullet} \in R_{N}(m_0) \ \wedge \ q \in L_{N}(m^{\bullet}) \ )\}$$

und als *Synchronieabstand von* U, W *bezüglich* x die Zahl $D(x,U,W)$ mit

$$D(x,U,W) := max \{ \ SA(x,U,W), \ SA(x,W,U) \ \}.$$

Weil das leere Wort e stets zu $L_{N}(m_0)$ gehört, gilt

Folgerung 13.8.

1. $D(x,U,W) \geq SA(x,U,W) \geq 0$.

2. Wenn $U \subseteq W$, so $SA(x,U,W) = 0$.

Am Beispiel in der Abb. 13.3 kann man sehen, daß $SA(x,U,W)$ im allgemeinen nicht symmetrisch ist. Bei diesem Netz ist $L_{N}(m_0)$ die Menge aller endlichen Anfangsstücke der unendlichen Folge $(t_1 t_2 t_1 t_3)^{\omega}$. Mit dem Gewichtsvektor $x = (1,1,1)^{T}$ ergibt sich $SA(x,t_1,t_2) = \omega$ und $SA(x,t_2,t_1) = 0$. Bei $y = (1,2,2)^{T}$ ist dagegen $SA(y,t_i,t_j) = 2$ für $i \neq j$.

Satz 13.9.

Wenn in N *keine Transition tot ist, dann ist* D *ein Abstand in der Potenzmenge von* T, *d.h.*

1. $D(x,U,W) = 0 \iff U = W$;

2. $D(x,U,W) = D(x,W,U)$;

3. $D(x,U,W) \leq D(x,U,Y) + D(x,Y,W)$.

Beweis. Wenn $U = W$ ist, ist $SA(x, U, W) = SA(x, W, U) = 0 = D(x, U, W)$ nach 13.8. Ist umgekehrt $D(x, U, W) = 0$, dann ist $SA(x, U, W) = SA(x, W, U) = 0$, weil $SA(x, X, Y) \geq 0$ ist. Daher gilt für alle Wörter q, die von einer in N erreichbaren Markierung ausgehend geschaltet werden können,

$$x_{U,W}^{T} \cdot \overline{q} \leq 0 \quad \wedge \quad x_{W,U}^{T} \cdot \overline{q} \leq 0.$$

Es ist aber, wie man aus der Definition 13.2 sieht, $x_{U,W} = -x_{W,U}$. Also ist $x_{U,W}^{T} \cdot \overline{q} < 0$, genau dann wenn $x_{W,U}^{T} \cdot \overline{q} > 0$, d.h. für alle q, die von einer in N erreichbaren Markierung ausgehend geschaltet werden können, ist $x_{U,W}^{T} \cdot \overline{q} = 0$. Weil kein t bei m_0 in N tot ist, folgt daraus, daß $x_{U,W}(t) = 0$ ist für alle $t \in T$. Mit der Definition von $x_{U,W}$ ergibt sich $U = W$.

Die Aussage 13.9.2 ergibt sich unmittelbar aus der Symmetrie der Definition von D. Es genügt die Dreiecksungleichung 13.9.2 für paarweise disjunkte Transitionsmengen U, W, Y zu zeigen, weil den in den Durchschnitten liegenden Transitionen das Gewicht 0 zugeordnet wird. Ferner ist sie trivial, wenn $D(x, U, Y) = \omega$ oder $D(x, Y, W) = \omega$ ist. Wir zeigen zunächst, daß

$$SA(x, U, W) \leq SA(x, U, Y) + SA(x, Y, W)$$

ist, wenn alle drei Zahlen endlich sind. Es ist

$$SA(x, U, W) = \sup\{ \sum_{t \in U} x(t)\overline{q}(t) - \sum_{t \in W} x(t)\overline{q}(t) \mid q \in L^{*} \}$$

wobei L^{*} die Menge aller Wörter bezeichnet, die ausgehend von einer in N erreichbaren Markierung geschaltet werden können. Folglich ist $SA(x, U, W) =$

$$= \sup\{ \sum_{t \in U} x(t)\overline{q}(t) - \sum_{t \in Y} x(t)\overline{q}(t) + \sum_{t \in Y} x(t)\overline{q}(t) - \sum_{t \in W} x(t)\overline{q}(t) \mid q \in L^{*} \}$$

$$\leq \sup\{ \sum_{t \in U} x(t)\overline{q}(t) - \sum_{t \in Y} x(t)\overline{q}(t) \mid q \in L^{*} \} +$$

$$+ \sup\{ \sum_{t \in Y} x(t)\overline{q}(t) - \sum_{t \in W} x(t)\overline{q}(t) \mid q \in L^{*} \}$$

$$= SA(x, U, Y) + SA(x, Y, W).$$

Weiter gilt

$$D(x, U, W) = \max\{ SA(x, U, W), SA(x, W, U) \} \leq$$

$$\leq \max\{ SA(x, U, Y) + SA(x, Y, W), SA(x, W, Y) + SA(x, Y, U) \} \leq$$

$$\leq \max\{ SA(x, U, Y), SA(x, Y, U) \} + \max\{ SA(x, W, Y), SA(x, Y, W) \} =$$

$$= D(x, U, Y) + D(x, Y, W),$$

was zu beweisen war.

Abschließend leiten wir Forderungen an Gewichtsvektoren x her, die notwendig dafür sind, daß der Synchronieabstand zwischen zwei Transitionsmengen in bezug auf x endlich ist. Wir betrachten dieses Problem nur für beschränkte Netze, die Überlegungen lassen sich leicht auf unbeschränkte Netze übertragen, wenn man die Tatsache berücksichtigt, daß unbeschränkte Plätze, weil sie eben beliebig viele Marken erhalten können, die Endlichkeit des Synchronieabstandes nicht beeinflussen, also samt der adjazenten Bögen einfach gestrichen werden können.

Es sei $N = [P,T,F,V,m_0]$ ein beschränktes Petri-Netz und x ein T-Vektor mit $x(t) > 0$ für alle $t \in T$, ferner seien $U, W \subseteq T$.

Hilfssatz 13.10.

Wenn r eine realisierbare T-Invariante von N ist und $SA(x,U,W) \neq \omega$, dann ist $x_{U,W}^T \cdot r \leq 0$.

Beweis. Wenn r eine realisierbare T-Invariante ist, dann existieren Wörter q,v und eine Markierung m^* mit $m_0[q > m^*[v > m^*$ und $r = \bar{v}$. Für jedes n ist also $v^n \in L_N(m^*)$ und es gilt

$$\omega > SA(x,U,W) \geq x_{U,W}^T \cdot \bar{v}^n = n \cdot x_{U,W}^T \cdot r.$$

Folglich gilt $x_{U,W}^T \cdot r \leq 0$.

Weil $x_{U,W} = - x_{W,U}$ ist, gilt

Folgerung 13.11.

Wenn r eine realisierbare T-Invariante von N ist und $D(x,U,W) \neq \omega$, dann ist $x_{U,W}^T \cdot r = 0$.

Hilfssatz 13.12.

Es seien $r_1, \ldots, r_k$ die Parikh-Vektoren aller Wörter, die einen elementaren Kreis im Erreichbarkeitsgraphen $EG_N(m_0)$ von N beschreiben, C sei die Akzidenzmatrix von N und K die Anzahl der in N erreichbaren Markierungen. Zu jedem Wort q aus $W(T)$, das ausgehend von einer erreichbaren Markierung geschaltet werden kann, existieren Koeffizienten

$a_1,...,a_k \in \mathbb{N}$ *und ein T-Vektor* r_q *mit* $\bar{q} = \sum_{i=1}^{k} a_i \cdot r_i + r_q$, *wobei* $0 \leq r_q(t) < K$ *für alle* $t \in T$ *ist und* $\Delta q = C \cdot r_q$.

Beweis. Es sei $q = t_1 ... t_n$ und $m_0 \ [*\rangle\ m_1 \ [t_1\rangle\ m_2 \ [t_2\rangle\ ...m_n \ [t_n\rangle\ m_{n+1}$. Wenn $n < K$ ist, können wir alle $a_i = 0$ und als r_q den Parikh-Vektor von q nehmen, anderenfalls ist $(n + 1) > K$, d.h. es gibt Zahlen i,j mit $1 \leq i < j \leq n+1$ und $m_i = m_j$. Das Wort $t_i ... t_{j-1}$ beschreibt also einen (eventuell aus mehreren elementaren Kreisen zusammengesetzten) Kreis in $EG_\mathbb{N}(m_0)$, sein Parikh-Vektor kann aus den r_i kombiniert werden und es ist $\Delta t_i ... t_{j-1} = 0$. Wir wenden dieselbe Überlegung auf das Wort $t_1 ... t_{i-1} t_j ... t_n$ und weiter an, bis wir bei einem Wort anlangen, dessen Länge $< K$ ist.

Unter den Voraussetzungen von Hilfssatz 13.12 sei $R = (r_1,...,r_k)$ die Matrix, die die T-Vektoren r_i als Spalten hat.

Satz 13.13.

Genau dann ist $D(x,U,W)$ *endlich, wenn* $x_{U,W}^T \cdot R = 0$ *ist.*

Beweis. Weil die Spalten von R die Parikh-Vektoren realisierbarer T-Invarianten sind, folgt $x_{U,W}^T \cdot R = 0$ mit 13.11 aus der Endlichkeit von $D(x,U,W)$. Es sei umgekehrt x, U und W mit $x_{U,W}^T \cdot R = 0$ gegeben. Dann ist für jedes Wort q, das von einer in N erreichbaren Markierung geschaltet werden kann, nach Hilfssatz 13.12

$$x_{U,W}^T \cdot \bar{q} = \sum_{i=1}^{k} a_i \cdot (x_{U,W}^T \cdot r_i) + x_{U,W}^T \cdot r_q = x_{U,W}^T \cdot r_q \leq \sum_{t \in U} x(t) \cdot r_q(t) <$$
$$< \sum_{t \in U} x(t) \cdot K,$$

wobei K die Anzahl der in N erreichbaren Markierungen ist.

In unserem Beispiel von Abb. 13.3 (Seite 139) entartet die Matrix R zu einer einzigen Spalte, nämlich $r = (2,1,1)^T$. Eine Basis der Raumes aller Lösungen von $x^T \cdot R = 0$ bilden die beiden T-Vektoren $x_1 := (1,-2,0)^T$ und $x_2 := (1,0,-2)^T$. Setzen wir $x := (1,2,2)^T$, so ist für $U = \{ t_1 \}$ $x_{U,W} = x_1$ bei $W = \{ t_2 \}$ und $x_{U,W} = x_2$ bei $W = \{ t_3 \}$, d.h. t_1 und

t_2, sowie t_1 und t_3 haben bezüglich x endlichen Synchronieabstand. Für U = { t_2 } und W = { t_3 } ist $x_{U,W} = x_2 - x_1$ ebenfalls eine Lösung von $x^T \cdot R = 0$, aber für U = { t_1 } und W = { t_2, t_3 } ist $x_{U,W}^T = (1, -2, -2)$ keine Lösung. Man kann also nicht erwarten, daß alle Synchronieabstände in bezug auf denselben Gewichtsvektor gemessen werden können.

Definition 13.3.

Als *Synchronierelation von N* bezeichnen wir die Menge *SYN* aller Paare $[U, W]$ von Transitionsmengen, für die es einen T-Vektor x, der in allen Komponenten positiv ist, derart gibt, daß $D(x, U, W) \neq \omega$ ist.

Es sei x ein T-Vektor, der in allen Komponenten positiv ist. Dann gilt für beliebige Mengen U, W

$$SA(x, U, W) = \sup\{ x_{U,W}^T \cdot \bar{q} \mid \exists m^*(m^* \in R_N(m_0) \wedge q \in L_N(m^*))\} \geq$$

$$\geq \sup\{ x_{U,W}^T \cdot \bar{q} \mid \exists m^*(m^* \in R_N(m_0) \wedge q \in L_N(m^*) \wedge \bar{q}(W) = 0)\}$$

$$= \sup\{ \sum_{t \in U-W} x(t) \cdot \bar{q}(t) \mid \exists m^*(m^* \in R_N(m_0) \wedge q \in L_N(m^*) \wedge \bar{q}(W) = 0)\}$$

$$\geq \sup\{ \bar{q}(U - W) \mid \exists m^*(m^* \in R_N(m_0) \wedge q \in L_N(m^*) \wedge \bar{q}(W) = 0)\}$$

$$= Abw(m_0, U-W, W).$$

Folgerung 13.14.

Wenn $[U, W] \in SYN$, so $[U-W, W], [W-U, U] \in BA[m_0]$.

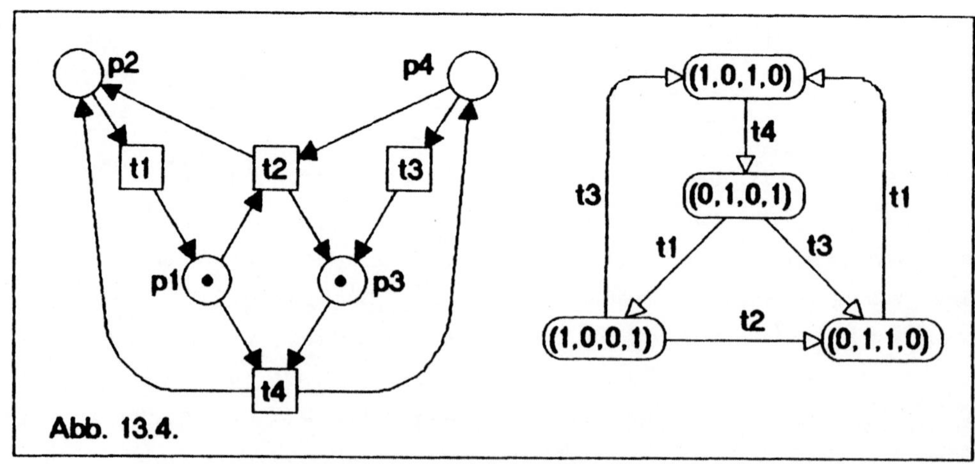

Abb. 13.4.

Die Umkehrung gilt nicht. Als Beispiel kann man das Netz in der Abbildung 13.4 nehmen. Hier gilt für $U = \{t_1\}$, $W = \{t_4\}$ sowohl $[U,W] \in$ $\in BA[m_0]$ als auch $[W,U] \in BA[m_0]$, aber es existiert kein in allen Komponenten positiver T-Vektor x mit $x_{U,W}^T \cdot (1,0,1,1)^T = 0$ und $x_{U,W}^T \cdot (2,1,0,1)^T = 0$.

Literatur

Silva, M., Towards a Synchrony Theory for P/T–Nets. In "Concurrency and Nets", Springer Verlag Berlin Heidelberg 1987, 435 – 460.

14. Struktureigenschaften

Mit diesem Abschnitt beginnen wir die Darstellung von Ergebnissen der Netztheorie, die Zusammenhänge zwischen der Struktur von Petri-Netzen und ihrem Verhalten zum Inhalt haben. Ein triviales Beispiel bildet die Aussage, daß jedes Petri-Netz, bei dem alle Spalten der Akzidenzmatrix die Summe 0 haben, bei dem also das Schalten einer Transition keine Änderung der Markenzahl im Netz bewirkt, bei jeder Anfangsmarkierung beschränkt ist. Nicht ganz so billig ist die Aussage, daß jedes gewöhnliche Petri-Netz, das als Graph stark-zusammenhängend ist, bei dem jede Transition genau einen Vorplatz und genau einen Nachplatz besitzt und das eine Marke enthält, lebendig ist. Wir können hier nicht erwarten, allgemeingültige strukturelle Kriterien für das Vorliegen dynamischer Eigenschaften von Netzen zu finden, aber insbesondere für gewöhnliche Netze liegen Resultate vor, die hilfreich für die Analyse sind. Es muß betont werden, daß diese Ergebnisse nur für Netze unter der normalen Schaltregel bewiesen werden. Im Abschnitt 10 haben wir an Beispielen gesehen, daß Veränderungen der Schaltregel wesentliche Veränderungen der Verhaltenseigenschaften nach sich ziehen können.

Wir intessieren uns im Zusammenhang mit Lebendigkeit, Sicherheit und Beschränktheit vornehmlich für lokale Strukturen, d.h. die Umgebung eines Platzes oder einer Transition, einerseits und andererseits für die Zusammensetzung von Netzen aus Komponenten mit vorgegebener Struktur.

Beginnen wir mit einer einfachen
Feststellung 14.1.
Es sei $N = [P,T,F,V,m_0]$ ein Petri-Netz, $t \in T$ und $p \in P$.
1. *Wenn die Transition t keinen Vorplatz in N hat, dann ist t lebendig in N und alle Nachplätze von t sind unbeschränkt.*

2. *Wenn der Platz p keine Vortransition in N hat, dann ist p beschränkt in N und alle seine Nachtransitionen sind nicht lebendig.*

Es empfiehlt sich folglich, bei einem unbekannten zur Analyse vorgelegten Netz N zunächst zu überprüfen, ob Transitionen ohne Vorplatz vorhanden sind. Wenn das der Fall ist, ist das Netz unbeschränkt. An der Lebendigkeit des Netzes ändert sich offenbar nichts, wenn man die Transitionen ohne Vorplatz und alle ihre Nachplätze streicht. Natürlich können dadurch noch vorhandene Transitionen alle ihre Vorplätze verlieren. Man wiederholt das Überprüfen und Streichen daher solange, bis sich das Ergebnis N' nicht mehr ändert. Wenn das Ergebnis leer ist, also nichts übrig geblieben ist, dann ist N bei jeder Anfangsmarkierung lebendig und alle Plätze von N sind unbeschränkt. Anderenfalls ist N' hinsichtlich Lebendigkeit weiter zu analysieren.

Einem Platz p ohne Vortransition werden niemals Marken zugeführt, seine Nachtransitionen können also insgesamt höchstens $m_0(p)$-mal schalten, sind folglich nicht lebendig. Die Nachplätze dieser Transitionen sind daher ebenfalls beschränkt, ihnen werden beschränkt oft Marken zugeführt. Damit sind die Nachtransitionen dieser Plätze ebenfalls nicht lebendig, usw. Der so skizzierte Algorithmus kann dazu führen, daß alle Plätze des Netzes als beschränkt und alle Transitionen als nicht lebendig qualifiziert werden, ohne daß größere Rechnungen durchgeführt werden müssen.

Satz 14.2.
Es sei $N = [P,T,F,V,m_0]$ ein Petri-Netz, $t \in T$ und $p \in P$.
1. *Wenn die Transition t keinen Nachplatz in N hat, dann ist t nicht lebendig in N oder alle Vorplätze von t sind unbeschränkt.*
2. *Wenn der Platz p keine Nachtransition in N hat, dann ist p unbeschränkt oder alle seine Vortransitionen sind nicht lebendig.*

Zum Beweis von 14.2.1 überlegt man sich, daß, wenn t lebendig ist, zu jeder natürlichen Zahl k ein Wort $q_k \in L_N(m_0)$ existiert, in dem t mehr als k-mal vorkommt. Weil $\Delta t = t^-$ ist, kann das Wort q', das aus q_k durch Streichen aller t entsteht, ebenfalls bei m_0 geschaltet werden. Dadurch wird eine Markierung m erreicht mit $m(p) > k$ für alle Vorplätze p von t.

Bei einer Analyse auf Lebendigkeit und Beschränktheit empfiehlt sich also auch die Suche nach Knoten ohne Nachknoten. Wenn solche Knoten auftreten, kann das Netz nicht zugleich beschränkt und lebendig sein.

Folgerung 14.3.

Wenn es eine Markierung m_0 so gibt, daß $N = [P,T,F,V,m_0]$ lebendig und beschränkt ist, dann ist für jeden Knoten $x \in X = P \cup T$ stets $xF \neq \emptyset$ und $Fx \neq \emptyset$.

Für eine beliebige zweistellige Relation R bezeichnen wir ihre *reflexiv transitive Hülle* mit R^*. Die Relation R^* ist also die Menge aller Paare $[a,b]$, wo $a = b$ ist oder es endlich viele Elemente $c_1,...,c_n$ derart gibt, daß $a = c_1 R c_2 R ... R c_n = b$ ist. Die Relation F^* beschreibt demnach die gerichteten Bogenzüge im gegebenen Netz, d.h. xF^*y gilt genau dann, wenn ein gerichteter Bogenzug vom Knoten x zum Knoten y führt.

Definition 14.1.

Wir nennen ein Netz N *zusammenhängend*, wenn es von jedem Knoten x von N zu jedem anderen Knoten y von N einen die Richtung der Bögen ignorierenden Kantenzug gibt, d.h. $[x,y] \in (F \cup F^{-1})^*$. Das Netz N heißt *stark-zusammenhängend*, wenn es von jedem Knoten x zu jedem anderen Knoten y von N einen in Richtung der Bögen verlaufenden Bogenzug gibt, d.h. xF^*y.

Das Netz in der Abb. 5.2 (Seite 49) ist nicht stark-zusammenhängend, aber zusammenhängend. Netze, die nicht zusammenhängend sind, zerfallen in mehrere von einander isolierte Teile, die einzeln analysiert werden können. Wir setzen daher im folgenden ohne Beschränkung der Allgemeinheit voraus, daß *alle betrachteten Netze zusammenhängend* sind.

Vor einer Anwendung der Resultate dieses Abschnittes in einer Analyse muß also die Überprüfung dieser Voraussetzung vorgenommen werden.

Folgerung 14.4.
Ist N ein Netz, in dem jeder Knoten Vorknoten und Nachknoten hat, so ist N genau dann stark-zusammenhängend, wenn $pF^* p'$ für alle Plätze p,p' gilt (und das ist genau dann der Fall, wenn $tF^* t'$ für alle Transitionen t,t' gilt).

Diese Folgerung ermöglicht eine Vereinfachung des Tests auf starken Zusammenhang, der sich nach dem folgenden Satz für den Beginn einer Analyse auf Lebendigkeit und Beschränktheit empfiehlt.

Satz 14.5.
Wenn es eine Markierung m_0 so gibt, daß $N = [P,T,F,V,m_0]$ lebendig und beschränkt ist, dann ist N stark-zusammenhängend.

Beweis. Es seien x,y verschiedene Knoten von N. Wir haben zu zeigen, daß ein Bogenzug $[x_1,x_2]$, $[x_2,x_3]$, ..., $[x_{n-1},x_n]$ mit $x_1 = x$, $x_n = y$ und $[x_i,x_{i+1}] \in F$ für $i = 1,...,n-1$ existiert. Weil N als zusammenhängend vorausgesetzt ist, gibt es einen Zug, wo $[x_i,x_{i+1}] \in (F \cup F^{-1})$ ist, also eventuell gewisse Bögen in der falschen Richtung durchlaufen werden. Es genügt also zu zeigen, daß zu jedem Bogen $[y,x] \in F$ ein Bogenzug (zurück) von x nach y existiert. Nehmen wir an, das wäre nicht der Fall.

Es sei $Vor(y)$ die Menge aller Knoten von N (einschließlich y), von denen aus ein gerichteter Bogenzug nach y führt, und $Nach(x)$ die Menge aller Knoten (einschließlich x), zu denen ein von x ausgehender gerichteter Bogenzug führt. Offenbar ist $Vor(y) \cap Nach(x) = \emptyset$, d.h. das Schalten irgendeiner Transition t aus $Nach(x)$ bringt keine Marken auf einen Platz in $Vor(y)$.

Wenn y eine Transition ist, dann ist x ein Platz. Weil y lebendig ist, kann y immer wieder geschaltet werden, ohne daß die dabei auf x

gegebenen Marken abgezogen werden müssen, also ist x unbeschränkt, im Widerspruch dazu, daß N beschränkt ist. Wenn y ein Platz ist, dann ist x eine lebendige Transition. Der Platz y muß also immer wieder Marken erhalten können, ohne daß dazu die von x auf seine Nachplätze geschickten Marken verwendet werden. Folglich ist y unbeschränkt, was im Widerspruch zur Voraussetzung steht.

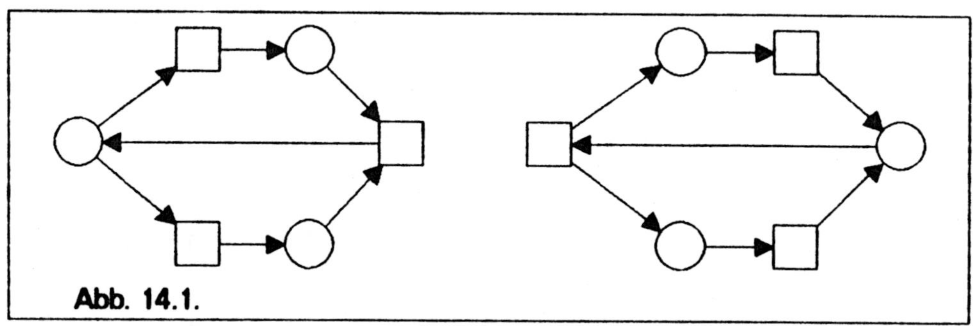

Abb. 14.1.

Man kann nicht erwarten, daß jedes stark-zusammenhängende Netz eine Anfangsmarkierung besitzt, bei der es lebendig und beschränkt ist. Beide in der Abbildung 14.1 angegebenen Netze sind stark-zusammenhängend, beide sind übrigens dual zu einander, das linke Netz hat keine lebendige Markierung, das rechte keine beschränkte, außer der Nullmarkierung.

Wenn ein Platz oder eine Platzmenge durch das Schalten von Transitionen alle Marken verloren hat und durch die Struktur des Netzes gesichert ist, daß in diesem Fall keine Marken auf diesen Platz bzw. diese Platzmenge aufgebracht werden können, dann sind die Nachtransitionen dieser Plätze tot. Notwendig für die Lebendigkeit eines Netzes ist also, daß solche Strukturen bei jeder erreichbaren Markierung ausreichend viele Marken enthalten. Für solche Strukturen hat sich der Name *Deadlock* eingebürgert, obwohl dieses Wort eigentlich eine dynamische Verklemmungssituation meint.

Definition 14.1.

Es sei $N = [P,T,F,V,m_0]$ ein beliebiges Petri-Netz. Eine nichtleere Platzmenge $D \subseteq P$ wird (struktureller) *Deadlock in N* genannt, wenn jede Transition, die Marken in die Menge D hineinschaltet, auch Marken aus D entnimmt, d.h. wenn $FD \subseteq DF$ ist.

Wenn jede Transition einen Vorplatz hat, dann ist $PF = T$ und wenn jede Transition einen Nachplatz hat, ist $FP = T$. In solchen Netzen ist also die Menge P ein Deadlock, ohne daß daraus schon etwas über die Lebendigkeit folgt. Kritisch wird es erst, wenn ein Deadlock nicht mehr genug Marken hat, um eine seiner Nachtransitionen zu konzessionieren.

Folgerung 14.6.

1. *Wenn ein Platz p keine Vortransition hat, dann ist $\{p\}$ ein Deadlock.*
2. *Wenn D ein Deadlock in N ist und m eine Markierung, bei der für jede Transition t aus DF und jeden Platz p aus D stets $t^-(p) > m(p)$ ist, dann sind alle Transitionen aus DF tot bei m.*

Definition 14.2.

Eine Platzmenge Q wird *sauber bei der Markierung m* genannt, wenn

$$m(Q) := \sum_{p \in Q} m(p) = 0$$

ist, d.h. wenn sie keine Marke enthält, anderenfalls heißt sie *markiert*.

Folgerung 14.7.

Ist $N = [P,T,F,1,m_0]$ ein gewöhnliches Petri-Netz und D ein bei der Markierung m sauberer Deadlock, dann ist D bei jeder von m erreichbaren Markierung sauber und alle Transitionen aus DF sind tot bei m.

Satz 14.8.

Wenn es keinen Deadlock im Netz N gibt, dann ist N lebendig.

Beweis. Nehmen wir an, daß N nicht lebendig ist, dann ist in N eine Markierung m erreichbar, bei der eine Transition t tot ist. Wir betrachten die Menge aller bei m beschränkten Plätze p, von denen ein gerichteter Bogenzug zu t führt:

$$D := \{\, p \mid p \in P \;\wedge\; p \; F^* \; t \;\wedge\; p \text{ beschränkt bei } m \,\}.$$

Die Transition t hat Vorplätze, sonst wäre sie lebendig, wenigstens einer davon muß bei m beschränkt sein, sonst wäre t nicht tot bei m. Folglich ist D nicht leer. Wir zeigen, daß D ein Deadlock in N ist. Es sei $t^* \in FD$, etwa $t^* \; F \; p \in D$. Wenn t^* keinen oder keinen bei m beschränkten Vorplatz hat, dann ist p nicht beschränkt bei m, im Widerspruch zu $p \in D$. Ist p^* ein bei m beschränkter Vorplatz von t^*, dann gilt $p^* \; F \; t^* \; F \; p \; F^* \; t$, also $p^* \; F^* \; t$, folglich ist $p^* \in D$ und damit $t^* \in DF$.

Das Netz in der Abbildung 11.2 (Seite 114) besitzt keinen Deadlock.

Die Umkehrung von 14.8 gilt nicht. Auch bei gewöhnlichen Petri-Netzen, die nicht lebendig sind, ist im allgemeinen keine Markierung erreichbar, bei der ein Deadlock sauber ist. Als Beispiel kann man das Netz in der Abbildung 6.1 (Seite 51) betrachten (hier ist $\{p_1, p_2\}$ der einzige Deadlock).

Bevor wir uns im nächsten Abschnitt mit Strukturen beschäftigen, die sichern, daß bei beliebigem Schalten von Transitionen immer genug Marken in den Deadlocks verbleiben, betrachten wir noch einige für die Konfliktlösung wichtige Struktureigenschaften.

Definition 14.3.
Es sei $N = [P,T,F,V,m_0]$ ein Petri-Netz.
(1) N heißt *Synchronisationsgraph*, wenn jeder Platz p von N genau eine Vortransition und genau eine Nachtransition hat.
(2) N wird *Zustandsmaschine* genannt, wenn jede Transition t von N genau einen Vorplatz und genau einen Nachplatz hat.
(3) Wir bezeichnen N als *Free-Choice-Netz* (kurz: *FC-Netz*), wenn jeder geteilte Platz der einzige Vorplatz seiner Nachtransitionen ist, d.h.: $t,t' \in pF \;\Rightarrow\; Ft = \{\, p \,\} = Ft'$.
(4) N heißt *Extended-Free-Choice-Netz* (kurz: *EFC-Netz*), wenn die

Nachtransitionen geteilter Plätze dieselben Vorplätze haben, d.h:

$$t, t' \in pF \quad \Rightarrow \quad Ft = Ft'.$$

(5) Wir bezeichnen N als *Extended Simple* oder als *ES-Netz*, wenn für alle Plätze p, q gilt: $\quad pF \cap qF \neq \emptyset \quad \Rightarrow \quad pF \subseteq qF \quad \vee \quad qF \subseteq pF.$

Synchronisationsgraphen sind an den Plätzen unverzweigt, man kann sich Synchronisationsgraphen entstanden denken durch Synchronisation, d.h. Verschmelzen, von Transitionen in Netzen mit nur unverzweigten

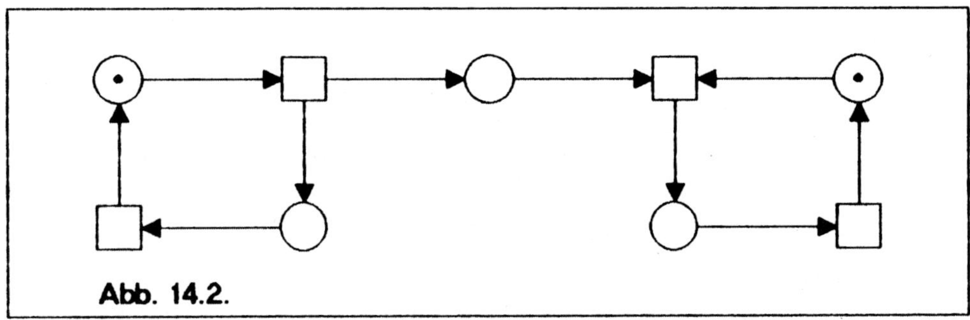

Abb. 14.2.

Transitionen. Das Netz in der Abbildung 14.2 ist ein *gewöhnlicher* Synchronisationsgraph, d.h. ein gewöhnliches Petri-Netz, das Synchronisationsgraph ist. Offensichtlich ist dieses Netz bei der angegebenen Markierung lebendig, aber nicht beschränkt. Weil es in einem Synchronisationsgraphen keine geteilten Plätze gibt, gilt:

Folgerung 14.9.

1. *Jeder Synchronisationsgraph ist persistent.*

2. *Jeder Synchronisationsgraph ist FC-, EFC- und ES-Netz.*

Lebendigkeit und Sicherheit gewöhnlicher Synchronisationsgraphen kann leicht durch Untersuchung der Kreise des Netzes festgestellt werden:

Satz 14.10.

Ein gewöhnlicher Synchronisationsgraph N ist lebendig genau dann, wenn jeder elementare Kreis von N bei der Anfangsmarkierung markiert ist.

Wir beweisen diesen Satz hier nicht, weil er sich im nächsten Abschnitt als Folgerung aus einem allgemeineren Satz über *EFC*-Netze erweisen wird. Man überlegt sich leicht, daß in einem gewöhnlichen Synchronisationsgraphen die Zahl der Marken auf einem Kreis invariant gegenüber dem Schalten von Transitionen ist.

Satz 14.11.

Es sei N ein (zusammenhängender) gewöhnlicher Synchronisationsgraph. Dann gilt:

1. *Wenn N stark-zusammenhängend ist, dann ist N beschränkt.*
2. *Wenn N lebendig ist, so ist N genau dann sicher, wenn jeder Platz von N auf einem elementaren Kreis von N liegt, der bei m_0 höchstens eine Marke enthält.*
3. *N besitzt eine lebendige und sichere Markierung genau dann, wenn N stark-zusammenhängend ist.*

Beweis. In einem stark-zusammenhängenden Netz liegt jeder Platz auf einem elementaren Kreis, ist also beschränkt, wenn es sich um einen gewöhnlichen Synchronisationsgraphen handelt. Wenn dabei jeder elementare Kreis höchstens eine Marke enthält, so ist jeder Platz sicher (1-beschränkt). Ist *N* lebendig und sicher und enthält ein elementarer Kreis zwei Marken, so können diese zwei Marken durch Schalten auf denselben Platz gebracht werden, im Widerspruch zur Sicherheit. Wenn *N* lebendig und sicher ist, so ist *N* nach 14.5 stark-zusammenhängend. Ist umgekehrt *N* stark-zusammenhängend, so liegt jeder Platz auf einem elementaren Kreis. Eine Markierung, bei der auf jedem elementaren Kreis genau eine Marke liegt, ist lebendig und sicher.

Weil elementare Kreise sich überlappen können, kann eine Marke die einzige Marke in zwei verschiedenen Kreisen sein, vgl. Abb. 14.3.

Während Synchronisationsgraphen die Prototypen konfliktfreier Netze sind, bilden die gewöhnlichen Zustandsmaschinen die Prototypen für beschränkte bzw. sichere Netze: In einer gewöhnlichen Zustandsmaschine

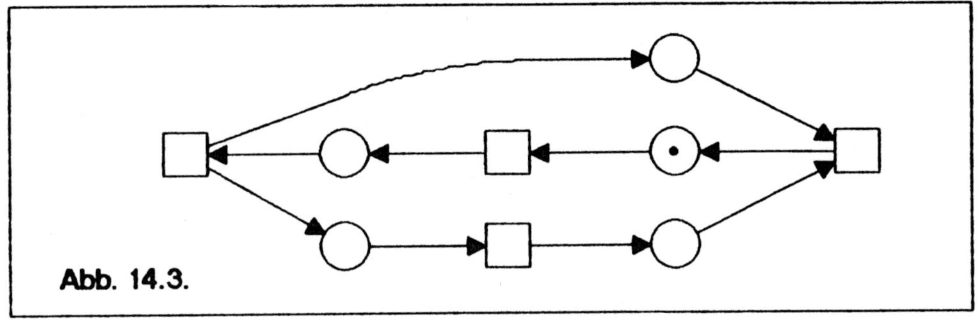

Abb. 14.3.

ist die Gesamtmarkenzahl invariant gegenüber dem Schalten von Transitionen. Bei einer Zustandsmaschine verändert jede Aktivität (höchstens) zwei Zustandskomponenten, die Zustandsparameter werden einzeln verändert.

Satz 14.12.

Eine (zusammenhängende) gewöhnliche Zustandsmaschine ist lebendig genau dann, wenn sie stark-zusammenhängend ist und wenigstens eine Marke enthält.

Beweis. Es sei N eine gewöhnliche Zustandsmaschine. Dann ist N beschränkt, weil das Schalten einer Transition nur das Weiterreichen einer Marke vom Vorplatz zum Nachplatz bewirkt. Wenn N lebendig ist, dann ist N nach 14.5 stark-zusammenhängend und enthält eine Marke, weil bei der Nullmarkierung alle Transitionen tot sind. Enthält N umgekehrt eine Marke und ist stark-zusammenhängend, so kann diese Marke durch Schalten von Transitionen auf jeden Platz gebracht werden, also jede Transition konzessioniert werden.

In einer gewöhnlichen Zustandsmaschine mit genau einer Marke gibt es i.a. Konflikte, aber keine zwei Transitionen sind nebenläufig. Solche Netze modellieren also strikt sequentielle Systeme. Das Netz in der Abbildung 5.2 (Seite 49) ist eine Zustandsmaschine, aber keine gewöhnliche Zustandsmaschine.

Folgerung 14.13.

Eine gewöhnliche Zustandsmaschine ist genau dann lebendig und sicher, wenn sie stark-zusammenhängend ist und genau eine Marke enthält.

In Zustandsmaschinen kann es geteilte Plätze geben, aber weil jede Transition nur einen Vorplatz hat, ist ein geteilter Platz stets der einzige Vorplatz seiner Nachtransitionen:

Folgerung 14.14.

1. *Jede Zustandsmaschine ist FC-, EFC- und ES-Netz.*
2. *Jedes Free-Choice-Netz ist EFC- und ES-Netz.*
3. *Jedes EFC-Netz ist ES-Netz.*

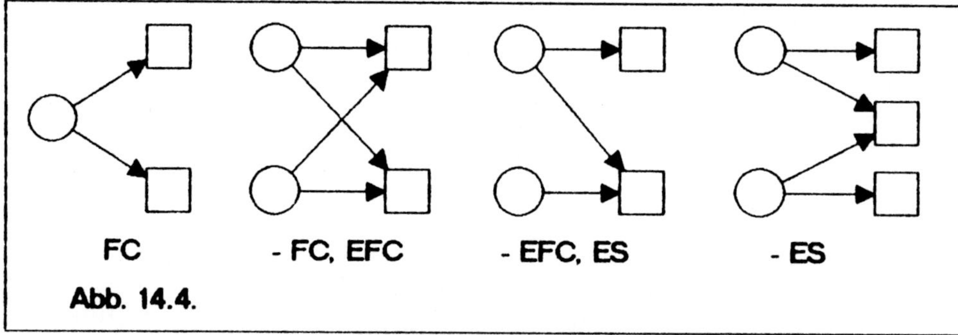

In der Abbildung 14.4 sind in *FC-*, *EFC-* und *ES*-Netzen erlaubte und nicht erlaubte Strukturen dargestellt. Man sieht, daß in (gewöhnlichen) *FC*-Netzen Konflikte frei entschieden werden, weil die an einem Konflikt beteiligten Transitionen keine weiteren Vorplätze haben. Dasselbe gilt für *EFC*-Netze, weil hier zwei an einem Konflikt beteiligte Transitionen dieselben Vorplätze haben. Auf dieser Tatsache beruhen die Beweise vieler Aussagen über die Lebendigkeit von gewöhnlichen *EFC*-Netzen. Einige dieser Aussagen lassen sich auch für Netze beweisen, bei denen nicht alle Vielfachheiten gleich Eins sind, wenn man nur voraussetzt, daß alle von dem selben Platz ausgehenden Bögen die gleiche Vielfachheit haben.

Definition 14.4.

(1) Ein Petri-Netz $N = [P,T,F,V,m_0]$ heißt *homogen*, wenn für jeden Platz p aus P gilt: $t_1, t_2 \in pF \;\rightarrow\; V(p,t_1) = V(p,t_2)$.

(2) N wird *global free-choice* oder *GFC-Netz* genannt, wenn für $m \in R_N(m_0)$ und $t_1, t_2 \in T$ mit $Ft_1 \cap Ft_2 \neq \emptyset$ stets gilt: $t_1^- \leq m \;\leftrightarrow\; t_2^- \leq m$.

Folgerung 14.15.

1. *Jedes gewöhnliche Netz ist homogen.*

2. *Ist N ein homogenes EFC-Netz und sind t_1, t_2 Transitionen, die einen Vorplatz teilen, so hat t_1 genau dann Konzession, wenn t_2 Konzession hat, d.h. N ist GFC-Netz.*

Die Abbildung 14.5 zeigt ein *GFC*-Netz, das nicht *EFC-* (aber *ES-*) Netz

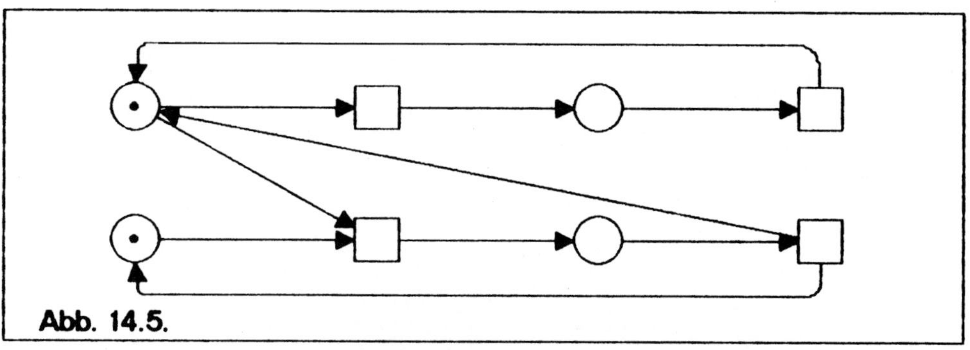

ist. Jedes *GFC*-Netz N kann so in ein *EFC*-Netz N' umgeformt werden, daß N' dann und nur dann lebendig ist, wenn N lebendig ist. Dies geschieht, indem für je zwei Plätze p,q, die eine Nachtransition gemeinsam haben und die nicht alle Nachtransitionen teilen, Schleifen der Vielfachheit 1 von p aus um die Transitionen in $qF - pF$ und von q aus um die Transitionen in $pF - qF$ in das Netz N einträgt.

In homogenen *ES*-Netzen ist die (binäre) Konfliktrelation transitiv, d.h. stehen bei einer Markierung m Transitionen t_1, t_2 einerseits und t_2, t_3 andererseits im Konflikt, dann sind auch t_1, t_3 bei m im Konflikt. Das ist allgemein nicht der Fall, wie man in der Abb. 14.4 (rechts) erkennen kann. Ferner überlegt man sich leicht

Folgerung 14.16.
Jedes Netz mit höchstens einem geteilten Platz ist ein ES–Netz.

Definition 14.5.
Wir nennen einen Platz p eines Petri-Netzes N *tot bei der Markierung m*, wenn $pF \neq \emptyset$ ist und für jede von m in N erreichbare Markierung m' gilt:
$$m'(p) < max \{ V(p,t) \mid t \in pF \}.$$
Der Platz p heißt *lebendig bei m*, wenn von m aus keine Markierung erreichbar ist, bei der p tot ist, das Netz N wird *platz–lebendig* genannt, wenn alle Plätze, die Nachtransitionen haben, lebendig bei m_0 sind.

Folgerung 14.17.
1. *Wenn der Platz p tot bei m in N ist, dann ist eine Nachtransition von p tot bei m.*
2. *Jedes lebendige Petri–Netz ist platz–lebendig.*

Das Netz in der Abbildung 6.1 (Seite 55) ist platz–lebendig, aber nicht lebendig.

Wir können die Umkehrung von 14.17.2 nur für homogene *ES*–Netze beweisen. Es bezeichne $tot(m)$ die Menge der bei m toten Transitionen. Offenbar gilt $tot(m) \subseteq tot(m')$, wenn m' von m erreichbar ist. Da es in jedem Netz nur endlich viele Transitionen gibt, existieren erreichbare Markierungen m, bei denen $tot(m)$ maximal ist. Es sei
$$MAX(N) := \{ m \mid m \in R_N(m_0) \wedge \forall m'(m' \in R_N(m) \Rightarrow tot(m) = tot(m')) \}$$
die Menge dieser Markierungen.

Folgerung 14.18.
Ist $m \in MAX(N)$, dann ist jede Transition bei m entweder tot oder lebendig.

Hilfssatz 14.19.

Ist N ein homogenes ES–Netz und $m \in MAX(N)$, dann besitzt jede bei m tote Transition einen bei m toten Vorplatz.

Beweis. Es sei $t \in tot(m)$, dann hat t Vorplätze, sei $Ft = \{p_1,...,p_n\}$. Dabei ist $t \in p_i F \cap p_j F$, also $p_i F \subseteq p_j F$ oder $p_j F \subseteq p_i F$, weil N ein *ES*–Netz ist. Wir nehmen an, daß die Vorplätze von t so durchnumeriert sind, daß gilt

$$\{ t \} \subseteq p_1 F \subseteq p_2 F \subseteq ... \subseteq p_n F.$$

Es gilt dann: $p_1 F \subseteq tot(m)$. Wäre nämlich $t_0 \in p_1 F$ nicht tot bei m, so könnte von m aus eine Markierung m^* erreicht werden mit $t_0^- \leq m^*$. Nun ist aber $Ft = \{p_1,...,p_n\} \subseteq Ft_0$ wegen $t_0 \in p_1 F \subseteq p_i F$. Aus der Homogenität folgt $t^- \leq t_0^- \leq m^*$, im Widerspruch dazu, daß t tot bei m ist.

Es sei $m' \in R_N(m)$ und j sei das kleinste i derart, daß $m'(p_i) < V(p_i,t)$ ist. Weil t tot bei m ist, gibt es stets ein solches i. Wir zeigen, daß

$$p_j F \subseteq tot(m') = tot(m)$$

gilt. Es sei $t_0 \in p_j F \subseteq p_{j+1} F \subseteq ... \subseteq p_n F$, also $\{p_j,...,p_n\} \subseteq Ft_0$. Wenn t_0 nicht tot bei m' ist, dann kann von m' eine Markierung m'' erreicht werden mit $t_0^- \leq m''$, d.h. mit $m''(p_i) \geq V(p_i,t_0) = V(p_i,t)$ für $i = j,...,n$. Es sei $m'\langle t_1...t_k \rangle m''$, wobei k minimal gewählt ist. Wenn bei diesem Übergang eine Marke von einem der Plätze $p_1,...,p_{j-1}$, etwa p_l, durch die Transition t_i $(1 \leq i \leq k)$ entfernt würde, so wären bei der Markierung $m' + \Delta t_1...t_{i-1}$ (weil t_i bei dieser Markierung Konzession hat und $t_i \in p_l F \subseteq p_{l+1} F \subseteq ... \subseteq p_n F$ ist) die Plätze $p_1,...,p_j,...,p_n$ mit mindestens $t_i^-(p_1),...,t_i^-(p_j),...,t_i^-(p_n)$ Marken markiert, im Widerspruch zur Minimalität von k. Also ist t_0 tot bei m'.

Wir führen nun die Annahme, daß zu jedem i mit $0 \leq i \leq n$ eine von m erreichbare Markierung m_i mit $m_i(p_i) \geq t^-(p_i)$ gibt, zum Widerspruch. Unter dieser Annahme beweisen wir durch Induktion über j, daß zu jedem j mit $1 \leq j \leq n$ eine Markierung $m_j^* \in R_N(m)$ existiert mit

$$m_j^*(p_1) \geq t^-(p_1) \wedge ... \wedge m_j^*(p_j) \geq t^-(p_j).$$

Für $j = 1$ ist das trivial, die angenommene Markierung m_1 leistet das von

$m_1^\bullet$ Verlangte. Wir schließen von j auf $j+1$ wie folgt:

Wenn für die nach Induktionvoraussetzung existierende Markierung $m_j^\bullet$ gilt $m_j^\bullet(p_{j+1}) \geq t^-(p_{j+1})$, dann setzen wir $m_{j+1}^\bullet := m_j^\bullet$. Anderenfalls haben wir

$$m_j^\bullet(p_{j+1}) < t^-(p_{j+1}), \ m_j^\bullet(p_1) \geq t^-(p_1), \ ..., \ m_j^\bullet(p_j) \geq t^-(p_j).$$

Also ist $j+1$ das kleinste i derart, daß $m_j^\bullet(p_i) < V(p_i, t)$ ist, so daß

$$p_1 F \subseteq p_2 F \subseteq ... \subseteq p_{j+1} F \subseteq tot(m_j^\bullet) = tot(m)$$

ist. Nach unserer Annahme kann von m ausgehend eine Zahl von mindestens $t^-(p_{j+1})$ Marken auf p_{j+1} erreicht werden. Alle Transitionen, die dazu geschaltet werden, sind bei m nicht tot, also bei m lebendig und auch bei $m_j^\bullet$ lebendig. Weil alle Nachtransitionen der Plätze $\{p_1, ..., p_{j+1}\}$ tot bei $m_j^\bullet$ sind, wird von diesen Transitionen keine Marke von einem dieser Plätze entfernt. Wir können also mit Hilfe dieser Transitionen von $m_j^\bullet$ aus eine Markierung $m_{j+1}^\bullet$ der behaupteten Art erreichen.

Setzen wir in unserer durch Induktion bewiesenen Aussage $j = n$, so ergibt sich die Existenz einer von m erreichbaren Markierung $m_n^\bullet$, bei der die Transition t offensichtlich Konzession hat, im Widerspruch dazu, daß sie tot bei m ist. Damit ist der Hilfssatz 14.19 bewiesen.

Satz 14.20.

Jedes platz-lebendige homogene ES-Netz ist lebendig.

Beweis. Es sei $N = [P, T, F, V, m_0]$ platz-lebendiges homogenes *ES*-Netz und wir nehmen an, daß N nicht lebendig ist. Dann gibt es eine erreichbare Markierung $m \in MAX(N)$ mit $tot(m) \neq \emptyset$. Zu beliebigem $t \in tot(m)$ existiert nach Hilfssatz 14.19 ein Vorplatz, der tot bei m ist, im Widerspruch zur Platz-Lebendigkeit von N.

Abschließend bemerken wir, daß die Entscheidung der Platz-Lebendigkeit sich auf die Entscheidung der Lebendigkeit reduzieren lässt. Wenn man wissen will, ob ein Platz p lebendig ist, führt man eine neue Transition t_p und Bögen der Vielfacheit $\max\{V(p, t) \mid t \in pF\}$ von p nach t_p und zurück in das Netz ein. Offenbar ist p lebendig genau dann, wenn die Transition t_p lebendig ist.

Literatur

Best, E., Structure Theory of Petri Nets: the Free Choice Hiatus. LNCS 254 (1987) 168 – 205.

Best, E., Thiagarajan, P. S., Some Classes of Life and Safe Petri Nets. In "Concurrency and Nets", Springer Verlag Berlin Heidelberg, 1987, 71 – 94.

Jantzen, M., Valk, R., Formal Properties of Place/Transition Nets. LNCS 84 (1980) 165 – 212.

15. Die Deadlock-Falle-Eigenschaft

Wir haben im vorigen Abschnitt gesehen, daß Deadlocks, die nicht ausreichend viele Marken haben, nicht wieder mit Marken versorgt werden können, so daß es zu Verklemmungen kommen kann. In jedem Netz, das keine Transitionen ohne Vorplatz enthält, also in allen praktisch interesssanten Fällen, ist die Menge P aller Plätze ein Deadlock. Die Aussage, daß ein Netz ohne Deadlock lebendig ist, nützt also wenig. Daher sucht man nach Strukturen innerhalb eines Deadlocks, die verhindern können, daß er seine Marken verliert. Eine solche Struktur ist durch den Begriff der *Falle* (für Marken) gegeben.

Definition 15.1.

Es sei $N = [P,T,F,V,m_0]$ ein *Petri-Netz*.

(1) Für $p \in P$ definieren wir

$$V^-(p) := \begin{cases} min \ \{V(p,t)\ |\ t \in pF\ \}, & \text{falls } pF \neq \emptyset, \\ 0, & \text{sonst}; \end{cases}$$

und

$$V^+(p) := \begin{cases} min \ \{V(t,p)\ |\ t \in Fp\ \}, & \text{falls } Fp \neq \emptyset, \\ 0, & \text{sonst}. \end{cases}$$

(2) Ein Platz p heißt *ausreichend markiert bei der Markierung m*, wenn $m(p) \geq V^-(p)$ ist; eine Platzmenge $Q \subseteq P$ wird *ausreichend markiert bei m in N* genannt, wenn sie einen ausreichend markierten Platz enthält.

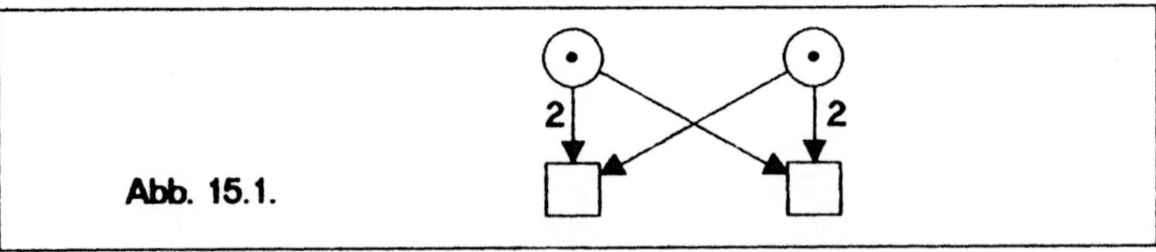

Abb. 15.1.

Wenn ein Platz ausreichend markiert ist, enthält er soviele Marken, daß die Anforderung einer seiner Nachtransitionen befriedigt werden kann.

Indessen können auch bei einer toten Markierung alle Plätze ausreichend markiert sein; allerdings ist das in einem homogenen Petri-Netz nicht möglich (vgl. Abb. 15.1).

Folgerung 15.1.

1. *In einem homogenen Petri-Netz hat eine Transition Konzession bei einer Markierung m genau dann, wenn alle ihre Vorplätze bei m ausreichend markiert sind.*

2. *In einem gewöhnlichen Petri-Netz ist ein Platz, der Nachtransitionen besitzt, genau dann ausreichend markiert bei m, wenn er bei m wenigstens eine Marke enthält (markiert ist).*

3. *Die leere Menge (von Plätzen) ist nicht ausreichend markiert.*

4. *In einem gewöhnlichen Netz ist eine Platzmenge Q, die keinen Platz ohne Nachtransition enthält, genau dann ausreichend markiert bei m, wenn $m(Q) > 0$ ist.*

Definition 15.2.

Eine Platzmenge $S \subseteq P$ wird *Falle* genannt, wenn jede Transition, die beim Schalten Marken aus S entnimmt, Marken auf Plätze aus S aufbringt, d.h. wenn $SF \subseteq FS$ ist.

Folgerung 15.2.

1. *Sind S' und S'' Fallen, so ist $S' \cup S''$ eine Falle.*

2. *Die leere Menge (von Plätzen) ist eine Falle.*

3. *In jeder Platzmenge Q gibt es genau eine (in bezug auf die Inklusion) maximale Falle.*

4. *Ist S eine bei m (ausreichend) markierte Falle in einem gewöhnlichen Petri-Netz N und m^* erreichbar von m in N, dann ist S (ausreichend) markiert bei m^*.*

Eine Falle ist also eine Platzmenge, die wenn sie einmal Marken enthält, durch Schalten von Transitionen nicht sauber werden kann. In einem gewöhnlichen Netz bedeutet das, daß wenigstens eine Nachtransition der Falle einen (ausreichend) markierten Vorplatz besitzt. Daß ein Deadlock alle seine Marken verliert, kann also in einem gewöhnlichen Netz sicher dann vermieden werden, wenn er eine ausreichend markierte Falle enthält. Leider gilt die Aussage 15.2.4 schon für homogene Netze nicht mehr (vgl. Abb. 15.2).

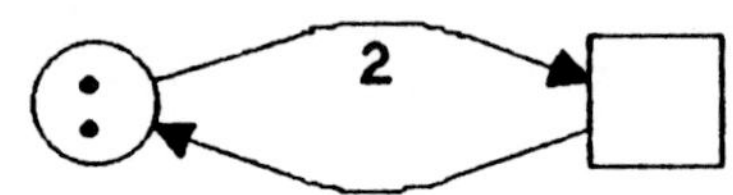

Abb. 15.2.

Definition 15.3.

Die Vielfachheit V (der Bögen) des Netzes $N = [P,T,F,V,m_0]$ wird als *nicht-blockierend* bezeichnet, wenn $V^+(p) \geq V^-(p)$ für alle $p \in P$ ist.

Das Netz in der Abbildung 15.2 hat eine blockierende Vielfachheit, es ist $V^+(p) = 1 < 2 = V^-(p)$. Jedes gewöhnliche Netz, bei dem jeder Platz eine Vortransition besitzt, hat eine nicht-blockierende Vielfachheit.

Satz 15.3.

Ist S eine bei m ausreichend markierte Falle in einem Petri-Netz N mit nicht-blockierender Vielfachheit und ist m^* erreichbar von m in N, dann ist S ausreichend markiert bei m^*.

Zum Beweis genügt es zu zeigen, daß bei $m\ [t > m^*$ die Falle S einen bei m^* ausreichend markierten Platz enthält.Wenn $t \in SF$ ist, also Marken von einem Platz aus S wegnimmt, dann ist $t \in FS$, d.h. es gibt ein $p \in S$ mit $t^+(p) > 0$. Nun ist

$$m^*(p) = m(p) - t^-(p) + t^+(p) \geq V^+(p) \geq V^-(p),$$

also ist p ausreichend markiert bei m^*. Wenn dagegen $t \notin SF$ ist, dann ist $m^*(p) \geq m(p)$ für $p \in S$, d.h. alle bei m ausreichend markierten Plätze von S sind auch bei m^* ausreichend markiert.

Definition 15.4.

Das Petri-Netz $N = [P,T,F,V,m_0]$ hat die *Deadlock-Falle-Eigenschaft*, wenn jeder Deadlock von N eine bei m_0 ausreichend markierte Falle enthält.

Folgerung 15.4.

1. *Ein Netz hat genau dann die Deadlock-Falle-Eigenschaft, wenn die maximale Falle in jedem minimalen Deadlock bei m_0 ausreichend markiert ist.*

2. *Wenn ein Netz die Deadlock-Falle-Eigenschaft hat, dann hat jeder Platz eine Vortransition.*

Die Aussage 15.4.2 folgt daraus, daß für jeden Platz p mit $Fp = \emptyset$ die Menge $D := \{p\}$ ein Deadlock ist ($\emptyset = FD \subset DF = pF \neq \emptyset$), in dem die maximale Falle leer, also nicht ausreichend markiert ist.

Satz 15.5.

Es sei N ein homogenes Petri-Netz mit nicht-blockierender Vielfachheit, das die Deadlock-Falle-Eigenschaft hat. Dann ist N verklemmungsfrei.

Beweis. Wir nehmen an, daß N nicht verklemmungsfrei ist, d.h. daß eine Markierung m von m_0 erreichbar ist, die tot ist. Wir betrachten
$$D := \{\, p \mid p \in P \wedge m(p) < V^-(p) \,\},$$
die Menge aller bei m nicht ausreichend markierter Plätze. Diese Menge ist nicht leer, weil wegen der Homogenität von N sonst alle Transitionen Konzession hätten. Wir zeigen, daß D ein Deadlock ist.

Es sei $t \in FD$. Weil m tot ist, hat t nicht Konzession bei m, also ist ein Vorplatz von t bei m nicht ausreichend markiert, d.h. ist Element von D, folglich ist $t \in DF$.

Es ist also D ein Deadlock in N, der keine bei m ausreichend markierte Falle enthält. Das steht im Widerspruch dazu, daß D bei m_0 eine ausreichend markierte Falle enthält und diese Falle nach Satz 15.3 bei jeder von m_0 erreichbaren Markierung m ausreichend markiert ist.

Satz 15.6.

Es sei N ein homogenes ES-Netz mit nicht-blockierender Vielfachheit, das die Deadlock-Falle-Eigenschaft hat. Dann ist N lebendig.

Beweis. Bei diesem Beweis stützen wir uns auf den Hilfssatz 14.19. Wir nehmen an, daß N nicht lebendig ist, dann gibt es eine erreichbare Markierung m mit $tot(m) \neq \emptyset$, also auch eine erreichbare Markierung $m^{\bullet}$ aus $MAX(N)$ mit $tot(m^{\bullet}) \neq \emptyset$. Es sei

$$D := \{ \; p \mid \; p \in F(tot(m^{\bullet})) \;\; \wedge \;\; p \text{ tot bei } m^{\bullet} \text{ in } N \}.$$

Dann ist D nicht leer, weil $tot(m^{\bullet})$ nicht leer ist und jede Transition t aus $tot(m^{\bullet})$ nach 14.19 einen Vorplatz hat, der bei $m^{\bullet}$ tot ist. Wir zeigen, daß $FD \subseteq tot(m^{\bullet})$ ist.

Nehmen wir an, daß die Transition t mit $t \, F \, p \in D$ nicht tot bei $m^{\bullet}$ ist. Dann ist von $m^{\bullet}$ eine Markierung $m^{\bullet\bullet}$ erreichbar, bei der t Konzession hat und es ist $(m^{\bullet\bullet} + \Delta t)(p) \geq t^{+}(p) \geq V^{+}(p) \geq V^{-}(p)$, weil V nicht-blockierend ist. Weil N homogen ist und p Nachtransitionen hat, ist $(m^{\bullet\bullet} + \Delta t)(p) \geq V^{-}(p) = max \{ \; V(p,t') \mid \; t' \in pF \}$, im Widerspruch dazu, daß p tot bei $m^{\bullet}$ ist.

Nach dem Hilfssatz 14.19 hat jede Transition $t \in tot(m^{\bullet})$ einen Vorplatz in D, also gilt $FD \subseteq tot(m^{\bullet}) \subseteq DF$, d.h. D ist ein Deadlock, der bei $m^{\bullet}$ keinen ausreichend markierten Platz enthält (ein solcher Platz wäre nicht tot bei $m^{\bullet}$), also auch keine ausreichend markierte Falle, im Widerspruch zur Deadlock-Falle-Eigenschaft.

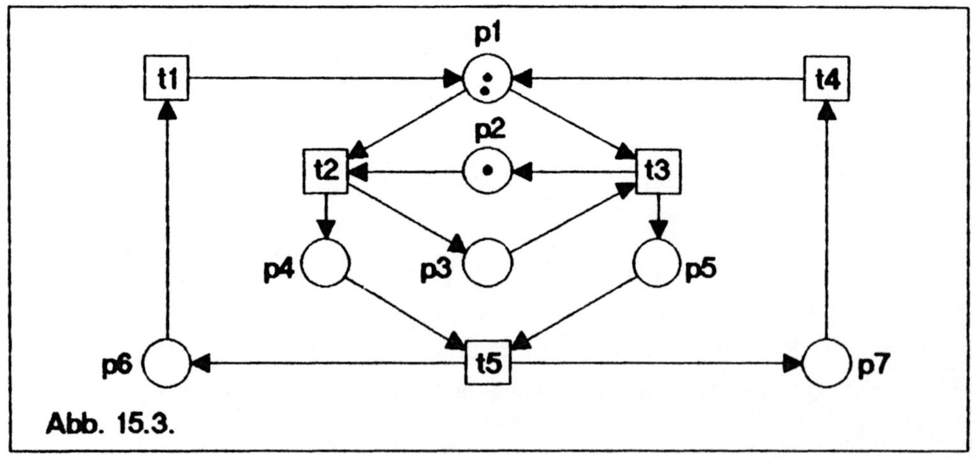

Abb. 15.3.

Die Umkehrung von Satz 15.6 gilt nicht einmal für gewöhnliche ES-Netze. In der Abbildung 15.3 ist ein lebendiges gewöhnliches ES-Netz dargestellt, das die Deadlock-Falle-Eigenschaft nicht hat. Offenbar ist p_1 der einzige geteilte Platz, folglich ist das Netz extended simpel. Die minimalen Deadlocks sind $D_1 = \{p_2,p_3\}$, $D_2 = \{p_1,p_4,p_6,p_7\}$ und $D_3 = \{p_1,p_5,p_6,p_7\}$. Die maximalen Fallen sowohl in D_2 als auch in D_3 sind leer, während D_1 zugleich Falle ist, die Deadlock-Falle-Eigenschaft ist demnach nicht erfüllt. Man kann aber zeigen, daß homogene *EFC*-Netze mit nicht-blockierender Vielfachheit die Deadlock-Falle-Eigenschaft genau dann haben, wenn sie lebendig sind. Dazu bedarf es einiger Vorbereitungen.

Satz 15.7.

In einem minimalen Deadlock D gibt es keinen Platz ohne Nachtransition.

Beweis. Es sei D ein minimaler Deadlock. Nehmen wir an, daß ein Platz p aus D mit $pF = \emptyset$ existiert. Dann hat p eine Vortransition $t \in Fp \subseteq FD$ und weil D Deadlock ist, ist $t \in DF$. Folglich gibt es einen von p verschiedenen Platz in D, d.h. $D' := D - \{p\}$ ist nicht leer. Es gilt

$$FD' \subseteq FD \subseteq DF = D'F,$$

also ist D' ein echt in D enthaltener Deadlock, im Widerspruch zur Minimalität von D.

Wenn also in einem minimalen Deadlock kein Platz ausreichend markiert ist, kann das Netz nicht lebendig sein. Die Idee, der wir beim Beweis der Nichtlebendigkeit eines Netzes, das die Deadlock-Falle-Eigenschaft nicht hat, folgen, besteht darin, die Erreichbarkeit von Markierungen nachzuweisen, bei denen minimale Deadlocks nicht ausreichend markiert sind, dazu müssen wir die ursprünglich vorhandenen Marken von diesen Deadlocks abziehen, d.h. geeignete Nachtransitionen, die die Marken nicht wieder in den Deadlock hineinbringen, schalten.

Definition 15.5.

Es sei N ein Petri-Netz und $Q \subseteq P$.

(1) Die Abbildung $\tau\colon Q \Rightarrow QF$ heißt *Nachtransitionsauswahl* (kurz: *Auswahl*) *auf Q*, wenn $\tau(p) \in pF$ für alle $p \in Q$ gilt.

(2) Die Auswahl τ wird *kreisfrei* genannt, wenn es in N keinen Bogenzug $p_0 F t_0 F p_1 F t_1 F...F p_n F t_n$ mit $p_0 \in t_n F$ und $t_i = \tau(p_i)$ für $i = 0,...,n$ gibt.

Die Transitionen aus $\tau(Q)$ werden *ausgewählt*, jene aus $QF - \tau(Q)$ werden *ausgeschlossen* genannt.

Hilfssatz 15.8.

Es sei $Q \subseteq P$ eine Platzmenge und S die maximale Falle in Q. Dann existiert eine kreisfreie Auswahl $\tau: (Q-S) \Rightarrow (Q-S)F$ mit

$$\tau(Q-S) \cap FS = \emptyset,$$

d.h. das Schalten ausgewählter Transitionen bringt keine Marken in die Falle.

Wir führen den Beweis durch Induktion über die Zahl k der Plätze in der Menge $Q-S$. Wenn $k = 0$ ist, dann ist (wegen $S \subseteq Q$) $S = Q$ und die leere Abbildung τ leistet das Verlangte.

Im Induktionsschritt schließen wir von k auf $k+1$. Es sei also $k+1$ die Zahl der Plätze in $Q-S$. Wir zeigen zunächst:

[1] *Es gibt ein $p \in Q-S$, $t \in pF$ mit $tF \cap Q = \emptyset$.*

Wenn es einen solchen Platz p und eine solche Transition t nicht gibt, dann ist für alle $t \in (Q-S)F$ stets $tF \cap Q \neq \emptyset$, d.h. $t \in FQ$. Wir haben also $(Q-S)F \subseteq FQ$. Weil S Falle in Q ist, gilt andererseits $SF \subseteq FS \subseteq FQ$, folglich

$$QF \subseteq (Q-S)F \cup SF \subseteq FQ,$$

d.h. Q ist Falle, also ist $S = Q$, im Widerspruch dazu, daß $Q-S$ genau $k+1$ Plätze, d.h. mindestens einen Platz, enthält. Damit ist [1] bewiesen.

Wir fixieren jetzt ein $p_0 \in Q-S$, $t_0 \in p_0 F$ mit $t_0 F \cap Q = \emptyset$ und setzen

$$Q' := Q - \{p_0\}, \quad S' := \text{die maximale Falle in } Q'.$$

Weil $p_0 \notin S$ ist, ist $S' = S$, also enthält $Q'-S'$ genau k Plätze. Nach Induktionsvoraussetzung existiert eine kreisfreie Auswahl τ' auf $Q'-S$ mit $\tau'(Q'-S) \cap FS = \emptyset$. Mit Hilfe von τ' definieren wir τ wie folgt:

$$\tau(p) \; := \; \begin{cases} \tau'(p), & \text{falls } p \in Q'-S, \\ t_0, & \text{falls } p = p_0. \end{cases}$$

Offenbar ist τ eine Abbildung von $Q-S$ in $(Q-S)F$ der gewünschten Art mit $\tau(Q-S) = \tau'(Q'-S) \cup \{t_0\}$. Für $\tau(Q-S) \cap FS = \emptyset$ genügt es zu zeigen, daß $t_0 \notin FS$ ist, was aus $t_0 F \cap Q = \emptyset$ folgt. Weil τ' kreisfrei ist, enthält jeder Kreis von τ den (neuen) Bogen $[p_0, t_0] \in F$, wegen $t_0 F \cap Q = \emptyset$ kann der Bogenzug bei t_0 nicht fortgesetzt werden, d.h. τ ist kreisfrei.

Betrachten wir als Beipiel den Deadlock $D_3 = \{p_1, p_5, p_6, p_7\}$ im Netz der Abb. 15.3 (Seite 166). Die maximale Falle S in $Q := D_3$ ist leer, also ist $FS = \emptyset$ und die Bedingung $\tau(Q-S) \cap FS = \emptyset$ ist automatisch erfüllt. Eine kreisfreie Auswahl $\tau: Q \twoheadrightarrow QF = \{t_1, t_2, t_3, t_4, t_5\} = T$ ist

$$\tau(p_1) := t_2, \quad \tau(p_5) := t_5, \quad \tau(p_6) := t_1, \quad \tau(p_7) := t_4.$$

Durch Schalten von t_5 kann p_5 gesäubert werden, wobei Marken nach p_6 und p_7 kommen, die von dort mit t_1 und t_4 nach p_1 vertrieben werden, von wo sie mit t_2 nach p_4, also aus Q herausgebracht werden. Daß sich diese Strategie im gegebenen Netz nicht realisieren läßt, liegt daran, daß es kein EFC-Netz ist.

Hilfssatz 15.9.

Es sei $N = [P, T, F, V, m_0]$ ein homogenes EFC-Netz, D sei ein Deadlock in N und S die maximale Falle in D. Wenn S bei m_0 nicht ausreichend markiert ist, dann gibt es ein Wort $q \in L_N(m_0)$ derart, daß alle Transitionen aus DF tot bei $m_0 + \Delta q$ sind.

Beweis. Nach Hilfssatz 15.8 existiert eine kreisfreie Auswahl τ auf $D-S$ mit $\tau(D-S) \cap FS = \emptyset$. Für jede Markierung m von P sei $L(m)$ die Menge aller Wörter q, die bei m in N geschaltet werden können und keine durch τ ausgeschlossene Transition enthalten:

$$L(m) := L_N(m) \cap W\Big(T - ((D-S)F - \tau(D-S)) \Big).$$

Wir beweisen nun eine Reihe von Aussagen, aus denen unsere Behauptung schließlich folgt.

[1] *Wenn $q \in L(m_0)$ ist, dann ist S bei $m_0 + \Delta q$ nicht ausreichend markiert.*

Wenn das nicht gilt, dann sei rt ein kürzestes Wort aus $L(m_0)$ derart, daß ein Platz $p \in S$ bei $m_0 + \Delta rt$ ausreichend markiert ist, bei $m_0 + \Delta r$ ist S also nicht ausreichend markiert. Folglich bringt t Marken nach S, d.h. $t \in FS$.

Andererseits ist $t \in T - ((D-S)F - \tau(D-S))$. Weil $\tau(D-S) \cap FS = \emptyset$ und $t \in FS$ ist, ist $t \notin \tau(D-S)$, also $t \notin (D-S)F$. Daraus ergibt sich mit

$$t \in FS \subseteq FD \subseteq DF = SF \cup (D-S)F$$

die Aussage $t \in SF$. Nun hat t bei $m_0 + \Delta r$ Konzession, im Widerspruch dazu, daß S bei dieser Markierung keinen ausreichend markierten Platz enthält. Damit ist [1] bewiesen. Aus dem Beweis ergibt sich ferner

[2] *Wenn $q \in L(m_0)$ ist und t in q vorkommt, dann ist*

$$t \notin SF \cup ((D-S)F - \tau(D-S)).$$

Es sei B eine beliebige Teilmenge von $D-S$. Dann gilt

[3] *Wenn t in einem Wort q aus $L(m_0)$ vorkommt und $t \in FB$ ist, dann ist $t \in \tau(D-S)$.*

Es ist $B \subseteq D-S$, also $B \subseteq D$ und folglich $t \in FB \subseteq FD \subseteq DF = (D-S)F \cup SF$. Weil t in q aus $L(m_0)$ vorkommt, ist $t \notin SF \cup ((D-S)F - \tau(D-S))$, also ist $t \in \tau(D-S)$.

Wir definieren induktiv eine Folge von Teilmengen B_i von $D-S$:

$$B_0 := \{\, p \mid p \in D-S \ \wedge \ \neg \exists p'(p' \in D-S \ \wedge \ \tau(p')Fp\,) \,\},$$
$$B_{i+1} := \{\, p \mid p \in D-S \ \wedge \ \neg \exists p'(p' \in D-(S \cup B_i) \ \wedge \ \tau(p')Fp\,) \,\}.$$

Wir behaupten weiter:

[4] *Für alle i ist $B_i \subseteq B_{i+1}$.*

Wir führen den Beweis durch Induktion über i. Es sei $p \in B_0$, dann ist p aus $D-S$. Wäre p nicht in B_1, so gäbe es ein $p' \in D - (S \cup B_0) \subseteq D-S$ mit $\tau(p')Fp$, was im Widerspruch zu $p \in B_0$ steht.

Im Induktionsschritt $i \Rightarrow i+1$ ist zu zeigen, daß $B_{i+1} \subseteq B_{i+2}$ ist. Das folgt wegen $B_i \subseteq B_{i+1}$ aus $D - (S \cup B_i) \supseteq D - (S \cup B_{i+1})$.

[5] *Es ist $B_i = B_{i+1}$ genau dann, wenn $B_i = D-S$ ist.*

Wenn $B_i = D-S$ ist, dann ist $D-S = B_i \subseteq B_{i+1} \subseteq D-S$, also $B_i = B_{i+1}$.
Umgekehrt gelte $B_i = B_{i+1}$ und wir nehmen an, daß $B_i \subset D-S$, folglich
$D - (S \cup B_i) \neq \emptyset$ ist. Wir fixieren ein Element $p_0 \in D - (S \cup B_i)$. Für
$j = 0,1,2,\ldots$ sei p_{j+1} ein fixiertes Element von $D - (S \cup B_i)$ mit
$\tau(p_{j+1})Fp_j$. Der Platz p_{j+1} existiert, weil $p_j \notin B_i = B_{i+1}$ ist, also ein
p' aus $D - (S \cup B_i) = D - (S \cup B_{i+1})$ mit $\tau(p')Fp_j$ existiert. Wir
erhalten also einen Bogenzug

$$\ldots p_{j+1} F\tau(p_{j+1})Fp_j \ldots p_2 F\tau(p_2)Fp_1 F\tau(p_1)Fp_0$$

innerhalb der endlichen Menge $D - (S \cup B_i)$. Es gibt also Zahlen $k < l$
mit $p_k = p_l$, im Widerspruch zur Kreisfreiheit von τ.

Aus [4] und [5] folgt

[6] *Es gibt eine Zahl $j \leq card(D-S)$ mit*

$$B_0 \subset B_1 \subset \ldots \subset B_j = D-S = B_{j+1} = \ldots$$

Durch Induktion über i zeigen wir

[7] *Zu jedem $i \geq 0$ existiert ein Wort $q_i \in L(m_0)$ derart, daß kein Wort
aus $L(m_0 + \Delta q_i)$ eine Transition aus $B_i F$ enthält.*

Anfangsschritt: $i = 0$.

Wir überlegen uns zunächst, daß gilt

[$\star$] $FB_0 \cap \tau(D-S) = \emptyset$.

Zu $t \in \tau(D-S)$ existiert ein $p' \in D-S$ mit $\tau(p') = t$. Ist nun $t \in FB_0$,
so gibt es ein $p \in B_0$ mit $\tau(p') = t F p$, was im Widerspruch zu $p \in$
steht.

Es sei nun $q = t_1 \ldots t_k \in L(m_0)$. Für $j = 1, \ldots k$ sei $m_j := m_0 + \Delta t_1 \ldots t_j$.
Wir behaupten, daß stets $m_j(B_0) \geq m_{j+1}(B_0)$ ist, also die Gesamtzahl der
Marken in B_0 beim Schalten von q nicht zunimmt.
Nehmen wir an, daß $m_j(B_0) < m_{j+1}(B_0)$ ist, dann bringt t_{j+1} Marken nach
B_0, d.h. $t_{j+1} \in FB_0$. Aus [3] folgt $t_{j+1} \in \tau(D-S)$, im Widerspruch zu [$\star$].
Jede Transition aus B_0F vermindert beim Schalten die Markenzahl in B_0
echt, in einem Wort $q \in L(m_0)$ können also höchstens $m_0(B_0)$ Stellen mit
Transitionen aus B_0F besetzt sein. Es sei q_0 ein Wort aus $L(m_0)$, in dem

die Zahl der Stellen, die mit Transitionen aus B_0F besetzt sind, maximal ist. Dann enthält kein Wort aus $L(m_0 + \Delta q_0)$ eine Transition aus B_0F.

Induktionsschritt: $i \Rightarrow i+1$.

Wir überlegen uns zuerst, daß gilt

$[\!\ast\!\ast]$ $FB_{i+1} \cap \tau(D-S) \subseteq \tau(B_i) \subseteq B_iF$.

Es sei $t \in FB_{i+1} \cap \tau(D-S)$. Dann existieren Plätze p, p' mit

$$p \in B_{i+1}, \quad tFp, \quad p' \in D-S, \quad t = \tau(p'),$$

also ist $\tau(p')Fp$. Weil $p \in B_{i+1}$ ist, gibt es keinen Platz $p'' \in D-(S \cup B_i)$ mit $\tau(p'')Fp$, folglich ist $p' \notin D-(S \cup B_i)$. Wegen $p' \in D-S$ ist demnach $p' \in B_i$, also $t \in \tau(B_i) \subseteq B_iF$.

Nach Induktionsvoraussetzung existiert ein Wort $q_i \in L(m_0)$ derart, daß kein Wort aus $L(m_0 + \Delta q_i)$ eine Transition aus B_iF enthält. Es sei nun $r = t_1 \ldots t_k \in L(m_0 + \Delta q_i)$ und $m_j^* := m_0 + \Delta q_i t_1 \ldots t_j$ für $j = 1, \ldots, k$. Wir behaupten, daß stets $m_j^*(B_{i+1}) \geq m_{j+1}^*(B_{i+1})$ ist.

Wäre nämlich $m_j^*(B_{i+1}) < m_{j+1}^*(B_{i+1})$, so hätten wir $t_{j+1} \in FB_{i+1}$, woraus mit [3] $t_{j+1} \in \tau(D-S)$ folgt. Wegen $[\!\ast\!\ast]$ ist dann $t_{j+1} \in \tau(B_i) \subseteq B_iF$, obwohl nach Wahl von q_i kein Wort r aus $L(m_0 + \Delta q_i)$ eine Transition aus B_iF enthält. Die Transitionen aus $B_{i+1}F$ vermindern beim Schalten die endliche Zahl der Marken in B_{i+1} echt, es gibt also ein Wort w aus $L(m_0 + \Delta q_i)$, in dem die Zahl der Stellen, die mit Transitionen aus $B_{i+1}F$ besetzt sind, maximal ist. Für $q_{i+1} := q_i w$ gilt dann: Kein Wort aus $L(m_0 + \Delta q_{i+1})$ enthält eine Transition aus $B_{i+1}F$. Damit ist [7] bewiesen.

[8] *Es gibt ein Wort $q_{00} \in L(m_0)$ derart, daß kein Wort aus $L(m_0 + \Delta q_{00})$ eine Transition aus DF enthält.*

Nach [6] gibt es ein j mit $B_j = D-S$. Nach [7] existiert ein Wort $q_{00} := q_j \in L(m_0)$ derart, daß kein Wort aus $L(m_0 + \Delta q_{00})$ eine Transition aus $B_jF = (D-S)F$ enthält. Nun ist $DF = (D-S)F \cup SF$ und nach [2] enthält kein Wort aus $L(m_0)$ eine Transition aus SF.

Bisher haben wir nicht gebraucht, daß unser Netz N ein homogenes *EFC*-Netz ist. Diese Eigenschaften implizieren aber, daß das nach [8] existierende Wort q_{00} das Verlangte leistet, d.h.

[9] *Alle Transitionen aus DF sind tot bei* $m_1 := m_0 + \Delta q_{00}$.

Nach [8] kommt in keinem Wort aus $L(m_1)$ eine Transition aus DF vor, es genügt also zu zeigen, daß $L_N(m_1) = L(m_1)$ ist, d.h. daß in keinem Wort aus $L_N(m_1)$ eine Transition aus $(D-S)F - \tau(D-S)$ vorkommt.

Nehmen wir an, es wäre $rt_0 \in L_N(m_1)$ mit $r \in W(T - ((D-S)F - \tau(D-S)))$ und $t_0 \in (D-S)F - \tau(D-S)$. Es sei $p_0 \in D-S$ mit $p_0 F t_0$. Weil $t_0 \notin \tau(D-S)$ ist, ist $t_1 := \tau(p_0) \neq t_0$. Die Transitionen t_0 und t_1 teilen den Vorplatz p_0, also ist $Ft_0 = Ft_1$, weil N ein EFC-Netz ist. Weil N homogen ist, gilt $t_0^- = t_1^-$. Aus $rt_0 \in L_N(m_1)$ folgt also $rt_1 \in L_N(m_1)$. Nun ist $t_1 \in \tau(D-S)$, also $t_1 \notin (D-S)F - \tau(D-S)$, d.h. $rt_1 \in L(m_1)$. Ferner ist $t_1 \in p_0 F \subseteq (D-S)F \subseteq DF$, im Widerspruch zur Wahl von q_{00}.

Damit ist der Hilfssatz 15.9 bewiesen.

Satz 15.10.

Es sei N ein homogenes EFC-Netz mit nicht-blockierender Vielfachheit. Genau dann ist N lebendig, wenn N die Deadlock-Falle-Eigenschaft hat.

Beweis. Wenn N die Deadlock-Falle-Eigenschaft hat, dann ist N lebendig nach Satz 15.6, weil jedes EFC-Netz ein ES-Netz ist. Wenn N nicht die Deadlock-Falle-Eigenschaft hat, dann gibt es ein minimalen Deadlock D, dessen maximale Falle S bei m_0 nicht ausreichend markiert ist. Nach dem Hilfssatz 15.9 ist in N eine Markierung erreichbar, bei der alle $t \in DF$ tot sind. Weil D ein minimaler Deadlock ist, hat jeder Platz in D Nachtransitionen, weil D als Deadlock nicht leer ist, gibt es also Transitionen in N, die nicht lebendig sind.

Um den Satz 14.10 aus dem Satz 15.10 zu folgern, brauchen wir, weil jeder gewöhnliche Synchronisationsgraph ein homogenes EFC-Netz mit nicht-blockierender Vielfachheit ist, nur zu zeigen, daß ein gewöhnlicher Synchronisationsgraph die Deadlock-Falle-Eigenschaft genau dann hat, wenn jeder Kreis bei m_0 markiert ist. Wir zeigen zuerst:

Satz 15.11.

Es sei D ein minimaler Deadlock in einem Petri–Netz N. Dann ist D stark–zusammenhängend, d.h. für alle $p,p' \in D$ gilt $pF^* p'$.

Beweis. Nehmen wir an, daß Plätze $p_0, p_1 \in D$ derart existieren, daß nicht $p_1 F^* p_0$ gilt. Wir betrachten die Menge $D' := \{\, p \mid p \in D \ \wedge \ pF^* p_0 \,\}$. Es ist $p_0 \in D'$, $p_1 \notin D'$ und $\emptyset \neq D' \subset D$. Es sei $t \in FD'$, dann gibt es ein $p \in D'$ mit $tFpF^* p_0$. Wegen $t \in Fp \subseteq FD \subseteq DF$ gibt es ein $p^* \in D$ mit $p^* Ft$. Wegen $tF^* p_0$ ist $p^* F^* p_0$, also $p^* \in D'$, d.h. $t \in D'F$. D' ist also ein Deadlock, der echt in D enthalten ist, im Widerspruch zur Minimalität von D.

Folgerung 15.11.

1. *Jeder Deadlock eines gewöhnlichen Synchronisationsgraphen N enthält einen Kreis.*

2. *Jeder minimale Deadlock eines gewöhnlichen Synchronisationsgraphen N ist die Platzmenge eines elementaren Kreises.*

3. *Die Platzmenge eines elementaren Kreises in einem gewöhnlichen Synchronisationsgraphen ist (minimaler) Deadlock und Falle zugleich.*

4. *Die maximale Falle in einem minimalen Deadlock eines gewöhnlichen Synchronisationsgraphen ist dieser Deadlock selbst.*

5. *Ein gewöhnlicher Synchronisationsgraph hat dann und nur dann die Deadlock–Falle–Eigenschaft, wenn bei seiner Anfangsmarkierung jeder Kreis markiert ist.*

Für homogene *EFC*–Netze mit nicht–blockierender Vielfachheit hat die Lebendigkeit die Monotonie–Eigenschaft:

Satz 15.12.

Es sei N ein homogenes EFC–Netz mit nicht–blockierender Vielfachheit. Wenn die Markierung m lebendig in N ist und $m' \geq m$, dann ist m' lebendig in N.

Aus der Lebendigkeit von N bei m folgt, daß mit m als Anfangsmarkierung die Deadlock-Falle-Eigenschaft erfüllt ist, wegen $m' \geq m$ ist sie dann auch bei m' erfüllt, woraus die Lebendigkeit von N bei m' folgt.

Die Deadlock-Falle-Eigenschaft ist also für große Klassen von Petri-Netzen hinreichend für die Lebendigkeit. Zur Entscheidung dieser Eigenschaft ist es notwendig, die minimalen Deadlocks des zu analysierenden Netzes mindestens soweit zu berechnen, bis man einen minimalen Deadlock gefunden hat, dessen maximale Falle nicht ausreichend markiert ist. Leider ist die Berechnung der minimalen Deadlocks kein einfaches Problem, denn es gibt Netze mit $2n$ Plätzen, die 2^n minimale Deadlocks besitzen (vgl. Abb. 11.4, Seite 121). Wir geben im folgenden ein rekursives Verfahren an, das alle minimalen Deadlocks berechnet, indem die Prozedur *Deadlocks* mit den Parametern $Q := \emptyset$ und $R := P$ (der Platzmenge des Netzes) aufgerufen wird. Hierbei sei $MINIMUM$(VAR $\mathcal{M}$: Menge von Mengen) eine Prozedur, die aus dem Mengensystem $\mathcal{M}$ alle Mengen M streicht, die eine andere Menge aus $\mathcal{M}$ echt umfassen, ferner seien OLD und DDL zwei Variable für Mengensysteme, die mit dem leeren Mengensystem initialisiert sind. Dann berechnet der Aufruf *Deadlocks*$(\emptyset, P)$ alle minimalen Deadlocks des Netzes $N = [P, T, F, V, m_0]$ und legt sie auf DDL ab. Die in OLD gespeicherten Informationen verhindern, daß Deadlocks mehrfach berechnet werden.

```
PROCEDURE Deadlocks(Q,R: Platzmenge);

VAR            D,D•,S: Platzmenge;     p: Platz;
BEGIN
   WHILE  R ≠ Ø  DO
         Wähle-p-aus-R;   R := R - {p};   D := Q ∪ {p};
         IF  ¬∃D•( D• ∈ DDL  ∧  D• ⊆ D )  THEN
             IF  FD ⊆ DF  THEN   (*  D ist Deadlock  *)
                 DDL := DDL ∪ {D};   MINIMUM(DDL);
             ELSE
                 IF  ¬∃S( S ∈ OLD  ∧  S ⊆ D )  THEN
                     Deadlocks(D, F(FD - DF) - D);
                     OLD := OLD ∪ {D};   MINIMUM(OLD);
                 END;
             END;
         END;
   END;
END Deadlocks.
```

Die maximale Falle in einer Platzmenge Q berechnet man, indem man das folgende Verfahren durchführt:

```
PROCEDURE MaxTrap(VAR Q: Platzmenge);
VAR
    S: Platzmenge;
BEGIN
   LOOP
      S := Q - F(QF - FQ);
      IF  Q = S  THEN  EXIT
      ELSE
         Q := S
      END;
   END;
END MaxTrap.
```

Wir werden im nächsten Abschnitt sehen, daß die minimalen Deadlocks eines Netzes von Interesse nicht nur im Zusammenhang mit der Deadlock-Falle-Eigenschaft sind. Wenn man sich nur für diese interessiert, kann man natürlich die Berechnung der maximalen Falle und den Test, ob in dieser Falle ein Platz ausreichend markiert ist, in die Berechnung der Deadlocks integrieren und diese abbrechen, sobald eine maximale Falle nicht ausreichend markiert ist.

Literatur

Hack, M., Analysis of Production Schemata by Petri Nets. MIT Project MAC Techn. Rep. 94 (1972), Cambridge, Mass.

Sandring, S., Starke, P., A Note on Liveness in Generalized Petri Nets. Ann. Soc. Math. Polonae, Ser. IV: FUNDAMENTA INFORMATICAE V.2 (1982) 217 -232.

16. Dekomposition

Mit Hilfe der Deadlock-Falle-Eigenschaft gelingt es, für große Klassen
von Netzen die Lebendigkeit zu beweisen, über die Beschränkheit wird
dabei nicht ausgesagt. Strukturelle Methoden zum Nachweis von
Lebendigkeit und Sicherheit bzw. Beschränktheit beruhen auf der Idee,
das gegebene Netz als Überlagerung (Komposition) von lebendigen und
sicheren Netzteilen aufzufassen. Hierbei dienen Zustandsmaschinen als
Prototypen lebendiger und beschränkter Netze (vgl. Abschnitt 14). Wir
beschränken uns daher in diesem Abschnitt auf die Betrachtung
gewöhnlicher zusammenhängender Netze. In vielen Fällen ist auch die
Anfangsmarkierung nicht von Bedeutung, so daß wir mit Netzstrukturen $N =
[P,T,F]$ arbeiten können.

Definition 16.1.

Es sei $N = [P,T,F]$ ein Netz.

(1) $N' = [P',T',F']$ wird als *Unternetz von N* bezeichnet, wenn $[P',T',F']$
ein Netz und $P' \subseteq P$, $T' \subseteq T$, sowie $F' \subseteq F \cap [(P \times T) \cup (T \times P)]$ ist.

(2) N' heißt *Teilnetz von N*, wenn N' ein Unternetz von N und
$$F' = F \cap [(P \times T') \cup (T' \times P')]$$
ist.

(3) Das *von einer nichtleeren Platzmenge* $Q \subseteq P$ *in N erzeugte Teilnetz* N_Q
ist gegeben als Teilnetz $N_Q := [Q,T',F']$ von N mit $T' := FQ \cup QF$.

(4) Ist $N' = [P',T',F']$ ein Teilnetz von N und $FP' = T' = P'F$, so wird
N' *Komponente von N* genannt.

(5) Eine Komponente N' von N heißt *ZM-Komponente* (bzw. *SZZM-Komponente*),
wenn N' eine Zustandsmaschine (und stark-zusammenhängend) ist.

Ein Unternetz eines gegebenen Netzes besteht also aus einigen Plätzen,
einigen Transitionen und einigen Bögen des Netzes, enthält aber nur
solche Bögen, die Knoten des Unternetzes miteinander verbinden. Ein

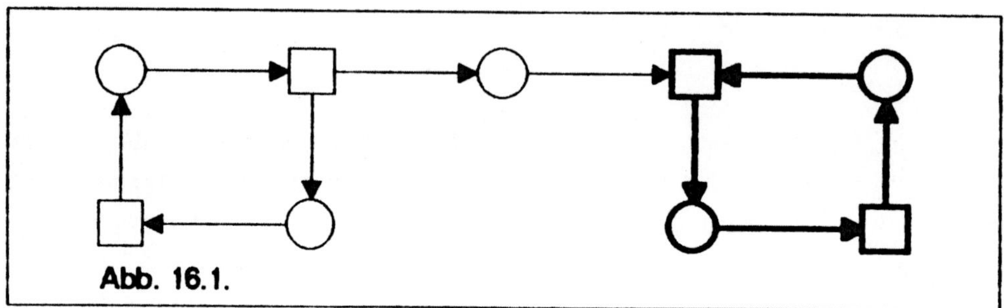

Teilnetz enthält dagegen alle Bögen des Netzes, die Knoten des Unternetzes verbinden. In der Abbildung 16.1 ist ein Unternetz hervorgehoben. Dieses Unternetz ist offensichtlich ein Teilnetz und sogar eine (von seiner Platzmenge im Gesamtnetz erzeugte) Komponente. Weil es darüberhinaus Zustandsmaschine und stark-zusammenhängend ist, handelt es sich sogar um eine *SZZM*-Komponente.

SZZM-Komponenten spielen deshalb eine wichtige Rolle in unseren weiteren Überlegungen, weil jede stark-zusammenhängende Zustandsmaschine eine lebendige und sichere Markierung besitzt, jede Markierung mit genau einer Marke leistet das Verlangte.

Jede Komponente eines Netzes $N = [P,T,F]$ ist das von ihrer Platzmenge $Q \subseteq P$ in N erzeugte Teilnetz N_Q. Deshalb können wir Komponenten, die ja durch ihre Platzmenge eindeutig bestimmt sind, mit ihrer Platzmenge identifizieren und von Platzmengen als Komponenten sprechen.

Folgerung 16.1.
Jede Komponente von N ist Deadlock und Falle in N.

Satz 16.2.
Jede SZZM-Komponente von N ist ein minimaler Deadlock von N.

Beweis. Es sei $N_Q = [Q,T',F]$ eine *SZZM*-Komponente von $N = [P,T,F]$, dann ist $T' = QF = FQ$. Nehmen wir an, daß Q kein minimaler Deadlock in N ist, dann gibt es eine Menge D mit $\emptyset \neq D \subset Q$ mit $FD \subseteq DF$. Weil N_Q eine stark-zusammenhängende Zustandsmaschine ist, gibt es Plätze p,p' und ein $t \in T$ mit $p \in Q - D$, $p' \in D$, $pF't$ und $tF'p'$. Also ist $t \in FD \subseteq DF$, d.h. es gibt ein $p'' \in D$ mit $p''F't$. Weil N_Q eine Zustandsmaschine ist, folgt aus $pF't$, $p''F't$ und $p,p'' \in Q$, daß $p = p''$ ist, im Widerspruch zu $p \notin D$.

Umgekehrt wissen wir aus 15.11, daß jeder minimale Deadlock stark-zusammenhängend (aber natürlich nicht notwendig Zustandsmaschine) ist. Deshalb ist es zweckmäßig, die Berechnung der *SZZM*-Komponenten im Zusammenhang mit der Entscheidung der Deadlock-Falle-Eigenschaft vorzunehmen. Man berechnet zu erst alle minimalen Deadlocks, danach die zugehörigen maximalen Fallen. Für die minimalen Deadlocks, die mit ihren maximalen Fallen übereinstimmen, ist dann noch zu prüfen, ob sie als Teilnetze Zustandsmaschinen sind, in diesem Fall handelt es sich um minimale *SZZM*-Komponenten.

Folgerung 16.3.

1. *Jede SZZM-Komponente ist eine minimale Komponente.*

2. *Ist* $N = [P,T,F,1,m_0]$ *ein gewöhnliches Petri-Netz und hat* N *die Deadlock-Falle-Eigenschaft, dann sind bei* m_0 *alle SZZM-Komponenten von* N *markiert.*

Die Aussage 16.3.2 deutet daraufhin, daß Zusammenhänge mit der Lebendigkeit bestehen, wenn jeder Platz des Netzes in einer *SZZM*-Komponente liegt.

Definition 16.2.

Es sei $N = [P,T,F]$ ein Netz.

(1) Eine Menge $\mathcal{N} = \{N_1,...,N_k\}$ von Teilnetzen $N_i = [P_i,T_i,F_i]$ von N heißt *Überdeckung von* N, wenn jeder Knoten und jeder Bogen von N in einem der Teilnetze N_i vorkommt, d.h.

$$P = \bigcup_{i=1}^{k} P_i, \qquad T = \bigcup_{i=1}^{k} T_i \quad \text{und} \quad F = \bigcup_{i=1}^{k} F_i \text{ ist.}$$

(2) Das Netz N wird *ZM–überdeckbar* genannt, wenn es eine Überdeckung $\mathcal{N}$ von N gibt, die nur aus *ZM*-Komponenten besteht.

(3) N heißt *ZM–dekomponierbar*, wenn es eine Überdeckung $\mathcal{N}$ von N gibt, die nur aus *SZZM*-Komponenten besteht.

Das Netz in der Abbildung 16.1 ist nicht *ZM*–überdeckbar, der mittlere Platz liegt in keiner *ZM*–Komponente. Da dieses Netz ein Synchronisationsgraph ist, ist sein Dual eine Zustandsmaschine, also auch *ZM*–überdeckbar. In einer Komponente hat jede Transition einen Vorplatz und einen Nachplatz, folglich gilt

Folgerung 16.4.

1. *Ist $\mathcal{N}$ eine Menge $\{N_1,\ldots,N_k\}$ von Komponenten $N_i = [P_i,T_i,F_i]$ von N mit $P = \bigcup_{i=1}^{k} P_i$, dann ist $\mathcal{N}$ eine Überdeckung von N, d.h. es gilt $T = \bigcup_{i=1}^{k} T_i$ und $F = \bigcup_{i=1}^{k} F_i$.*
2. *Jedes ZM–dekomponierbare Netz ist ZM–überdeckbar.*
3. *Ist Q eine ZM–Komponente von N, so ist der charakteristische Vektor y_Q von Q mit $y_Q(p) := \begin{cases} 1, & falls \ p \in Q, \\ 0, & sonst; \end{cases}$ eine P–Invariante von N.*
4. *Wenn N ZM–überdeckbar ist, dann ist N bei jeder Anfangsmarkierung beschränkt (also strukturell beschränkt).*

Die Umkehrungen dieser Aussagen gelten nicht. Wichtig für die Analyse der *ZM*–Überdeckbarkeit ist die Tatsache, daß man sich bei der Konstruktion von *ZM*–Überdeckungen auf minimale *ZM*–Komponenten beschränken kann:

Satz 16.5.

Wenn N ZM–überdeckbar ist, dann existiert eine Überdeckung von N, die nur minimale ZM–Komponenten enthält.

Beweis. Wir nehmen an, daß der Platz p^* in keiner minimalen *ZM*-Komponente von N liegt. Weil N *ZM*–überdeckbar ist, liegt p^* in einer

ZM–Komponente, die nicht minimal ist. Es sei Q eine kleinste *ZM*–Komponente, die $p^{\bullet}$ enthält, d.h. keine *ZM*–Komponente, die $p^{\bullet}$ enthält, ist echt in Q enthalten. Es sei ferner Q' die Vereinigung aller minimalen *ZM*–Komponenten, die in Q enthalten sind. Weil Q nicht minimal ist, ist $Q' \neq \emptyset$ und $p^{\bullet} \in Q^{\ast} := Q - Q' \subset Q$. Wir zeigen, daß $Q^{\ast}$ eine *ZM*–Komponente ist, im Widerspruch zur Wahl von Q.

Es sei $t \in FQ^{\ast} \subseteq FQ$. Dann hat t genau einen Vorplatz p in Q. Wenn dieser Platz zu Q' gehören würde, wäre $t \in Q'F$ und der einzige Nachplatz von t in Q, das ist $p^{\bullet}$, würde zu Q' gehören, weil Q' Komponente ist. Also ist p aus $Q^{\ast}$, d.h. $t \in Q^{\ast}F$. Analog zeigt man $Q^{\ast}F \subseteq FQ^{\ast}$.

Die Bedeutung der Aussage 16.5 besteht darin, daß es ihrzufolge ausreicht, die minimalen *SZZM*–Komponenten eines Netzes zu berechnen, um seine *ZM*–Dekomponierbarkeit zu entscheiden. Die Berechnung der minimalen *ZM*–Komponenten, die zur Entscheidung der *ZM*–Überdeckbarkeit erforderlich ist, läßt sich nicht auf die Berechnung der minimalen Deadlocks zurückführen, weil eine *ZM*–Komponente, die nicht stark–zusammenhängend ist, kein minimaler Deadlock ist.

Betrachten wir das Netz in der Abbildung 16.2. Dieses Netz besitzt zwei stark–zusammenhängende *ZM*–Komponenten, nämlich $Q_1 := \{p_4, p_5\}$ und $Q_2 := \{p_1, p_2, p_3, p_6\}$, es ist also *ZM*–dekomponierbar. Bei der angegebenen Markierung ist jede *ZM*–Komponente markiert, aber das Netz ist nicht lebendig, es besitzt überhaupt keine lebendige Markierung (aber es ist

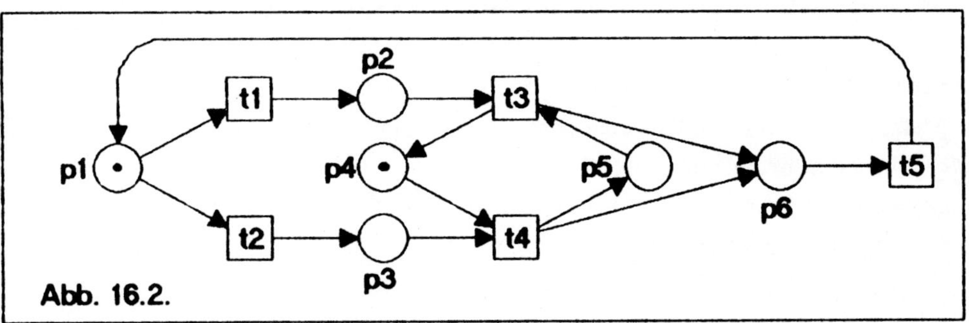

Abb. 16.2.

sicher und FC-Netz). Die ZM-Dekomponierbarkeit ist also nicht hinreichend für die Lebendigkeit.

Definition 16.3.

Es sei $N = [P,T,F]$ ein ZM-dekomponierbares Netz.

(1) Jede Abbildung $\alpha\colon T \Rightarrow FT$ mit $\alpha(t) \in Ft$ (für alle $t \in T$) wird *Vorplatzauswahl in N* genannt.

(2) Ein Teilnetz $N' = [P',T',F']$ von N bzw. die Platzmenge P' heißen *ausgewählt bei der Vorplatzauswahl* α, wenn für alle Nachtransitionen $t \in P'F$ stets $\alpha(t) \in P'$ ist.

(3) Das Netz N wird ZM-*auswählbar* genannt, wenn bei jeder Vorplatzauswahl α in N eine $SZZM$-Komponente ausgewählt ist.

Im Netz der Abb. 16.2 ist α mit $\alpha(t_1) := p_1$, $\alpha(t_2) := p_1$, $\alpha(t_3) := p_4$, $\alpha(t_4) := p_3$, $\alpha(t_5) := p_6$ eine Vorplatzauswahl. Es ist $Q_1 F = \{t_3, t_4\}$, aber $\alpha(t_4) = p_3 \notin Q_1$, also ist Q_1 nicht ausgewählt bei α. Ferner ist $t_3 \in Q_2 F$, aber $\alpha(t_3) = p_4 \notin Q_2$, also ist auch Q_2 nicht ausgewählt bei α. Unser Netz ist folglich nicht ZM-auswählbar. Wir werden zeigen, daß ZM-auswählbare Netze lebendige Markierungen besitzen. Dazu bedarf es einiger Vorbereitungen.

Hilfssatz 16.6.

Ist $N = [P,T,F]$ ZM-dekomponierbar und D ein Deadlock in N, dann gibt es eine Vorplatzauswahl α in N derart, daß für jede $SZZM$-Komponente S von N gilt: Wenn S bei α ausgewählt ist, dann ist $S \subseteq D$.

Beweis. Für eine beliebige nichtleere Platzmenge Q sei $Infl(Q)$ die Vereinigung aller $SZZM$-Komponenten S mit $SF \cap QF = \emptyset$. Weil N ZM-dekomponierbar ist, ist $Infl(Q)$ nicht leer. Als Vereinigung von $SZZM$-Komponenten (also Deadlocks) ist $Infl(Q)$ ein Deadlock in N und das von $Infl(Q)$ in N erzeugte Teilnetz ist ZM-dekomponierbar.

Wir setzen jetzt

$$Q_0 := D, \qquad Q_{i+1} := Infl(Q_i) \qquad (i = 0,1,\ldots)$$

Aus der Definition ist klar, daß aus $Q_i = Q_{i+1}$ stets $Q_i = Q_{i+j}$ für alle j folgt. Weil N ZM-dekomponierbar ist, gilt $Q_0 \subseteq Q_1$, weil das von Q_1 in N erzeugte Teilnetz ebenfalls ZM-dekomponierbar ist, gilt $Q_1 \subseteq Q_2$, usw. Weil P eine endliche Menge ist, existiert ein k mit

$$Q_0 \subset Q_1 \subset \ldots \subset Q_k = Q_{k+1} = \ldots$$

Dabei sind alle Q_i Deadlocks. Weil N als zusammenhängend vorausgesetzt und ZM-dekomponierbar ist, ist N stark-zusammenhängend, folglich ist $Q_k = P$. Wir definieren jetzt schrittweise die gesuchte Vorplatzauswahl α wie folgt:

1.Schritt: Zu $t \in Q_0 F$ sei $\alpha(t) \in Q_0$ beliebig fixiert.

$(i+1)$-ter Schritt: Zu $t \in Q_i F - (Q_0 F \cup \ldots \cup Q_{i-1} F)$ sei $\alpha(t) \in Q_i$ beliebig fixiert.

Weil $Q_k = P$ und $PF = T$ ist, ist α nach $k+1$ Schritten auf T definiert. Nach Konstruktion sind die Mengen Q_0, Q_1, , Q_k ausgewählt bei α.

Es sei nun S eine $SZZM$-Komponente von N, die bei α ausgewählt ist. Wir zeigen, daß für alle i mit $0 \leq i \leq k-1$ aus $S \subseteq Q_{i+1}$ stets $S \subseteq Q_i$ folgt. Mit $S \subseteq P = Q_k$ ergibt sich daraus $S \subseteq Q_0 = D$.

Aus $S \subseteq Q_{i+1} = Infl(Q_i)$ folgt, weil S eine $SZZM$-Komponente ist, daß $SF \cap Q_i F \neq \emptyset$ ist. Für jede Transition $t \in SF \cap Q_i F$ ist $\alpha(t)$ aus S, weil S ausgewählt ist und aus Q_i, weil Q_i ausgewählt ist bei α, also gilt $\alpha(t) \in S \cap Q_i$. Weil S und Q_i Deadlocks sind, sind alle Vortransitionen von $\alpha(t)$ auch Nachtransitionen von S und Q_i, d.h. $F\alpha(t) \subseteq SF \cap Q_i F$. Alle Plätze p_n, von denen ein Bogenzug der Form

$$p_n = \alpha(t_n) F t_n F p_{n-1} = \alpha(t_{n-1}) F \ldots F p_1 = \alpha(t_1) F t_1 \in SF \cap Q_i F$$

zu einer Transition t_1 aus $SF \cap Q_i F$ führt, liegen also in $S \cap Q_i$. Weil S stark-zusammenhängend ist, gilt also $S \subseteq S \cap Q_i$, d.h. $S \subseteq Q_i$.
Damit ist der Hilfssatz 16.6 bewiesen.

Als nächstes wollen wir den Hilfssatz 14.19 von ES-Netzen auf ZM-auswählbare Netze übertragen. Dazu benötigen wir einen weiteren Hilfssatz.

Hilfssatz 16.7.

Es sei $N = [P,T,F,1,m_0]$ ein gewöhnliches Petri-Netz, $Q = \{p_1,\ldots,p_n\} \subseteq P$ mit $n \geq 2$ derart, daß

1. jeder Platz aus Q eine bei m_0 lebendige Vortransition besitzt,   und

2. bei jeder Markierung $m \in R_N(m_0)$ ein Platz aus Q sauber ist.

Dann gibt es ein stark-zusammenhängendes Unternetz $N' = [P',T',F']$ von N, das Zustandsmaschine ist und mindestens zwei Plätze aus Q enthält.

Wir führen den Beweis durch Induktion über n. Im Anfangsschritt ist also $n = 2$, $Q = \{p_1,p_2\}$.

Wir wählen zu p_1 und p_2 je eine lebendige Vortransition t_1 bzw. t_2. Die beiden Transitionen sind verschieden, sonst wäre nach einem Schalten von $t_1 = t_2$ eine Markierung m erreicht mit $m(p_1) > 0$ und $m(p_2) > 0$, im Widerspruch zu Voraussetzung 2.

Es sei m_1 eine von m_0 erreichbare Markierung, die durch Schalten von t_1 entsteht, es ist also $m_1(p_1) > 0$.

Es existiert ein Bogenzug von p_1 zu einem Vorplatz von t_2 in N, d.h. es gilt $p_1 F^* t_2$, sonst könnte die bei m_1 lebendige Transition t_2 geschaltet werden, ohne eine Marke von p_1 abzuziehen, d.h. es wäre eine Markierung erreichbar, bei der p_1 und p_2 markiert sind.

Aus Symmetriegründen existiert auch ein Bogenzug von p_2 zu einem Vorplatz von t_1, es gibt also in N einen Kreis durch die Bögen $[t_1,p_1]$ und $[t_2,p_2]$. Weil die Transitionen t_1 und t_2 lebendig sind, sind alle Transitionen auf diesem Kreis lebendig.

Es sei $p^{(1)} \, F \, t^{(1)} \, F \, p^{(2)} \, \ldots \, p^{(k)} \, F \, t^{(k)} \, F \, p^{(k+1)}$ ein Kreis in N mit

(a) $p^{(1)} = p^{(k+1)} = p_1$, $t^{(k)} = t_1$, $t^{(r)} = t_2$, $p^{(r+1)} = p_2$ $(1 \leq r < k)$,

(b) alle Transitionen $t^{(i)}$ sind lebendig bei m_0, und

(c) k ist minimal gewählt.

Wir betrachten das Unternetz $N' = [P',T',F']$ mit

$$P' := \{p^{(1)},\ldots,p^{(k)}\}, \quad T' := \{t^{(1)},\ldots t^{(k)}\},$$
$$F' := \{[p^{(1)},t^{(1)}],[t^{(1)},p^{(2)}],\ldots,[p^{(k)},t^{(k)}],[t^{(k)},p^{(1)}]\}.$$

Offenbar ist N' stark-zusammenhängend und enthält mindestens zwei Plätze aus Q, es bleibt zu zeigen, daß N' eine Zustandsmaschine ist.

Wir nehmen an, daß t^* eine Transition aus T' ist, die zwei Vorplätze $p^{(i)}$ und $p^{(j)}$ in N' hat, dann ist $t^* = t^{(i)} = t^{(j)}$. Hierbei sei $i < j$ und i minimal gewählt. Wir betrachten den Bogenzug

$$p^{(i+1)} \; F \; t^{(i+1)} \; F \; \ldots \; F \; p^{(j)} \; F \; t^{(j)}.$$

Wenn der Platz p_2 nicht auf diesem Zug liegt, dann ist k nicht minimal:

$$p^{(1)} \; F \; t^{(1)} \; F \; \ldots \; F \; p^{(i)} \; F \; t^{(i)} = t^{(j)} \; F \; p^{(j+1)} \; F \; \ldots \; F \; t^{(k)} \; F \; p^{(1)}$$

ist ein kürzerer Kreis. Demnach ist $i < r \le j$ und

$$p^{(1)} \; F \; t^{(1)} \; F \; \ldots \; F \; p^{(i)} \; F \; t^{(i)} \quad \text{ist ein Zug von } p_1 \text{ nach } t^{(i)},$$
$$p^{(r)} \; F \; t^{(r)} \; F \; \ldots \; F \; p^{(j)} \; F \; t^{(j)} \quad \text{ist ein Zug von } p_2 \text{ nach } t^{(j)}.$$

Wir behaupten, daß diese Züge nur $t^* = t^{(i)} = t^{(j)}$ gemeinsam haben. Beide Züge haben keine weitere Transition gemeinsam, weil i minimal gewählt wurde. Wenn beide Züge einen Platz gemeinsam haben, dann ist k nicht minimal, ein Zug von diesem Platz nach t^* kann eingespart werden.

Zu jeder Markierung, bei der t^* konzessioniert ist, muß es also eine Vorgängermarkierung geben, bei der p_1 und p_2 markiert sind; die Lebendigkeit von t^* widerspricht also der Voraussetzung 2.

Analog zeigt man, daß die Existenz einer Transition t^* mit zwei Nachplätzen in N' die Existenz disjunkter Züge von t^* nach p_1 und nach p_2 impliziert, was ebenfalls im Widerspruch zu 2. steht. Folglich ist N' eine Zustandsmaschine.

Im Induktionsschritt schließen wir von n auf $n{+}1$. Wenn es eine von m_0 erreichbare Markierung m derart gibt, daß bei jeder von m erreichbaren Markierung m' höchstens ein Platz aus Q markiert ist, dann wenden wir die Induktionsvoraussetzung auf $Q' := \{p_1, \ldots, p_n\}$ an.

Anderenfalls ist von jeder Markierung $m \in R_N(m_0)$ eine Markierung m' erreichbar, bei der wenigstens zwei Plätze aus Q markiert sind. Für alle $m \in R_N(m_0)$ sei

$$pairs(m) := \{[p,p'] \mid p,p' \in Q \; \wedge \; p \ne p'$$
$$\wedge \; \exists m'(m' \in R_N(m) \; \wedge \; m'(p) \cdot m'(p') > 0)\}.$$

Für $m \in R_N(m_0)$ ist $pairs(m) \ne \emptyset$ und es gilt

$$m_1 \; [\ast > \; m_2 \; \Rightarrow \; pairs(m_1) \supseteq pairs(m_2).$$

Daher gibt es Plätze $p \ne p'$ aus Q und eine Markierung $m^* \in R_N(m_0)$ mit

$$\forall m'(m' \in R_N(m^*) \; \Rightarrow \; \exists m'(m' \in R_N(m) \; \wedge \; m'(p) \cdot m'(p') > 0)).$$

Mit gegebenem p, p' transformieren wir das Netz N in das Netz $N'' :=$ $[P'', T'', F'', 1, m^{**}]$ mit $P'' := P \cup \{p_0\}$, $T'' := T \cup \{t_0, t_{00}\}$,

$$F'' := F \cup \{[p, t_0], [p', t_0], [t_0, p_0], [p_0, t_{00}], [t_{00}, p], [t_{00}, p']\},$$

$$m^{**}(p) := \begin{cases} m^*(p), & \text{falls } p \in P, \\ 0, & \text{falls } p = p_0. \end{cases}$$

Wir setzen $Q^* := \{p_0\} \cup (Q - \{p, p'\})$. Offenbar sind die Voraussetzungen 1. und 2. für N^* und Q^* erfüllt und Q^* enthält n Plätze. Wir wenden die Induktionsvoraussetzung auf N^* und Q^* an und erhalten ein Unternetz von N^*, das zwei Plätze aus Q^* enthält und eine stark-zusammenhängende Zustandsmaschine ist. Wenn p_0 einer der beiden Plätze ist, dann liegt entweder p oder p' ebenfalls in diesem Unternetz, man kann also den durch t_0 und t_{00} laufenden Kreis aus dem Unternetz entfernen und erhält ein Unternetz von N, das starkzusammenhängende Zustandsmaschine ist und zwei Plätze aus Q enthält, was zu beweisen war.

Hilfssatz 16.8.

Es sei $N = [P, T, F, 1, m_0]$ ein ZM-auswählbares Petri-Netz und $m \in MAX(N)$. Dann hat jede bei m tote Transition einen bei m toten Vorplatz.

Beweis. Wir nehmen an, daß t^* eine bei m tote Transition ist, die keinen bei m toten Vorplatz hat. Dann sei Q die Menge aller Vorplätze von t^*, die eine lebendige Vortransition besitzen, darunter sind alle bei m sauberen Plätze. Weil t^* tot ist, hat Q mindestens zwei Elemente.

N und Q erfüllen die Voraussetzungen von Hilfssatz 16.7, es gibt also ein Unternetz $N' = [P', T', F']$ von N, das stark-zusammenhängende Zustandsmaschine ist und zwei Plätze p_1, p_2 aus Q enthält. Wir setzen

$$Q_0 := P',$$
$$Q_{i+1} := \text{Infl}(Q_i),$$

und definieren eine Vorplatzauswahl α wie beim Beweis des Hilfssatzes 16.6. Es gilt dann

Wenn S eine SZZM-Komponente von N ist, die bei α ausgewählt ist, dann ist $S \subseteq Q_1 = \text{Infl}(P')$.

Die Aussage $S \subseteq Q_0 = P'$ erhalten wir zunächst nicht, weil Q_0 nicht notwendig Deadlock ist.

Weil N ZM-auswählbar ist, gibt es eine bei α ausgewählte *SZZM*-Komponente S, es ist also S eine Teilmenge der Vereinigung aller *SZZM*-Komponenten S' von N, für die $S'F \cap P'F \neq \emptyset$ ist.

Weil S eine *SZZM*-Komponente ist, ist S minimal, d.h. enthält keine Komponente echt, alle genannten S' sind also gleich S, folglich gilt $SF \cap P'F \neq \emptyset$.

Nach Konstruktion von α ist für $t \in SF \cap P'F$ stets $\alpha(t) \in S \cap P'$. Wir fixieren ein $t \in SF \cap P'F$ und setzen $q := \alpha(t) \in S \cap P'$. Ferner sei

$$q_0 \; F' \; t_1' \; F' \; q_1 \; F' \; t_2' \; F' \; \ldots \; F'' q_n \; F' \; t_{n+1}' \; F' \; q$$

Bogenzug in N'. Wegen $F' \subseteq F$ und $q \in S \cap P'$ ist $t_{n+1}' \in FS \cap FP'$, wegen $q_n \in P'$ ist $t_{n+1}' \in P'F$ und wegen $t_{n+1}' \in FS = SF$ ist $t_{n+1}' \in SF$. Nach Konstruktion von α ist $\alpha(t_{n+1}') \in S \cap P'$. Weil t_{n+1}' in P' nur einen Vorplatz hat, ist also $\alpha(t_{n+1}') = q_n$, d.h. wir haben $q_n \in S$.

In dieser Weise weiterschließend erhalten wir $q_0 \in S$, d.h. jeder Platz, von dem ein Bogenzug in N' nach q führt, liegt in S. Weil N' ein stark-zusammenhängendes Unternetz ist, gilt also $p_1, p_2 \in P' \subseteq S$. Das steht im Widerspruch dazu, daß S eine *SZZM*-Komponente ist, denn mit p_1, p_2 würde t^* zu S gehören und zwei Vorplätze in S haben.

Satz 16.9.

Es sei $N = [P, T, F, 1, m_0]$ *ein gewöhnliches zusammenhängendes und ZM-auswählbares Petri-Netz, bei dem alle SZZM-Komponenten bei* m_0 *markiert sind. Dann ist N lebendig.*

Beweis. Wir nehmen an, daß N nicht lebendig ist, dann enthält die Menge $MAX(N)$ wenigstens eine Markierung m mit $tot(m) \neq \emptyset$. Wir setzen

$$D := \{\, p \mid p \in F(tot(m)) \;\wedge\; \forall m^*(m^* \in R_N(m) \;\Rightarrow\; m'(p) = 0)\,\}.$$

Wie beim Beweis des Satzes 15.6 zeigt man mittels Hilfssatz 16.8, daß D ein sauberer Deadlock in N ist. Nach Hilfssatz 16.6 existiert eine *SZZM*-Komponente S von N mit $S \subseteq D$. Das steht im Widerspruch dazu, daß D sauber, aber alle *SZZM*-Komponenten bei m_0 und folglich auch bei m markiert sind.

Aus dem Beweis ergibt sich

Folgerung 16.10.

1. *Es sei N = [P,T,F,1,m_0] ein gewöhnliches zusammenhängendes und ZM-auswählbares Petri-Netz. Dann besitzt N eine lebendige Markierung.*

2. *Es sei N = [P,T,F,1,m_0] ein gewöhnliches zusammenhängendes und ZM-auswählbares Petri-Netz, bei dem alle SZZM-Komponenten bei m_0 markiert sind. Dann hat N die Deadlock-Falle-Eigenschaft.*

Betrachten wir das Beispiel in der Abbildung 16.3. Dieses Netz hat zwei SZZM-Komponenten, die von den Platzmengen $\{p_1,p_3\}$ und $\{p_2,p_4\}$ erzeugt werden, es ist also ZM-dekomponierbar. Es gibt genau zwei verschiedene Vorplatzauswahlen α_1 und α_2, denn t_3 ist die einzige Transition mit zwei Vorplätzen; sei $\alpha_1(t_3) := p_1$ und $\alpha_2(t_3) := p_2$. Dann wählt α_1 die von

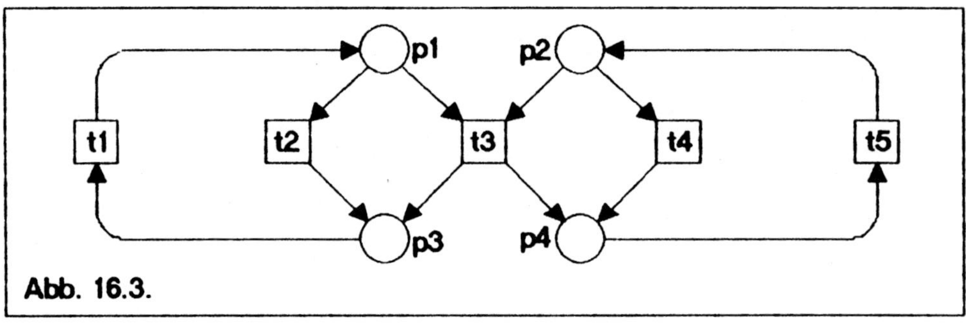

$\{p_1,p_3\}$ und α_2 die von $\{p_2,p_4\}$ erzeugte ZM-Komponente aus. Das Netz ist also ZM-auswählbar, folglich besitzt es eine lebendige Markierung, z.B. m_0 = (1,1,0,0). Mit dieser Markierung besitzt das Netz die Deadlock-Falle-Eigenschaft, woraus aber die Lebendigkeit nicht folgt, weil das Netz nicht extended simpel ist. Die Lebendigkeit folgt vielmehr aus der Tatsache, daß alle SZZM-Komponenten markiert sind.

Abschließend leiten wir noch Bedingungen für die Existenz lebendiger und sicherer Markierungen in gewöhnlichen Petri-Netzen her.

Hilfssatz 16.11.

Ist N = [P,T,F,1,m_0] lebendig und sicher und entsteht m aus m_0 durch

Streichen einer Marke, dann ist N nicht lebendig bei m.

Beweis. Beim Übergang von m_0 zu m sei die Marke auf dem Platz p gestrichen worden: $m(p) = 0$, $m_0(p) = 1$. Nach 14.3 hat p eine Nachtransition t. Wenn t nicht tot bei m ist, dann gibt es ein Wort w aus $L_N(m)$ mit $t^- \leq m + \Delta w$, also mit $\Delta w(p) \geq 1$. Weil $m_0 \geq m$ ist, kann w auch bei m_0 geschaltet werden und es ist $(m_0 + \Delta w)(p) \geq 2$, im Widerspruch zur Sicherheit von N.

Satz 16.12.
Es sei $N = [P,T,F,1,m_0]$ ein lebendiges und sicheres EFC-Netz. Dann ist N ZM-dekomponierbar und bei m_0 enthält jede SZZM-Komponente genau eine Marke.

Beweis. Nach dem Satz 15.10 hat N die Deadlock-Falle-Eigenschaft, jeder Deadlock enthält eine bei m_0 markierte Falle. Wenn eine Marke aus m_0 gestrichen wird, ist N nicht mehr lebendig, d.h. die maximale Falle eines Deadlocks ist sauber. Folglich ist jede Marke die einzige Marke in der maximalen Falle eines minimalen Deadlocks.
Wir zeigen jetzt, daß in einem EFC-Netz jedes durch einen minimalen Deadlock erzeugte Teilnetz keine Transition enthält, die in diesem Teilnetz mehr als einen Vorplatz hat.
Nehmen wir an, daß D ein minimaler Deadlock und $Ft \cap D = \{p_1,...,p_n\}$ ist. Weil N EFC-Netz und $t \in p_1F \cap p_jF \neq \emptyset$ ist, gilt $p_1F = p_jF$ für alle $j = 1,...,n$. Wir betrachten $D' := D - \{p_2,...,p_n\}$. Aus $p_1F = p_jF$ folgt $DF = D'F$, also $FD' \subseteq FD \subseteq DF = D'F$, d.h. D' ist Deadlock. Aus der Minimalität von D folgt $n = 1$.
Weil in N jedes durch einen minimalen Deadlock erzeugte Teilnetz keine Transition enthält, die in diesem Teilnetz mehr als einen Vorplatz hat, kann sich die Zahl der Marken in der maximalen Falle eines minimalen Deadlocks beim Schalten von Transitionen nicht verringern.
Jedes durch die maximale Falle eines minimalen Deadlocks erzeugte Teilnetz von N enthält keine Transition mit mehr als einem Nachplatz in diesem Teilnetz, denn jedes Schalten einer solchen Transition würde die

Markenzahl in dieser Falle irreversibel erhöhen, im Widerspruch zur Sicherheit.

Wir betrachten die maximale Falle S in einem minimalen Deadlock D. Es ist also $SF \subseteq FS$. Nehmen wir an, daß $t \in FS - SF$ ist. Jedes Schalten von t bringt Marken in S ein, ohne dort Marken zu entnehmen, erhöht also die Markenzahl in S irreversibel. Weil N lebendig ist, steht das im Widerspruch zur Sicherheit. Also ist $FS = SF$ und damit $D = S$.

Damit ist gezeigt, daß in einem lebendigen und sicheren EFC-Netz jeder minimale Deadlock eine ZM-Komponente ist. Weil jeder minimale Deadlock stark-zusammenhängend ist, ist er sogar $SZZM$-Komponente. Folglich ist jede Marke die einzige Marke in einer $SZZM$-Komponente.

Aus der Lebendigkeit von N folgt die Platzlebendigkeit. Weil jeder Platz immer wieder markiert werden kann, muß jeder Platz in einer $SZZM$-Komponente liegen, also ist N ZM-dekomponierbar.

Hilfssatz 16.13.

In einem gewöhnlichen EFC-Netz, das keine lebendige und sichere Markierung besitzt, ist jede lebendige Markierung unbeschränkt.

Beweis. Für beliebige Markierungen m sei $m^{(+)}$ die Markierung mit

$$m^{(+)}(p) := \begin{cases} 1, & \text{falls } m(p) > 0, \\ 0, & \text{sonst.} \end{cases}$$

Ist N lebendig bei m, so ist N nach dem Satz 15.10 auch lebendig bei $m^{(+)}$. Weil m nicht sicher ist, ist von m aus eine Markierung m_1 erreichbar, die einem Platz mindestens zwei Marken zuweist. Von der lebendigen Markierung $m_1^{(+)}$ aus ist eine Markierung m_2 erreichbar, die ebenfalls einem Platz mindestens zwei Marken zuweist, usw. Den Übergang von der Markierung m_i zu $m_i^{(+)}$ kann man sich als ein "Festkleben" aller Marken bis auf eine auf dem jeweiligen Platz vorstellen. Auf diese Weise sammeln sich in N unbeschränkt viele Marken an.

Die Aussage 16.13 gilt nicht schon für ES-Netze, als Beispiel betrachte man das Netz in der Abbildung 15.3 (Seite 166). Weil jedes

ZM-dekomponierbare Netz bei jeder Anfangsmarkierung beschränkt ist, folgt aus 16.13

Folgerung 16.14.
Jedes ZM-dekomponierbare EFC-Netz, das eine lebendige Markierung besitzt, besitzt eine lebendige und sichere Markierung.

Damit erhalten wir

Satz 16.15.
Ein EFC-Netz $N = [P,T,F,1,m_0]$ ist genau dann lebendig und sicher, wenn
(1) *N durch SZZM-Komponenten überdeckt ist, die bei m_0 je genau eine Marke enthalten. und*
(2) *jeder minimale Deadlock eine markierte SZZM.Komponente ist.*

Aus den vorausgegangenen Aussagen ist die Notwendigkeit der Bedingungen (1) und (2) klar. Aus (2) folgt, daß N die Deadlock-Falle Eigenschaft hat, folglich ist *N* lebendig, also nach 16.14 lebendig und sicher.

Folgerung 16.16.
Ein gewöhnliches EFC-Netz besitzt genau dann eine lebendige und sichere Markierung, wenn es ZM-dekomponierbar ist und jeder minimale Deadlock eine SZZM-Komponente ist.

Literatur

Hack, M., Extended State-Machine Allocatable Nets (ESMA), an Extension of Free Choice Petri Net Results. MIT, Project MAC, Computation Structures Group Memo 78-1 (1978).
Jantzen, M., Valk, R., Formal Properties of Place/Transition Nets. LNCS 84 (1980) 165 - 212.

17. Zeitbewertete Netze

In diesem und den folgenden beiden Abschnitten postulieren wir die Existenz und Verfügbarkeit einer Zeitskala im modellierten System, ungeachtet der Einwände, die wir dagegen im Abschnitt 3 erhoben haben. Mit anderen Worten, die hier für zeitbewertete Netze dargestellten Ergebnisse haben natürlich ihre Berechtigung, ihre Anwendbarkeit ist aber sozusagen auf makroskopische Verhältnisse beschränkt, d.h. auf Bedingungen, unter denen Gleichzeitigkeit mit hinreichender Genauigkeit festgestellt werden kann.

Im täglichen Leben wird das Eintreffen eines Signals als pünktlich betrachtet, wenn es weniger als eine Minute von dem Signal der zentralen Zeitskala (von der Zentraluhr produziert) abweicht. Hierbei kann man offensichtlich von der Endlichkeit der Ausbreitungsgeschwindigkeit dieser Signale (also der Lokalität ihrer Wirkungen) im allgemeinen absehen.

Zeitkonzeptionen für Petri-Netze sind zunächst hauptsächlich für die Zwecke der Simulation eingeführt worden. Dabei geht es darum, dem Verhalten des Netzmodells eine zeitliche Struktur aufzuprägen, die Zeitbedingungen (zum Beispiel Wartezeiten, Bearbeitungszeiten, ...) im betrachteten System berücksichtigt. Durch Simulationsläufe können dann die Auswirkungen von Veränderungen dieser Zeitbedingungen (in Richtung auf eine Optimierung des Systems) beurteilt werden. Diesen ganzen Fragenkomplex werden wir hier nicht behandeln, sondern uns lediglich mit der Analyse zeitbewerteter Petri-Netze hinsichtlich solcher Eigenschaften wie Lebendigkeit, Rücksetzbarkeit und Beschränktheit befassen.

Fragen dieser Art treten beim Entwurf von Kommunikationsprotokollen auf. Eine Modellierung von Kommunikationsprotokollen ohne Anwendung von Zeitbewertungen ist nicht möglich, weil hier Zeitbedingungen (Ablauf von Wartezeiten auf Nachrichten) eine wesentliche Rolle spielen. Eine Analyseaufgabe kann zum Beispiel darin bestehen festzustellen, ob das Protokoll unter allen Bedingungen, wie etwa dem Verlust von Nachrichten oder der Verdoppelung von Quittungen, ohne Eingriff in den Normalbetrieb zurückkehren kann oder sogar eine unbeeinflußte Kommunikation aufrecht erhalten kann.

Zeitbewertung für Petri-Netze bedeutet Zeitbewertung der Netzelemente, hier besteht ein breites Spektrum, das alle Netzelemente erfasst und in dem Bewertungen fast beliebig kombiniert werden können. Was in vielen Veröffentlichungen nicht klar definiert wird, ist die Schaltstrategie, insbesondere wie die Konflikte gelöst werden (manchmal werden die Netze auch als persistent vorausgesetzt, ohne daß das explizit gesagt wird).

Als Netzelemente verstehen wir Plätze, Transitionen, Bögen und Marken. Beginnen wir mit der Zeitbewertung von Marken. *Zeitbewerte Marken* haben zwei Zustände, nämlich "nicht verfügbar" und "verfügbar". Die beim Schalten einer Transition erzeugten Marken kommen im Zustand "nicht verfügbar" auf den Nachplätzen der Transition an. In diesem Moment startet eine von der zentralen Uhr des Netzes synchronisierte innere Uhr der Marke und nach Ablauf einer z.B. von der geschalteten Transition abhängigen Zeit wechselt die Marke ihren Zustand in "verfügbar". Die Zeitspanne zwischen den beiden Zuständen kann fest (deterministisch) gewählt sein oder einen statistischen Gesetz folgen. In diesem Fall spricht man auch von stochastischen Petri-Netzen. Nur Marken, die sich im Zustand "verfügbar" befinden, können verwendet werden, um Transitionen zu schalten. Die Marken sind also nach ihrem Eintreffen auf dem jeweiligen Platz für eine gewisse Zeitspanne festgeklebt. Die Marken der Anfangsmarkierung gelten beim Start des Netzes bereits als verfügbar.

Netze mit zeitbewerteten Marken werden im allgemeinen unter der Sofort–Schaltregel betrachtet, d.h. eine Transition, die in einem Moment Konzession erhält, muß in diesem Moment schalten, also die gerade verfügbar gewordenen Marken von ihren Vorplätzen abziehen. Wenn zwei Transitionen gleichzeitig Konzession erhalten, aber in einem Konflikt stehen, ist nicht bestimmt, welche von beiden schaltet. Wie bei der Maximum–Schaltregel wird also in jedem Zeitpunkt eine (bzgl. Inklusion) maximale Menge nebenläufig konzessionierter Transitionen geschaltet.

Wenn alle Marken, die von einer Transition bei einem Schaltvorgang produziert werden, stochastisch oder deterministisch die gleiche Zeitspanne zwischen den Zuständen "nicht verfügbar" und "verfügbar" mit auf dem Weg bekommen, kann man die Zeitbewertung dahingehend vereinfachen, daß die Zeitspanne der Transition als *Schaltdauer* zugeordnet wird. Hierbei wird die Transition mit einer inneren Uhr versehen, die im Moment des (gleichzeitigen) Abziehens der Marken von den Vorplätzen gestartet wird. Nach Ablauf der Schaltdauer werden die entsprechenden Marken auf die Nachplätze entlassen. Statt die Marken auf den Nachplätzen für eine Zeitspanne festzukleben, werden sie bei dieser Konzeption sozusagen in Inneren der Transition für eine Weile festgehalten.

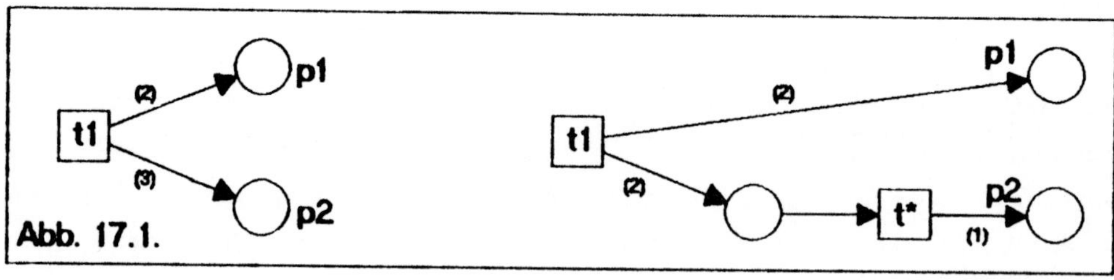

Mit Netzen dieses Typs werden wir uns im nächsten Abschnitt eingehender beschäftigen. Dies bedeutet zunächst keine Einschränkung gegenüber dem allgemeinen Fall der zeitbewerteten Marken, weil man durch Einfügen weiterer Transitionen und Plätze in das gegebene Netz erreichen kann, daß alle Marken, die von einer Transition erzeugt werden, dieselbe Zeitspanne haben. Betrachten wir als Beispiel die Transition t_1 im linken Teil der Abbildung 17.1 und nehmen an, daß die Marke, die sie auf den Platz p_1 sendet zwei Zeiteinheiten bis zu ihrer Verfügbarkeit, die nach p_2 gesendete Marke aber drei Zeiteinheiten braucht. Im rechten Teil der Abbildung sind in den Bogen für die Marke, die drei Zeiteinheiten braucht, ein neuer Platz und eine neue Transition t^* eingetragen, die Marken mit der Verfügbarkeitsdauer 1 erzeugt.

Wenn alle Marken, die – woher auch immer – auf demselben Platz eintreffen, stets die gleiche Zeit brauchen bis sie verfügbar werden, kann man diese Zeitspanne einfacher dem jeweiligen Platz als *Verweilzeit* zuordnen. Die Verweilzeit ist also die Zeit, die zwischen dem Eintreffen einer Marke auf einem Platz und ihrer Verfügbarkeit vergeht, für diese Zeit verweilt die Marke mindestens auf dem Platz.

Eine zweite Möglichkeit, Zeitbewertung für Transitionen vorzunehmen, bieten die *Schaltintervalle*. Jeder Transition sind zwei nicht negative Zahlen *eft* ("earliest firing time") und *lft* ("latest firing time") mit *eft* $\leq$ *lft* zugeordnet. Wenn die Transition im Zeitpunkt τ Konzession bekommt, dann darf sie frühestens im Zeitpunkt τ + *eft* schalten und muß spätestens im Zeitpunkt τ + *lft* schalten, wenn sie nicht inzwischen die Konzession verloren hat. Hier wird also nicht die Sofort-Schaltregel angewendet, sondern der Zwang zum Schalten ist auf das Intervallende verlagert. Solche Netze werden als *Zeit-Netze* im Abschnitt 19 behandelt.

Schließlich hat auch die Zeitbewertung von Bögen eine gewisse Bedeutung für die Anwendungen in der Steuerungstechnik gefunden. Hierbei geht es um die *Durchlässigkeit* von Bögen, die zu einer Transition führen, und um die *Verzögerungszeit* von Bögen, die zu einem Platz führen.

Betrachten wir einen Bogen vom Platz p zur Transition t. Diesem Bogen kann eine nichtnegative Zahl x als *eft* oder als *lft* zugeordnet sein. Wird nun die Transition t zum Zeitpunkt τ konzessioniert und x ist als *eft* zugeordnet, so kann t frühestens zum Zeitpunkt τ + x schalten.

Durch andere Eingangsbögen kann der Schaltzeitpunkt weiter eingeschränkt werden. Ist dagegen x als *lft* zugeordnet worden, so kann t höchstens bis zum Zeitpunkt $\tau + x$ schalten. Die Zeitbewertung kann also verhindern, daß eine Transition überhaupt schalten kann, etwa wenn sie zwei Eingangsbögen hat, von denen einer mit 2 als *eft* und einer mit 1 als *lft* bewertet ist. Ein Zwang zum Schalten wird nicht ausgeübt.

Die Bewertung eines Bogens von einer Transition t zu einem Platz p erfolgt mit einer Verzögerungszeit x, wenn die Transition t zum Zeitpunkt τ schaltet, erscheint die Marke auf dem Platz p zum Zeitpunkt $\tau + x$. Dies kann man natürlich auch leicht über die Verfügbarkeit modellieren.

Unter dem Aspekt der Modellierung von Systemen erscheint die Zuordnung von Zeiten zu den Transitionen am sinnvollsten, denn die Transitionen modellieren die Aktionen, und die können Zeit kosten, während die Plätze Hilfsmittel zur Modellierung von Zuständen, also statischer Gegebenheiten sind. Es ist deshalb nicht verwunderlich, daß hauptsächlich für Zeitbewertungen von Transitionen theoretische Ausarbeitungen vorliegen. Darauf gehen wir in den folgenden Abschnitten näher ein.

Literatur

König, R., Quäck, L., Petri-Netze in der Steuerungstechnik. Verlag Technik Berlin, 1988.

International Workshop on Timed Nets, Torino 1985. Computer Society Press 1985.

18. Netze mit Schaltdauer

In diesem Abschnitt betrachten wir Petri-Netze, deren Transitionen eine Schaltdauer zugeordnet ist. Die von einer Transition modellierte Aktion wird nicht mehr als momentan angesehen, sondern es wird angenommen, daß zu ihrer Ausführung ein nicht zuvernachlässigender Zeitbetrag verbraucht wird. Damit entstehen neue Probleme, die insbesondere die Lösung von Konflikten bzw. ihr Auftreten betreffen. Wir haben von einer Konfusion als einer Situation gesprochen, in der nicht entschieden werden kann, ob ein Konflikt objektiv auftritt. Durch eventuell mit unterschiedlicher Geschwindigkeit arbeitende Systemteile können solche Konfusionen aufgelöst und Konflikte einseitig entschieden werden, so daß ein lebendiges Netz unter Zeitbewertung Verklemmungen aufweist.

Wir werden hier annehmen, daß die Ausführungszeiten der Aktionen positive rationale Zahlen sind. Die Einschränkung auf rationale Zahlen ist dabei für die Praxis ohne Bedeutung, wir lassen aber auch keine Transitionen mit der Dauer 0 zu.

Wenn man Transitionen mit der Dauer 0 erlaubt, ergeben sich große Schwierigkeiten festzulegen, was der Zustand des Netzmodells in einem bestimmten Zeitpunkt ist. Nehmen wir an, die Transition t erhält im Zeitpunkt τ Konzession und hat die Dauer 0. Nach der Sofort-Schaltregel muß t im Zeitpunkt τ schalten, sind also die Vorplätze von t im Zeitpunkt τ noch markiert oder schon die Nachplätze? Was geschieht, wenn es im Netz zu t eine Transition t' gibt, die genau die umgekehrte Wirkung wie t hat (d.h. $\Delta t' = -\Delta t$) und ebenfalls die Dauer 0, d.h. wo sind die Marken dann zu lokalisieren? In einige Anwendungen versucht man diesem Problem durch scharfe strukturelle Voraussetzungen z.B. dahingehend zu entgehen, daß keine echte T-Invariante existiert, deren Träger nur Transitionen mit der Dauer 0 enthält. In diesem Fall wird die

Schaltregel so geändert, daß Transitionen mit der Dauer 0, sofern sie Konzession haben, vor allen anderen geschaltet werden (also mit höchster Priorität versehen) solange, bis eine Markierung erreicht ist, bei der keine derartige Transition Konzession hat. Das Netzmodell durchläuft dabei eine Reihe sogenannter *transienter* Zustände.

Wir nehmen weiter an, daß die Ausführungszeit der Aktionen fest gegeben ist, also nicht z.B. datenabhängig oder statistisch bestimmt ist. Damit grenzen wir uns von dem sich entwickelnden Bereich der *stochastischen Petri–Netze* ab. Die in diesem Bereich angewendeten Verfahren basieren auf dem Übergang vom Netzmodell zu einer Markoffschen Kette und fallen damit aus dem in diesem Buch dargestellten Begriffsrahmen heraus. Allerdings werden wir Bedingungen dafür angeben, daß ein Netz unabhängig von den Ausführungszeiten lebendig bleibt.

Definition 18.1.
Als *D–Netz* bezeichnen wir ein Paar $[N,D]$, wo $N = [P,T,F,V,m_0]$ ein Petri–Netz und D eine Abbildung ist, die jedem $t \in T$ eine positive rationale Zahl zuordnet.

Das Schalten in *D*–Netzen erfolgt nach der *Sofort–Schaltregel*, d.h. in jedem Moment wird eine maximale Menge nebenläufig konzessionierter Transitionen geschaltet. Dabei lassen wir nicht zu, daß Transitionen nebenläufig zu sich selbst schalten. Eine Transition kann also erst dann einen neuen Schaltvorgang beginnen, wenn der vorige abgeschlossen ist, auch dann, wenn schon genug Marken für das nächste Schalten auf den Vorplätzen liegen.

Ohne Beschränkung der Allgemeinheit können wir annehmen, daß alle Zeiten $D(t)$ ganzzahlig sind. Wir können nämlich alle Zahlen $D(t)$ mit dem kleinsten gemeinsamen Vielfachen der Nenner dieser (gekürzten) Brüche multiplizieren, das bedeutet, daß wir die Zeitskala des Netzmodells mit diesem Faktor strecken. Dabei ändert das Gesamtverhalten des Netzmodells seine Eigenschaften nicht.

Definition 18.2.

Es sei $[N,D]$ ein D-Netz. Ein Paar $[m,u]$ wird *Zustand von* $[N,D]$ genannt, wenn m eine Markierung von N ist und $u: T \Rightarrow \mathbb{N}$ eine Abbildung ist, die jeder Transition t von N eine natürliche Zahl $u(t) < D(t)$ zuordnet. Der *Anfangszustand von* $[N,D]$ ist $[m_0,0]$, wobei $0(t) = 0$ für alle $t \in T$ ist.

Ein Zustand eines D-Netzes ist also gegeben zum einen durch die aktuelle Markierung, zum anderen durch den Schaltzustand der Transitionen, der durch den Vektor u beschrieben wird. Ist $u(t) = 0$, so ist die Transition im gegebenen Zustand nicht aktiv, d.h. nicht im Schalten begriffen (in ihrem Innern befinden sich keine Marken). Ist $u(t) > 0$, dann ist diese Transition aktiv, und zwar hat sie den aktuellen Schaltvorgang zum Zeitpunkt $\tau - u(t)$ begonnen, wenn der betrachtete Zustand in Zeitpunkt τ vorliegt. Weil dieser Schaltvorgang nach $D(t)$ Zeiteinheiten abgeschlossen ist, muß $u(t) < D(t)$ sein.

Bei D-Netzen, wo D nur ganzzahlige Werte hat (und auf solche beschränken wir uns hier), kann sich der Zustand nur zu (bezogen auf den Startzeitpunkt) ganzzahligen Zeitpunkten ändern, nur zu solchen Zeitpunkten können Marken auf Plätzen eintreffen oder von dort abgezogen werden. Wir können also unseren Betrachtungen eine diskrete Zeitskala $\tau = 0,1,2,\ldots$ zugrunde legen.

Wichtig ist, daß der Zustandsbegriff die Zeit nicht explizit enthält. Dadurch ist es möglich, daß im Netzmodell zu verschiedenen Zeitpunkten derselbe Zustand vorliegen kann. Das mit den Erreichbarkeitsgraphen verbundene Begriffssystem wird ebenfalls anwendbar.

Definition 18.3.

Eine Menge U von Transitionen eines D-Netzes $[N,D]$ heißt *Schritt beim Zustand* $[m,u]$, wenn folgendes gilt:

(a) Für alle $t \in U$ ist $u(t) = 0$;

(b) Wenn $U = \emptyset$ ist, dann ist $u \neq 0$;

(c) $U^- := \sum_{t \in U} t^- \leq m$;

(d) Keine Menge $U' \subset U$ erfüllt (a), (b) und (c).

Schritte sind also maximale Mengen von bei m nebenläufig konzessionierten Transitionen, die nicht im Schalten begriffen sind. Die leere Menge gilt wegen (b) nur dann als Schritt, wenn Transitionen noch im Schalten begriffen sind. In der Forderung (a) kommt zum Ausdruck, daß Transitionen nicht nebenläufig zu sich selbst schalten dürfen.

Definition 18.4.

Es sei U ein Schritt beim Zustand $[m,u]$ im D-Netz $[N,D]$. Das *Schalten von U* beim Zustand $[m,u]$ im Zeitpunkt τ führt zum Zustand $[m',u']$ zum Zeitpunkt $(\tau+1)$, wobei

$$m' := m - U^- + \sum_{t \in U,\ D(t)=1} t^+ + \sum_{u(t)=D(t)-1} t^+,$$

und, für $t \in T$,

$$u(t) := \begin{cases} 1, & \text{falls } t \in U \ \wedge \ D(t) > 1; \\ u(t)+1, & \text{falls } t \notin U \ \wedge \ 0 < u(t) < D(t)-1; \\ 0, & \text{sonst.} \end{cases}$$

Wir schreiben dafür auch $[m,u][U > [m',u']$ und definieren die Erreichbarkeitsrelation $[*>$ analog zur Definition 2.6 für Zustände von D-Netzen. Für einen Zustand z bezeichnet $R_{[N,D]}(z)$ die Menge aller von z in $[N,D]$ erreichbaren Zustände.

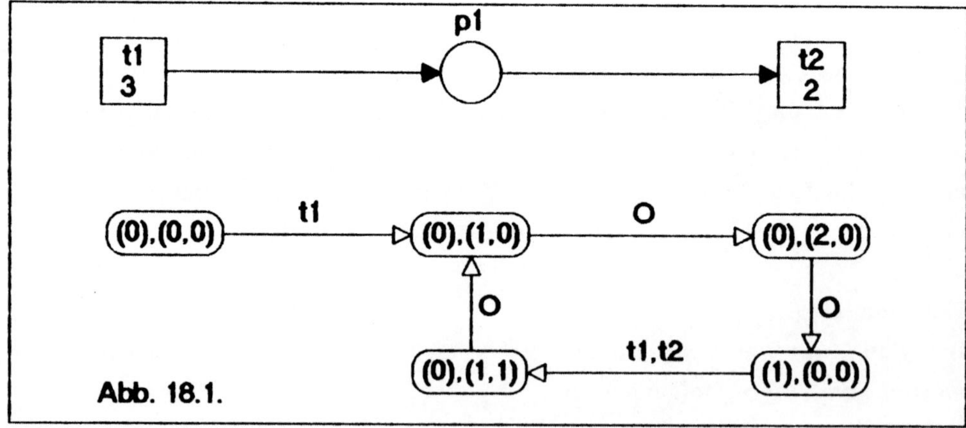

Die Abbildung 18.1 zeigt ein einfaches D-Netz mit $D(t_1) = 3$, $D(t_2) = 2$ und seinen Erreichbarkeitsgraphen. Im Anfangszustand $z_0 = [(0),(0,0)]$

hat allein die Transition t_1 Konzession, $\{t_1\}$ ist ein Schritt in diesem Zustand. Durch Schalten entsteht (einen Takt später) der Zustand $[(0),(1,0)]$, d.h. p_1 ist immer noch sauber, die Uhr der Transition t_1 zeigt $u(t_1) = 1 < 2 = D(t_1)$, es ist also ein Takt seit dem Beginn des Schaltvorganges vergangen und t_2 hat nicht Konzession. Die leere Menge ist ein Schritt bei diesem Zustand, weil $u \neq 0$ ist (und der einzige). Durch Schalten von $\emptyset$ entsteht (einen Takt später) der Zustand $[(0),(2,0)]$, bei dem die leere Menge ebenfalls der einzige Schritt ist. Durch Schalten von $\emptyset$ entsteht $[(1),(0,0)]$, t_1 hat seine Aktivität beendet, p_1 ist markiert und die Menge $\{t_1,t_2\}$ ist der einzige Schritt. Durch Schalten dieses Schrittes entsteht $[(0),(1,1)]$. In diesem Zustand sind beide Transitionen aktiv, also ist $\emptyset$ der einzige Schritt, durch den das Netz in den Zustand $[(0),(2,0)]$ zurückkehrt, denn t_2 hat seine Aktivität schon beendet. Man sieht an diesem Beispiel, daß ein unbeschränktes Petri-Netz bei einer passenden Zeitbewertung (die Konsumption der Marken durch t_2 erfolgt schneller als ihre Produktion durch t_1) eine endliche Erreichbarkeitsmenge haben kann.

Folgerung 18.1.

1. *Wenn für alle $t \in T$ stets $D(t) = 1$ ist, dann gilt für alle in $[N,D]$ erreichbaren Zustände $[m,u]$, daß $u = 0$ ist; die Zustände sind also bereits durch die Markierung charakterisiert.*

2. *Jedes D-Netz $[N,D]$ mit $D = 1$ hat denselben Erreichbarkeitsgraphen wie das Petri-Netz N unter der Maximum-Schaltregel.*

Die Aussage 18.1.2 ergibt sich daraus, daß bei $D = 1$ die leere Menge niemals ein Schritt ist und Marken sich niemals über einen Takt innerhalb von Transitionen aufhalten können. Dieses Ergebnis kann durch eine Netzkonstruktion auf beliebige Zeitbewertungen D erweitert werden.

Die Idee der Konstruktion besteht darin, daß jede Transition t mit einer Dauer $D(t) \geq 2$ durch ein Teilnetz ersetzt (man sagt dazu auch *verfeinert*) wird, in dem nur Transitionen mit der Dauer 1 vorkommen. Man spaltet die Transition t dazu in zwei Transitionen t_{anf} und t_{end} auf, zwischen die man eine Kette $D(t)-1$ von Plätzen und $D(t)-2$ (Hilfs-)

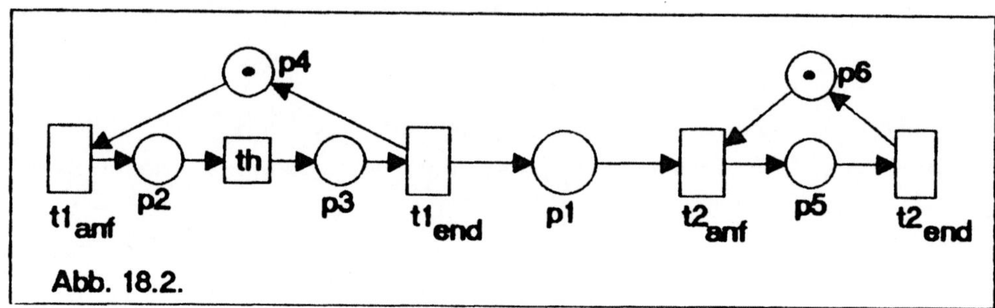

Transitionen einfügt. In der Abbildung 18.2 ist das für unser Netz in der Abbildung 18.1 durchgeführt. Die markierten Plätze p_4 und p_6 verhindern dabei, daß eine der Transitionen t_1, t_2 einen neuen Schaltvorgang beginnt, bevor der alte beendet ist.

Offensichtlich kann diese Konstruktion automatisch von einem Rechner vorgenommen werden. Damit ist es möglich, ein Analyseprogramm, das den Erreichbarkeitsgraphen von Petri-Netzen unter der Maximum-Schaltregel berechnet, auch zur Analyse von D-Netzen zu benutzen, denn offensichtlich sind solche Eigenschaften wie Lebendigkeit und Beschränktheit invariant gegenüber dieser Konstruktion.

Definition 18.5.

(1) Ein D-Netz $[N,D]$ wird *beschränkt* genannt, wenn nur endlich viele Zustände von seinem Anfangszustand erreichbar sind.

(2) Eine Transition t von $[N,D]$ heißt *lebendig beim Zustand z*, wenn von jedem Zustand $z' \in R_{[N,D]}(z)$ ein Zustand $z'' = [m'',u'']$ mit $t^- \leq m''$ erreichbar ist.

(3) Eine Markierung m wird *erreichbar (vom Zustand z) in $[N,D]$* genannt, wenn ein Zustand der Form $[m^*,u^*]$ mit $m^* = m$ in $[N,D]$ (von z) erreichbar ist.

Weil diese Eigenschaften für Petri-Netze unter der Maximum-Schaltregel unentscheidbar sind, ergibt sich

Folgerung 18.2.

1. *Erreichbarkeit, Beschränkheit und Lebendigkeit sind unentscheidbar für D–Netze.*

2. *Jede in $[N,D]$ (vom Anfangszustand) erreichbare Markierung ist überdeckbar in N.*

3. *Wenn N beschränkt ist, dann ist für alle Zeitbewertungen D das D–Netz $[N,D]$ beschränkt.*

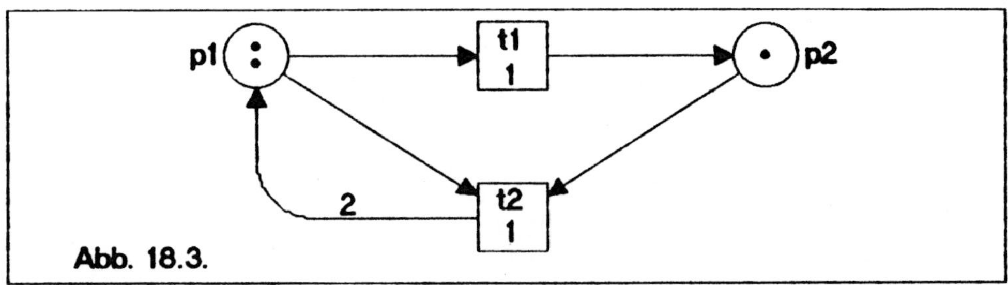

Abb. 18.3.

Wir haben oben ein Beispiel dafür kennengelernt, daß die Umkehrung von 18.2.3 nicht gilt. Betrachten wir das Netz in der Abbildung 18.3. Es ist $D = 1$ und $z_0 = [(2,1),(0,0)]$ ist der Anfangszustand. Bei z_0 ist $\{t_1,t_2\}$

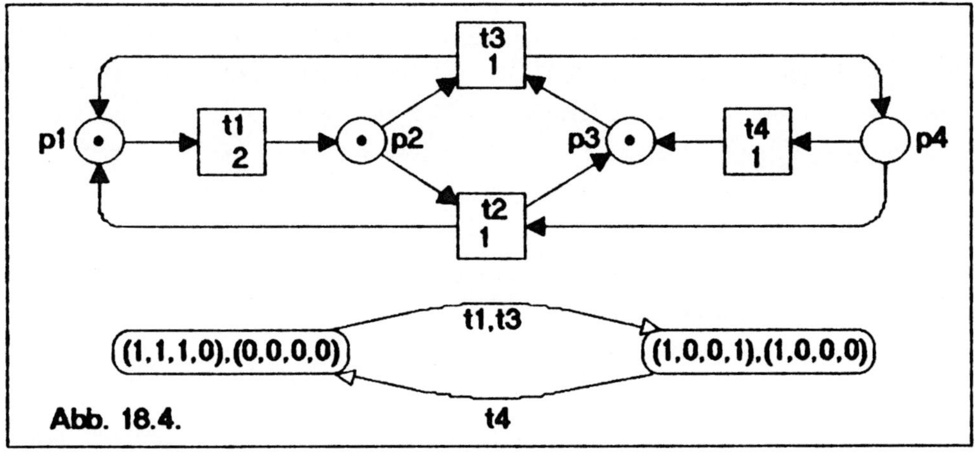

Abb. 18.4.

der einzige Schritt und dieser Schritt überführt z_0 in sich. Folglich ist dieses D-Netz lebendig, obwohl das unterliegende Petri-Netz nicht lebendig ist. Die Abbildung 18.4 zeigt ein D-Netz und seinen Erreichbarkeitsgraphen. Dieses D-Netz ist nicht lebendig (t_2 ist tot bei z_0), aber das unterliegende Petri-Netz ist lebendig. Man kann also weder aus der Lebendigkeit noch aus der Nicht-Lebendigkeit eines Petri-Netzes N auf die Lebendigkeit bzw. Nicht-Lebendigkeit von $[N,D]$ schließen. Im folgenden beschäftigen wir uns mit Bedingungen, die einen solchen Schluß doch erlauben.

Definition 18.6.

Ein Petri-Netz $N = [P,T,F,V,m_0]$ heißt *zeitunabhängig lebendig*, wenn für jede Abbildung $D: T \Rightarrow \mathbf{N}^+$ das D-Netz $[N,D]$ lebendig ist.

Das Petri-Netz in der Abbildung 18.3 ist zeitunabhängig lebendig. Es sei $a := D(t_1)$ und $b := D(t_2)$. Im Anfangszustand beginnen t_1 und t_2 gleichzeitig zu schalten, dabei werden beide Plätze sauber. Wenn $a < b$ ist, dann trifft die Marke auf p_2 zuerst ein, kann aber t_2 nicht aktivieren. Erst wenn t_2 den Schaltvorgang beendet hat, sind wieder zwei Marken auf p_1 und der Anfangszustand ist wieder hergestellt. Wenn dagegen $a \geq b$ ist, dann treffen die beiden Marken auf p_1 nicht später als die Marke auf p_2 ein. Solange p_2 nicht markiert ist, kann auch t_1 nicht schalten, weil diese Transition noch aktiv ist. Folglich stellt sich auch hier der Anfangszustand wieder ein. Ein zeitunabhängig lebendiges Netz muß also nicht notwendig lebendig sein.

Definition 18.7.

Ein Petri-Netz $N = [P,T,F,V,m_0]$ heißt *co-frei*, wenn für jede von m_0 erreichbare Markierung m und beliebige bei m konzessionierte Transitionen $t_1 \neq t_2$ gilt: $\{t_1,t_2\}$ ist nicht nebenläufig bei m.

Wenn bei einer erreichbaren Markierung eines co-freien Netzes zwei Transitionen konzessioniert sind, so stehen sie im Konflikt.

Folgerung 18.3.

1. *Jede gewöhnliche Zustandsmaschine mit höchstens einer Marke ist co-frei.*

2. *Jedes Petri-Netz kann durch Einführen eines Laufplatzes (eines neuen Platzes mit genau einer Marke und einfachen Bögen hin zu und von jeder Transition) in ein co-freies Netz umgeformt werden, ohne daß sich sein Erreichbarkeitsgraph verändert.*

Satz 18.4.

Jedes lebendige und co-freie Petri-Netz ist zeitunabhängig lebendig.

Beweis. Es sei $D : T \twoheadrightarrow \mathbb{N}^{+}$ und $z = [m, u] \in R_{[N,D]}(z_0)$ ein in $[N,D]$ erreichbarer Zustand. Dann ist die Markierung $m^{*} := m + \sum_{u(t)>0} t^{+}$ im Netz N erreichbar. Daher gilt

[1] Alle Schritte U bei z haben höchstens ein Element.

Sind nämlich Transitionen $t_1 \neq t_2$ Elemente von U, dann ist, weil U Schritt bei z ist, $t_1^{-} + t_2^{-} \leq m \leq m^{*} \in R_N(m_0)$, im Widerspruch dazu, daß N co-frei ist.

[2] Wenn $u \neq 0$ ist, dann ist $\emptyset$ der einzige Schritt bei $z = [m, u]$.

Nehmen wir an, daß es Zustände $z_i = [m_i, u_i]$ und Schritte U_i bei z_i derart gibt, daß $z_0[U_0\!> z_1[U_1\!> \ldots z_k[U_k\!>z_{k+1}$ und für $i = 0,\ldots,k-1$ gilt: $u_i \neq 0 \Rightarrow U_i = \emptyset$, $u_k \neq 0$, $U_k \neq \emptyset$.

Wegen [1] enthält U_k genau ein Element, sei $U_k = \{t_k\}$. Ferner sei j das größte $i < k$ mit $U_i \neq \emptyset$. Ein solches i existiert, weil $u_k \neq 0$ ist. Für $U_j = \{t_j\}$ gilt nun

$$[m_j, u_j][\{t_j\}> [m_{j+1}, u_{j+1}][\emptyset> \ldots [\emptyset> [m_k, u_k][\{t_k\}> z_{k+1}.$$

Daraus folgt $u_j \neq 0$, $t_j^{-} \leq m_j$, $u_{j+1}(t_j) > 0$, ..., $u_k(t_j) > 0$ und $t_k^{-} \leq m_k = m_{j+1} = m_j - t_j^{-}$, also $t_k^{-} + t_j^{-} \leq m_j \leq m_j^{*} \in R_N(m_0)$, im Widerspruch dazu, daß N co-frei ist. Aus [2] folgt unmittelbar

[3] Wenn $m' \in R_N(m)$, so $[m',0] \in R_{[N,D]}([m,0])$.

Es sei nun $t \in T$ und $z = [m,u] \in R_{[N,D]}(z_0)$. Um zu zeigen, daß t lebendig im Zustand z ist, haben wir zu beweisen, daß ein $z' \in R_{[N,D]}(z)$ und ein Schritt U bei z' mit $t \in U$ existiert.

Wenn $u \neq 0$ ist, kann in $[N,D]$ ein Zustand $z'' = [m'',0]$ erreicht werden. Dabei ist $m'' \in R_N(m_0)$. Weil t lebendig in N ist, gibt es eine Markierung $m' \in R_N(m'')$ mit $t^- \leq m'$. Wegen [3] ist $[m',0] \in R_{[N,D]}(z'')$ und also auch $[m',0] \in R_{[N,D]}(z)$. Offenbar ist $U := \{t\}$ Schritt bei $[m',0]$.

Satz 18.5.

Jedes lebendige homogene ES-Netz $N = [P,T,F,V,m_0]$, bei dem jeder Platz eine Nachtransition hat, ist zeitunabhängig lebendig.

Beweis. Wir nehmen an, daß $D: T \Rightarrow \mathbb{N}^+$ eine Zeitbewertung ist, bei der $[N,D]$ nicht lebendig ist. Für jeden in $[N,D]$ erreichbaren Zustand z bezeichne $tot(z)$ die Menge aller Transitionen t, die bei keinem von z erreichbaren Zustand Konzession haben, die also tot bei z sind. Ferner sei

$$MAX := \{ z \mid z \in R_{[N,D]}(z_0) \wedge \forall z'(z' \in R_{[N,D]}(z) \Rightarrow tot(z) = tot(z'))\}.$$

Weil $[N,D]$ nicht lebendig ist, gibt es einen erreichbaren Zustand z aus MAX mit $tot(z) \neq \emptyset$. Einen solchen Zustand z fixieren wir. Offenbar ist eine Transition t genau dann lebendig bei z, wenn $t \notin tot(z)$ ist.

Es sei $t \in tot(z)$. Dann ist $Ft = \{p_1,...,p_n\}$ nicht leer und weil N ein ES-Netz ist, können wir annehmen, daß $p_1F \subseteq p_2F \subseteq ... \subseteq p_nF$ gilt. Wir behaupten (vgl. Def. 15.1)

[1] *Für jeden Zustand $z' = [m',u'] \in R_{[N,D]}(z)$ und jede Zahl i derart, daß die Plätze $p_1,...,p_{i-1}$ bei m' ausreichend markiert sind, p_i aber bei m' nicht ausreichend markiert ist, gilt $p_iF \subseteq tot(z') = tot(z)$.*

Es sei $t^* \in p_iF \subseteq p_{i+1}F \subseteq ... \subseteq p_nF$, also $p_i,...,p_n \in Ft^*$. Wenn t^* bei z' nicht tot ist, dann gibt es eine kürzeste Folge $U_1...U_k$ von Schritten, die von z' zu einem Zustand $z'' = [m'',u'']$ derart führt, daß die Plätze $p_i,...,p_n$ bei m'' ausreichend markiert sind. Wenn dabei eine Marke von einem der Plätze $p_1,...,p_{i-1}$, sagen wir p_j, durch eine Transition t^{**} entfernt wurde, dann ist $t^{**} \in p_jF \subseteq p_iF \subseteq ... \subseteq p_nF$, d.h. die Folge $U_1...U_{j-1}$ führt schon zu einem Zustand, bei dem die Plätze $p_i,...,p_n$ ausreichend markiert sind, im Widerspruch zur Minimalität von k. Im Zustand z'' sind also die Plätze $p_1,...,p_{i-1}$ immer noch ausreichend markiert, d.h. $p_1,...,p_n$ sind ausreichend markiert, im Widerspruch dazu, daß t tot bei z ist.

[2] *Jede Transition $t \in tot(z)$ hat einen Vorplatz p, der bei keinem Folgezustand $z' \in R_{[N,D]}(z)$ ausreichend markiert ist.*

Nehmen wir an, daß zu jedem Vorplatz p_i von $t \in tot(z)$ ein Zustand $z_i = [m_i, u_i] \in R_{[N,D]}(z)$ existiert, bei dem p_i ausreichend markiert ist. Wir zeigen durch Induktion über j, daß zu jedem j ein Zustand $z_j^* = [m_j^*, u_j^*] \in R_{[N,D]}(z)$ existiert, bei dem die Plätze $p_1,...,p_j$ ausreichend markiert sind.

Für $j = 1$ ist das trivial. Wenn p_{j+1} bei m_j^* ausreichend markiert ist, dann leistet $z_{j+1}^* := z_j^*$ das Verlangte. Anderenfalls ist wegen [1]
$$p_1 F \subseteq ... \subseteq p_{j+1} F \subseteq tot(z) = tot(z_j^*).$$
Weil der Platz p_{j+1} ausgehend vom Zustand z ausreichend markiert werden kann, hat p_{j+1} eine bei z und folglich bei z_j lebendige Vortransition. Daher können wir von z_j^* ausgehend einen Zustand z_{j+1}^* erreichen, bei dem p_{j+1} ausreichend markiert ist. Weil alle Nachtransitionen von $p_1,...,p_j$ tot bei z_j^* sind, bleiben diese Plätze beim Übergang zu z_{j+1}^* ausreichend markiert, d.h. dieser Zustand leistet das Verlangte.

Für $j = n$ ergibt sich, daß t Konzession bei z_n^* hat, im Widerspruch dazu, daß t tot ist.

Es sei nun D die Menge aller Plätze, die bei keinem Folgezustand von z ausreichend markiert sind. Dann ist $D \neq \emptyset$ und aus [2] folgt
$$tot(z) \subseteq DF.$$
Andererseits ist eine Transition mit einem Vorplatz, der nicht wieder ausreichend markiert werden kann, natürlich tot, es gilt also
$$tot(z) = DF.$$
Auch jede Vortransition von D ist tot bei z, anderenfalls wäre sie lebendig und könnte einen Platz aus D ausreichend markieren:
$$FD \subseteq tot(z) = FD,$$
d.h. D ist ein Deadlock in N. Die Markierung $m^* := m + \sum_{u(t)>0} t^+$ ist

erreichbar in N von m_0. Bei dieser Markierung ist kein Platz in D ausreichend markiert, sonst könnte in $[N,D]$ von $z = [m,u]$ aus ein Zustand erreicht werden, bei dem ein Platz ausreichend markiert ist. Das steht im Widerspruch zur Lebendigkeit von N, weil DF nicht leer ist.

Literatur

Ramchandani, C., Analysis of Asynchronous Concurrent Systems by Timed Petri Nets. MIT, Project MAC, Technical Report 120, Feb. 1974.

Sifakis, J., Performance Evaluation of Systems Using Nets. LNCS 84 (1980), 307 – 319.

19. ZEIT-NETZE

Dieser Abschnitt ist Petri-Netzen gewidmet, bei denen die Zeitbewertung der Transitionen durch Schaltintervalle $[\alpha,\beta]$ erfolgt, dabei sind α und β nicht negative rationale Zahlen mit $\alpha \le \beta$. Die Zahl α wird als früheste Schaltzeit (*earliest firing time*) und die Zahl β als späteste Schaltzeit (*latest firing time*) der jeweiligen Transition verstanden, d.h. das Schalten der Transition erfolgt frühestens α Zeiteinheiten und spätestens β Zeiteinheiten nach der Konzessionierung (sofern die Konzession nicht im Zeitintervall $[0,\beta]$ verloren wurde). Dabei kann $\alpha = \beta = 0$ sein, eine solche Transition muß sofort bei der Konzessionierung schalten. Auch in diesem Abschnitt lassen wir Nebenläufigkeit mit sich selbst nicht zu. Daher genügt es, jede Transition t mit genau einer Uhr auszurüsten, die abgestellt ist, solange t nicht Konzession hat, und die anderenfalls die Zeit anzeigt, die seit der Konzessionierung von t vergangen ist. Wir setzen voraus, daß alle diese Uhren von der globalen Zeitskala synchronisiert werden, d.h. daß sie alle gleich schnell laufen. Im Zustand eines Zeit-Netzes wird also neben der Markierung auch die Stellung der Uhren zu berücksichtigen sein.

Definition 19.1.
Das Tripel $Z = [N,\mathit{eft},\mathit{lft}]$ heißt *Zeit-Netz*, wenn $N = [P,T,F,V,m_0]$ ein Petri-Netz ist und *eft*, *lft* Abbildungen von T in die Menge $\mathbb{Q}^+$ der nicht negativen rationalen Zahlen derart sind, daß $\mathit{eft}(t) \le \mathit{lft}(t)$ für alle $t \in T$ gilt.

Wir haben hier die Intervallgrenzen als endlich und rational vorausgesetzt. Wenn man als obere Intervallgrenze auch ω zulässt, übt man keinen Schaltzwang mehr auf die entsprechende Transition aus. Das kann für die Modellierung bestimmter Situation von Bedeutung oder sogar notwendig sein, es sind uns aber keine Mittel zur Analyse derartiger

Zeit-Netze bekannt. Die Voraussetzung, daß die Intervallgrenzen rational sind, bringt sicher keine praktischen Einschränkungen mit sich, erlaubt es uns aber, durch eine Streckung der Zeitskala zu einem gleichwertigen Netz überzugehen, bei dem alle Werte $eft(t)$ und $lft(t)$ natürliche Zahlen sind. Dazu brauchen wir diese Zahlen nur mit dem kleinsten gemeinsamen Vielfachen aller Nenner dieser (gekürzten) Brüche zu multiplizieren. Wir setzen also im folgenden stets voraus, daß

$$eft,\ lft:\ T\ \Rightarrow\ \mathbb{N}$$

gilt. Im Unterschied zu den D-Netzen folgt daraus hier aber nicht, daß alle Zustandsänderungen zu ganzzahligen Zeitpunkten erfolgen.

Definition 19.2.

Es sei $Z = [N, eft, lft]$ ein Zeit-Netz.

(1) Eine Abbildung $u : T \Rightarrow \mathbb{Q}^+ \cup \{\ast\}$ wird *Uhrenstellung von Z bei der Markierung m* genannt, wenn für alle $t \in T$ gilt:

$$u(t) = \ast \iff t \text{ hat nicht Konzession bei } m \text{ in } N,$$
$$u(t) \neq \ast \Rightarrow 0 \leq u(t) \leq lft(t).$$

(2) Ein *Zustand von Z* ist ein Paar $z = [m, u]$, wo m eine Markierung von P und u eine Uhrenstellung von Z bei m ist.

(3) Der *Anfangszustand z_0* von Z ist das Paar $z_0 := [m_0, u_0]$, wobei

$$u_0(t) := \begin{cases} 0, \text{ falls } t^- \leq m_0, \\ \ast, \text{ sonst,} \end{cases} \text{ für alle } t \in T \text{ ist.}$$

Wenn $u(t) = \ast$ ist, sagen wir, daß die Uhr von t abgestellt ist, sonst ist $u(t)$ die von dieser Uhr angezeigte Zeit. Bei einem unseren Konventionen entsprechenden Zustand, kann diese Zeit nicht größer als $lft(t)$ sein. Ein Zustand kann sich auf zweierlei Weise verändern, durch Zeitverlauf (die Uhren rücken weiter) und durch Schalten einer Transition (ohne Zeitverbrauch).

Definition 19.3.

Es seien $z = [m, u]$ und $z' = [m', u']$ Zustände des Zeitnetzes Z.

(1) Die Transition t heißt *schaltbar im Zustand z*, wenn $t^- \leq m$ und $u(t) \geq eft(t)$ ist.

(2) Wir sagen, daß *der Zustand z durch Verlauf der Zeit τ in den Zustand*

z' übergeht (kurz: $z \xrightarrow{\tau} z'$), wenn $m = m'$ ist und für alle $t \in T$

gilt: $$u'(t) = \begin{cases} u(t) + \tau \leq lft(t), & \text{falls } u(t) \neq *, \text{ und} \\ *, & \text{sonst.} \end{cases}$$

(3) Wir sagen, daß *der Zustand z durch Schalten der Transition t^* in den Zustand z' übergeht* (kurz: $z \xrightarrow{t^*} z'$), wenn t^* schaltbar bei z ist, $m' = m + \Delta t^*$ ist und für alle $t \in T$ gilt:

$$u'(t) = \begin{cases} 0, & \text{falls } t^-\leq m' \wedge [(t=t^*) \vee \neg(t^-\leq m) \vee (t^-\leq m \wedge Ft\cap Ft^*\neq\emptyset)], \\ u(t), & \text{falls } t^-\leq m' \wedge t^-\leq m \wedge Ft\cap Ft^*=\emptyset \wedge t\neq t^*, \\ *, & \text{sonst.} \end{cases}$$

Es ist klar, daß eine Transition t nur geschaltet werden kann, wenn die dazu nötigen Marken auf ihren Vorplätzen vorhanden sind und ihre Uhr schon $eft(t)$ Zeiteinheiten gelaufen ist. Bei einer Zustandsänderung durch Zeitverlauf darf die Uhr keiner Transition t über $lft(t)$ hinauslaufen, weil t in diesem Moment schalten muß.

Es bleibt zu vereinbaren, wie sich das Schalten einer Transition t auf die Uhren der Transitionen t' auswirkt, die mit t in einem Konflikt stehen. Wir haben uns hier dafür entschieden, die Uhren der t' schon dann auf 0 zurückzustellen, wenn ein statischer Konflikt vorliegt, also t und t' einen gemeinsamen Vorplatz haben. Mit anderen Worten, wir reservieren ganze Plätze für die Konzessionierung der Transitionen. Eine andere Möglichkeit bestünde darin, im Fall, daß t schaltet und t und t' nebenläufig konzessioniert sind, aber einen gemeinsamen Vorplatz haben, die Uhr von t' einfach weiter laufen zu lassen. In der Literatur findet sich auch eine Konzeption, bei der, selbst wenn t' durch Schalten von t seine Konzession verliert, die Uhr von t' nur angehalten wird und bei der nächsten Konzessionierung weiterläuft.

Ein Zustand z ist also *erreichbar* im Zeit-Netz Z (vom Anfangszustand z_0) genau dann, wenn es Zahlen $\tau_0, \tau_1, \ldots, \tau_n \in \mathbb{Q}^+$, Transitionen $t_1, \ldots, t_n$ und Zustände $z_0', \ldots, z_n', z_1, \ldots, z_n$ gibt mit

$$z_0 \xrightarrow{\tau_0} z_0' \xrightarrow{t_1} z_1 \xrightarrow{\tau_1} z_1' \xrightarrow{t_2} \ldots \xrightarrow{t_n} z_n \xrightarrow{\tau_n} z_n' = z.$$

Wir schreiben dafür auch $z_0[\tau_0, \tau_1, \ldots, \tau_n, t_1 \ldots t_n\rangle z$. Im allgemeinen sind bei einem Zeit-Netz aus dem Anfangszustand bereits allein durch Zeitverlauf unendlich viele Zustände erreichbar. Die Menge aller Zustände ist also zum Aufbau eines Erreichbarkeitsgraphen ungeeignet.

Es gibt allerdings einen Spezialfall, bei dem Zeit gewissermaßen keine Rolle spielt. Betrachten wir ein Zeit-Netz $Z = [N, eft, lft]$, bei dem für alle $t \in T$ stets $eft(t) = lft(t) = 0$ ist. In allen Zuständen eines solchen Zeit-Netzes ist die Uhrenstellung durch die Markierung eindeutig bestimmt, $u(t)$ ist 0, wenn $t^- \leq m$ ist und gleich $\star$ sonst. Es sind also ebensoviele Zustände in Z erreichbar wie Markierungen in N. Wenn man will, kann man in diesem Sinne die Petri-Netze als Spezialfall der Zeit-Netze auffassen.

Definition 19.4.

(1) Das Zeit-Netz Z wird *beschränkt* genannt, wenn in seinen erreichbaren Zuständen nur endlich viele Markierungen auftreten.

(2) Die Transition t heißt *tot beim Zustand z*, wenn von z kein Zustand in Z erreichbar ist, bei dem t schaltbar ist.

(3) Wir bezeichnen t als *lebendig (bei z)*, wenn in Z (von z) kein Zustand erreicht werden kann, bei dem t tot ist. Das Zeit-Netz Z heißt *lebendig*, wenn alle seine Transitionen lebendig sind.

Folgerung 19.1.

1. *Wenn der Zustand $z = [m, u]$ in $Z = [N, eft, lft]$ erreichbar ist, dann ist die Markierung m in N erreichbar.*

2. *Wenn N beschränkt ist, dann ist Z beschränkt.*

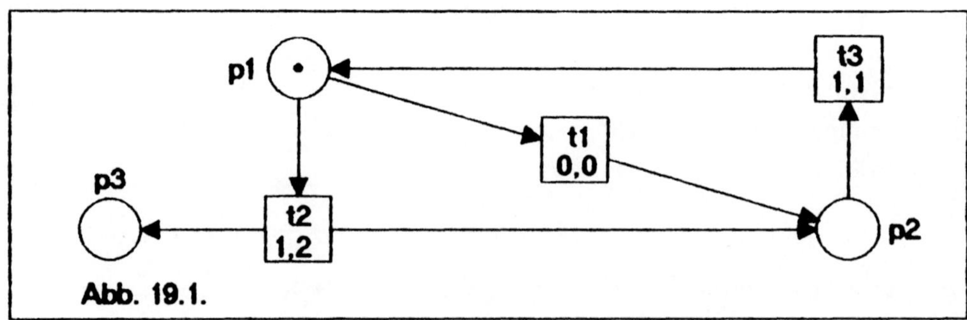

Die Umkehrung von 19.1.2   gilt nicht. Betrachten wir als Beispiel das Zeit–Netz in der Abbildung 19.1. Das zugrundliegende Petri–Netz ist offensichtlich lebendig und unbeschränkt (p_3 hat keine Nachtransition). In Z ist die Transition t_2 schon beim Anfangszustand tot. Weil $eft(t_2) = = 1 > 0 = eft(t_1)$ ist, "stiehlt" t_1 der Transition t_2 jedesmal die Marke. Daher ist Z beschränkt, obwohl N unbeschränkt ist. Das Netz in der Abbildung 18.3 (Seite 203) ist auch bei einer Bewertung aller Transitionen t mit $eft(t) = lft(t) = 1$ lebendig, obwohl das Petri–Netz keine lebendige Markierung besitzt.

Es kann also aus der Lebendigkeit des unterliegenden Petri–Netzes (wie bei D–Netzen) nicht auf die Lebendigkeit des Zeit–Netzes geschlossen werden (und umgekehrt). Demnach ist es notwendig, spezielle Verfahren zur Analyse von Zeit–Netzen zu entwickeln. Wie bei D–Netzen sind diesem Unterfangen enge Grenzen gesetzt dadurch, daß Lebendigkeit und Beschränktheit für Zeit–Netze unentscheidbar sind. Das ergibt sich daraus, daß sich mit Zeit–Netzen der Null–Test auf unbeschränkten Plätzen durchführen läßt, denn mit Hilfe der frühesten Schaltzeit kann man ja Prioritäten nachbilden (vgl. Abschnitt 10). Wir können daher eine Analyse nur für beschränkte Zeit–Netze durchführen und werden uns dabei auf einen irgenwie reduzierten Erreichbarkeitsgraphen, der nur endlich viele Knoten hat, stützen müssen.

Die Grundidee des weiteren Vorgehens besteht darin, nur die Zustände zu betrachten, bei denen die Uhren ganzzahlige Werte anzeigen, sofern sie nicht abgestellt sind.

Definition 19.5.
Ein Zustand $z = [m,u]$ heißt *integer*, wenn u eine Abbildung in $\mathbb{N} \cup \{*\}$ ist.

Wir zeigen nun, daß jeder in Z erreichbare Zustand z, der integer ist, in Z mit ganzzahligem Zeitverlauf erreichbar ist.

Satz 19.2.

Es sei $Z = [N, eft, lft]$ ein Zeit-Netz und es gelte

$$z_0 \xrightarrow[\tau_0]{t_1} z_0' \xrightarrow{} z_1 \xrightarrow[\tau_1]{t_2} z_1' \xrightarrow{} \ldots \xrightarrow{t_n} z_n \xrightarrow[\tau_n]{} z_n' = z,$$

wobei die τ_i rationale Zahlen sind und z integer ist. Dann existieren natürliche Zahlen τ_i' und Zustände z_i^*, z_i^{**} mit

$$z_0 = z_0^* \xrightarrow[\tau_0']{t_1} z_0^{**} \xrightarrow{} z_1^* \xrightarrow[\tau_1']{t_2} z_1^{**} \xrightarrow{} \ldots \xrightarrow{t_n} z_n^* \xrightarrow[\tau_n']{} z_n^{**} = z.$$

Beweis. Es sei $z_i = [m_i, u_i]$ und $z_i' = [m_i, u_i']$ für $i = 0, 1, \ldots, n$. Für eine beliebige nicht negative rationale Zahl a bezeichnen wir die größte natürliche Zahl j mit $j \le a$ durch $\lfloor a \rfloor$. Dann gilt für $a, b \in \mathbb{Q}^+$

[1]   *Wenn $a \ge b$, so $\lfloor a - b \rfloor \le \lfloor a \rfloor - \lfloor b \rfloor \le \lfloor a - b \rfloor + 1$.*

Es sei ferner $s_i := \sum_{j=0}^{i} \tau_j$ für $i = 0, 1, \ldots, n$. Es ist also s_i der Zeitpunkt in der Systemzeitskala, an dem die Transition t_{i+1} schaltet (für $i = 0, 1, \ldots, n-1$).

Schließlich setzen wir induktiv für $i = 0, 1, \ldots, n$

$$\tau_i' := \lfloor s_i - \sum_{j=0}^{i-1} \tau_j' \rfloor = \lfloor s_i \rfloor - \sum_{j=0}^{i-1} \tau_j'.$$

Wir zeigen durch Induktion über i, daß für $s_i' := \sum_{j=0}^{i} \tau_j'$ gilt

[2] $s_i' = \lfloor s_i \rfloor$.

Dabei ist im Anfangsschritt $s_0' = \tau_0' = \lfloor \tau_0 \rfloor = \lfloor s_0 \rfloor$ und beim Schluß von i auf $i+1$ ist $s_{i+1}' = s_i' + \tau_{i+1}' = s_i' + \lfloor s_{i+1} \rfloor - s_i' = \lfloor s_{i+1} \rfloor$. Folglich gilt für $1 \le k \le j \le n$

[3] $\sum_{i=k}^{j} \tau_i' = s_j' - s_{k-1}' = \lfloor s_j \rfloor - \lfloor s_{k-1} \rfloor$.

Wir zeigen jetzt, daß für $0 \le k \le j \le n$ gilt

[4]   *Wenn $\sum_{i=k}^{j} \tau_i$ eine natürliche Zahl ist, dann ist $\sum_{i=k}^{j} \tau_i' = \sum_{i=k}^{j} \tau_i$.*

Wegen [2] ist das klar für $k = 0$. Bei $k > 0$ ist wegen [3]

$$\sum_{i=k}^{j} \tau_i' = \lfloor s_j \rfloor - \lfloor s_{k-1} \rfloor = \lfloor \sum_{i=0}^{k-1} \tau_i + \sum_{i=k}^{j} \tau_i \rfloor - \lfloor \sum_{i=0}^{k-1} \tau_i \rfloor =$$

$$= \lfloor \sum_{i=0}^{k-1} \tau_i \rfloor + \lfloor \sum_{i=k}^{j} \tau_i \rfloor - \lfloor \sum_{i=0}^{k-1} \tau_i \rfloor = \sum_{i=k}^{j} \tau_i.$$

Ferner gilt für $0 \le k \le j \le n$

[5] $|\sum_{i=k}^{j} \tau_i| \le \sum_{i=k}^{j} \tau_i' \le |\sum_{i=k}^{j} \tau_i| + 1.$

Wegen [2] ist das klar für $k = 0$. Bei $k > 0$ genügt es wegen [3] zu zeigen

$$|s_j - s_{k-1}| \le |s_j| - |s_{k-1}| \le |s_j - s_{k-1}| + 1.$$

Wegen $s_j \ge s_{k-1}$ folgt das aus [1].

Wir zeigen jetzt, daß es Zustände z_i^*, z_i^{**} gibt mit

$$z_0 = z_0^* \xrightarrow[\tau_0']{} z_0^{**} \xrightarrow{t_1} z_1^* \xrightarrow[\tau_1']{} z_1^{**} \xrightarrow{t_2} \dots \xrightarrow{t_n} z_n^* \xrightarrow[\tau_n']{} z_n^{**} = z.$$

Es ist $z_0^* = [m_0, u_0]$ und $z_0^{**} = [m_0, u_0^{**}]$, wobei

$$u_0^{**}(t) = \begin{cases} \tau_0', & \text{falls } t^- \le m_0, \\ *, & \text{sonst.} \end{cases}$$

Weil $\tau_0' = |\tau_0| \le \tau_0$ ist, gilt $z_0^* \xrightarrow[\tau_0']{} z_0^{**}$. Es ist $t_1^- \le m_0$ und

$$eft(t_1) \le \tau_0 \le lft(t_1)$$

Weil $eft(t_1) \in \mathbf{N}$ ist, gilt $eft(t_1) \le |\tau_0| = \tau_0' \le \tau_0 \le lft(t_1)$, also ist

t_1 schaltbar bei z_0^{**}. Es sei z_1^* so, daß $z_0^{**} \xrightarrow{t_1} z_1^* = [m_1, u_1^*]$ gilt.

Im Induktionsschritt nehmen wir an, daß wir den Zustand $z_i^* = [m_i, u_i^*]$ schon bestimmt haben.

Wir zeigen zunächst, daß ein Zustand $z_i^{**} = [m_1, u_1^*]$ mit $z_i^* \xrightarrow[\tau_i']{} z_i^{**}$

existiert. Dazu ist zu zeigen, daß $u_i^*(t) + \tau_i' \le lft(t)$ für alle t mit $t^- \le m_i$ ist.

Wir unterscheiden zwei Fälle:

(a) $u_i(t) + \tau_i$ ist eine ganze Zahl.

Wenn $u_i(t) = 0$ ist, dann ist die Uhr von t im Zustand z_i zurückgestellt oder neu gestartet worden, also geschieht das auch beim Übergang zum Zustand z_i^*, d.h. $u_i^*(t) = 0$. Folglich ist τ_i eine ganze Zahl und aus [4] folgt $\tau_i' = \tau_i$ und damit $u_i^*(t) + \tau_i' = \tau_i' = \tau_i = u_i(t) + \tau_i \le lft(t)$. Ist dagegen $u_i(t) > 0$, dann hat die Transition t schon früher Konzession erhalten, etwa im Zustand z_k ($k < i$). Dann ist $u_i(t) = \sum_{j=k}^{i-1} \tau_j$ und $\sum_{j=k}^{i-1} \tau_j + \tau_i = \sum_{j=k}^{i} \tau_j$ ist eine ganze Zahl, also ist wegen [4]

$$u_i^*(t) + \tau_i' = \sum_{j=k}^{i-1} \tau_j' + \tau_i' = \sum_{j=k}^{i} \tau_j' = \sum_{j=k}^{i} \tau_j = u_i(t) + \tau_i \le lft(t).$$

(b) $u_i(t) + \tau_i$ ist keine ganze Zahl.

Dann gilt wegen $u_i(t) + \tau_i \le lft(t)$ sogar $\lfloor u_i(t) + \tau_i \rfloor + 1 \le lft(t)$.

Ist $u_i(t) = 0$, so ist $u_i^*(t) = 0$ und wegen [5] ist $\tau_i' \le \lfloor \tau_i \rfloor + 1$, also

$$u_i^*(t) + \tau_i' \le \lfloor \tau_i \rfloor + 1 \le \lfloor u_i(t) + \tau_i \rfloor + 1 \le lft(t).$$

Ist dagegen $u_i(t) > 0$, dann ist $u_i(t) + \tau_i = \sum_{j=k}^{i} \tau_j$ für ein $k < i$ und

$$u_i^*(t) + \tau_i' = \sum_{j=k}^{i} \tau_j' \le \lfloor \sum_{j=k}^{i} \tau_j \rfloor + 1 = \lfloor u_i(t) + \tau_i \rfloor + 1 \le lft(t)$$

wegen [5].

Es gibt also einen Zustand z_i^{**} mit $z_i^* \xrightarrow[\tau_i']{} z_i^{**} = [m_i, u_i^{**}]$, dabei ist

$$u_i^{**}(t) = \begin{cases} u_i^*(t) + \tau_i', & \text{falls } t^- \le m_0, \\ *, & \text{sonst.} \end{cases}$$

Um zu einzusehen, daß t_{i+1} bei z_i^{**} schaltbar ist, müssen wir zeigen, daß $u_i^{**}(t_{i+1}) \ge eft(t_{i+1})$ ist.

Wie oben können wir schließen, daß ein $k \le i$ derart existiert, daß t_{i+1}

beim Übergang zum Zustand z_k schaltbar wurde. Dann ist

$$u_i^{**}(t_{i+1}) = \sum_{j=k}^{i} \tau_j' \quad \text{und} \quad u_{i+1}' = \sum_{j=k}^{i} \tau_j \ge eft(t_{i+1}).$$

Wenn $\sum_{j=k}^{i} \tau_j$ eine ganze Zahl ist, dann ist nach [4]

$$u_i^{**}(t_{i+1}) = \sum_{j=k}^{i} \tau_j' = \sum_{j=k}^{i} \tau_j \ge eft(t_{i+1}),$$

anderenfalls ist, weil $eft(t_{i+1})$ eine ganze Zahl ist wegen [5]

$$u_i^{**}(t_{i+1}) = \sum_{j=k}^{i} \tau_j' \ge \lfloor \sum_{j=k}^{i} \tau_j \rfloor \ge eft(t_{i+1}).$$

Wir können also die Transition t_{i+1} bei z_i^{**} schalten und erhalten den

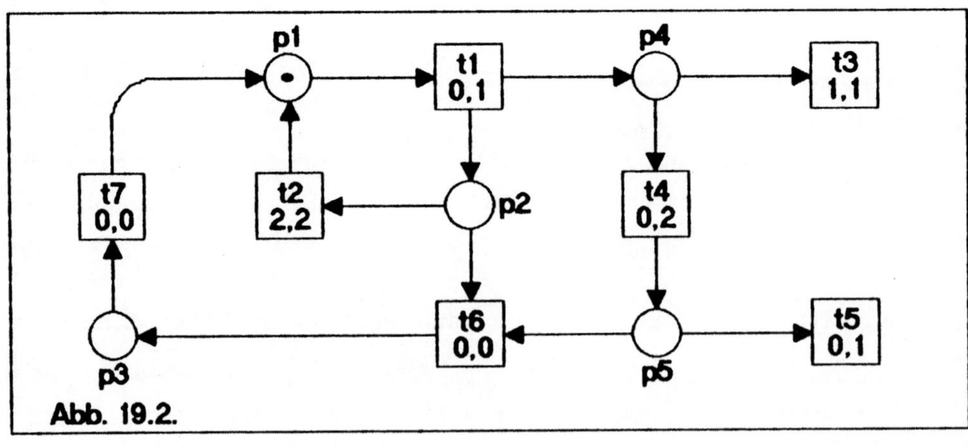

Abb. 19.2.

Zustand $z^{\bullet}_{i+1} = [m_{i+1}, u^{\bullet}_{i+1}]$.

Daß schließlich $z^{\bullet\bullet}_n = z = z'_n$ ist, folgt aus [4] und daraus, daß z integer ist. Damit ist der Satz 19.2 bewiesen.

Als Beispiel betrachten wir das Zeit-Netz in der Abbildung 19.2 und den Ablauf

$$z_0 \xrightarrow[0,8]{} z'_0 \xrightarrow{t_1} z_1 \xrightarrow[0,6]{} z'_1 \xrightarrow{t_4} z_2 \xrightarrow[0]{} z'_2 \xrightarrow{t_5} z_3 \xrightarrow[1,4]{} z'_3 \xrightarrow{t_2} z_4 \xrightarrow[0]{} z_0.$$

Dabei ist

$$\tau_0 = 0{,}8, \quad \tau_1 = 0{,}6, \quad \tau_2 = 0, \quad \tau_3 = 1{,}4, \quad \tau_4 = 0, \quad \text{folglich}$$
$$\tau'_0 = 0, \quad \tau'_1 = 1, \quad \tau'_2 = 0, \quad \tau'_3 = 1, \quad \tau_4 = 0;$$
$$m_0 = (1,0,0,0,0), \quad m_1 = (0,1,0,1,0), \quad m_2 = (0,1,0,0,1), \quad m_3 = (0,1,0,0,0),$$

$m_4 = m_0$ und schließlich

$$u_0 = (0;*;*;*;*;*;*), \quad u'_0 = (0{,}8;*;*;*;*;*;*), \quad u_1 = (*;0;0;0;*;*;*),$$
$$u'_1 = (*;0{,}6;0{,}6;0{,}6;*;*;*), \quad u_2 = (*;0{,}6;*;*;0;0;*), \quad u'_2 = u_2,$$
$$u_3 = (*;0{,}6;*;*;*;*;*), \quad u'_3 = (*;2;*;*;*;*;*), \quad u_4 = u_0.$$

Es ergibt sich

$$u^{\bullet\bullet}_0 = u_0, \quad u^{\bullet}_1 = u_1, \quad u^{\bullet\bullet}_1 = (*;1;1;1;*;*;*), \quad u^{\bullet}_2 = (*;1;*;*;0;0;*) = u^{\bullet\bullet}_2,$$
$$u^{\bullet}_3 = (*;1;*;*;*;*;*), \quad u^{\bullet\bullet}_3 = u'_3, \quad u^{\bullet}_4 = u^{\bullet\bullet}_4 = u_0.$$

Jeder erreichbare integre Zustand eines Zeit-Netzes kann also durch Schalten von Transitionen und durch ganzzahligen Zeitverlauf erreicht werden. Wir können demnach, wenn das Zeit-Netz Z beschränkt ist, die Menge aller integren Zustände von Z konstruieren, indem wir von z_0 ausgehen und für jeden Zustand z, den wir schon haben, den Folgezustand beim Zeitverlauf $\tau = 1$ konstruieren, falls das möglich ist, sowie alle die Zustände, die aus z durch Schalten von Transitionen entstehen. Weil alle Werte von *lft* endlich sind, kann eine Markierung nur in endlich vielen verschiedenen Zuständen vorkommen, wenn also Z beschränkt ist, bricht diese Konstruktion ab.

Folgerung 19.3.

Ein Zeit-Netz ist genau dann beschränkt, wenn darin nur endlich viele integre Zustände erreichbar sind.

Die Erreichbarkeit integrer Zustände ist demnach für beschränkte Zeit-Netze entscheidbar und für beliebige Zeit-Netze axiomatisierbar. Diese Aussage kann wie folgt verschärft werden:

Satz 19.4.

Es gibt einen Algorithmus, der für einen beliebigen Zustand $z = [m,u]$ eines beschränkten Zeit-Netzes $Z = [N,eft,lft]$ entscheidet, ob z in Z erreichbar ist.

Beweis. Aus der Zustandsdefinition ergibt sich, daß die Zahlen $u(t)$ für $t \in T$ mit $t^- \leq m$ rational sind. Es sei k das kleinste gemeinsame Vielfache der Nenner der gekürzten Brüche $u(t)$ (für $u(t) \neq 0$). Wir betrachten den Zustand $z^* := [m,u^*]$ im Zeit-Netz $Z^* = [N,k \cdot eft,k \cdot lft]$, wobei $u^*(t) := k \cdot u(t)$ für $t^- \leq m$ und $u^*(t) = *$ sonst. Offenbar ist z^* ein integrer Zustand von Z^*, der genau dann in Z^* erreichbar ist, wenn z in Z erreichbar ist. Mit Z ist auch Z^* beschränkt, also kann entschieden werden, ob z^* in Z^* erreichbar ist.

Definition 19.6.

Als *Erreichbarkeitsgraphen* eines Zeit-Netzes $Z = [N,eft,lft]$ bezeichnen wir den Graphen $IG(Z) := [IZ_Z(z_0),BZ]$, der die Menge $IZ_Z(z_0)$ aller von z_0 erreichbaren integren Zustände als Knoten hat und dessen Bogenmenge BZ aus allen Tripeln der Form $[z,t,z']$ mit $z,z' \in IZ_Z(z_0)$, $z \xrightarrow{t} z'$ und $t \in T$, sowie aus allen Tripeln der Form $[z,\#,z']$ mit $z,z' \in IZ_Z(z_0)$ und $z \xrightarrow{1} z'$ besteht.

Der Erreichbarkeitgraph des Zeit-Netzes in der Abb. 19.2 ist in der Abbildung 19.3 dargestellt, dabei ist

$z_0 = [(1,0,0,0,0),(0,*,*,*,*,*,*)],$ $z_1 = [(0,1,0,1,0),(*,0,0,0,*,*,*)],$

$z_2 = [(0,1,0,0,1),(*,0,*,*,0,0,*)],$ $z_3 = [(0,1,0,0,0),(*,0,*,*,*,*,*)],$

$z_4 = [(0,1,0,0,0),(*,1,*,*,*,*,*)],$ $z_5 = [(0,1,0,0,0),(*,2,*,*,*,*,*)],$

$z_6 = [(0,0,1,0,0),(*,*,*,*,*,0,*)],$ $z_7 = [(0,1,0,1,0),(*,1,1,1,*,*,*)],$

$z_8 = [(0,1,0,0,1),(*,1,*,*,0,0,*)],$ $z_9 = [(1,0,0,0,0),(1,*,*,*,*,*,*)],$

Dieser Erreichbarkeitsgraph ist stark-zusammenhängend und jede

Transition kommt als Bogenbeschriftung vor. Wir zeigen jetzt, daß daraus die Lebendigkeit des Zeit-Netzes in der Abbildung 19.2 folgt.

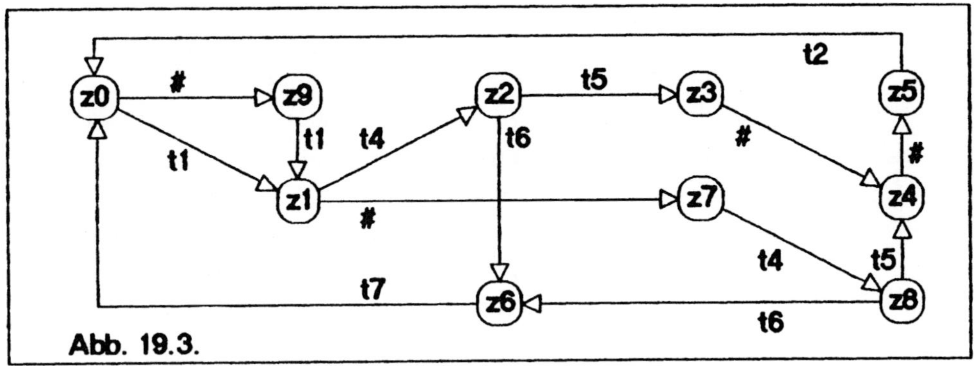

Abb. 19.3.

Satz 19.5.

Eine Transition t des Zeit-Netzes Z ist genau dann lebendig in Z, wenn von jedem Knoten von IG(Z) in diesem Graphen ein Bogenzug zu einem Knoten existiert, bei dem t schaltbar ist.

Beweis. Es sei t lebendig in Z und z^* ein erreichbarer Zustand von Z, der integer, also ein Knoten in $IG(Z)$ ist. Weil t lebendig bei z^* ist, ist von z^* in Z ein Zustand z^{**} erreichbar, bei dem t schaltbar ist, d.h. es gilt

$$ z^* = z_0^* \xrightarrow[\tau_0]{} z_0' \xrightarrow{t_1} z_1^* \xrightarrow[\tau_1]{} z_1' \xrightarrow{t_2} \ldots \xrightarrow{t_n} z_n^* \xrightarrow[\tau_n]{} z_n' = z^{**}. $$

Dabei muß natürlich z^{**} nicht notwendig integer sein, aber weil z^* integer ist, können wir wie beim Beweis des Satzes 19.2 zeigen, daß vom Zustand z^* aus mit ganzzahligem Zeitverlauf und unter Schalten der Transitionen t_1, t_2, ..., t_n ein integrer Zustand z^{***} in Z errreicht werden kann, bei dem t schaltbar ist. Daher existiert in $IG(Z)$ ein Bogenzug von z zu einem Knoten, bei dem t schaltbar ist.

Nehmen wir umgekehrt an, daß t nicht lebendig in Z ist. Dann ist von z_0 in Z ein Zustand z erreichbar, bei dem t tot ist, etwa

$$ z_0 \xrightarrow[\tau_0]{} z_0' \xrightarrow{t_1} z_1 \xrightarrow[\tau_1]{} z_1' \xrightarrow{t_2} \ldots \xrightarrow{t_n} z_n \xrightarrow[\tau_n]{} z_n' = z. $$

Nach dem Beweis von Satz 19.2 existieren natürliche Zahlen τ_i' und Zustände z_i^*, z_i^{**} mit

$$z_0 = z_0^* \xrightarrow[\tau_0']{} z_0^{**} \xrightarrow{t_1} z_1^* \xrightarrow[\tau_1']{} z_1^{**} \xrightarrow{t_2} \ldots \xrightarrow{t_n} z_n^* \xrightarrow[\tau_n']{} z_n^{**}.$$

Dabei enthalten z und z_n^{**} die gleiche Markierung und z_n^{**} ist ein Knoten des Erreichbarkeitsgraphen von Z. Wenn von diesem Knoten aus ein Bogenzug zu einem Knoten z^{***} führen würde, bei dem t schaltbar ist, dann könnte durch Schalten der Transitionen auf diesem Zug von z aus in Z ein Zustand erreicht werden, bei dem t schaltbar ist. Das ergibt sich daraus, daß beim Zustand z die gleichen ganzzahligen Zeitverläufe anwendbar sind wie beim Zustand z_n^{**} und zu Zuständen führen, bei denen die gleichen Transitionen schaltbar sind, usw. Weil t tot bei z ist, kann also kein Bogenzug von z_n^{**} zu einem Knoten, bei dem t schaltbar ist, in $IZ(Z)$ existieren.

Folgerung 19.6.
Die Lebendigkeit ist für beschränkte Zeit–Netze entscheidbar.

Es ist klar, daß die Zahl der Knoten im Erreichbarkeitsgraphen eines (beschränkten) Zeit–Netzes nicht nur von der Zahl der Markierungen des unterliegenden Petri–Netzes abhängt sondern auch ganz wesentlich von den Zahlen $lft(t)$. Wie bei den D–Netzen stellt sich auch hier die Frage nach strukturellen Kriterien, unter denen die Lebendigkeit eines Zeit–Netzes aus der Lebendigkeit des unterliegenden Petri–Netzes folgt. Hierzu haben wir nur folgenden fast trivialen

Satz 19.7.
Ist $Z = [N, eft, lft]$ ein Zeit–Netz, wobei N ein lebendiges und gewöhnliches EFC–Netz ist und für alle $t, t' \in T$ mit $Ft \cap Ft' \neq \emptyset$ stets $eft(t) = eft(t')$ gilt, dann ist Z lebendig.

Beweis. Wir nehmen an, daß in Z ein Zustand $z = [m, u]$ erreichbar ist, bei dem t tot ist. Weil m in N erreichbar ist, ist t lebendig in N, es gibt also ein Wort $t_1 \ldots t_k$ aus $W(T)$ und eine Markierung m' mit

$m[t_1 \ldots t_k > m' \geq t^-$. Wir wählen z so, daß k minimal ist.

Wir betrachten den Zustand z. Wenn t_1 beim Zustand z schaltbar ist oder durch Zeitverlauf schaltbar gemacht werden kann, so schalten wir t_1 und gehen damit zu einem Zustand $z_1 = [m_1, u_1]$ mit $m_1[t_2 \ldots t_k > m' \geq t^-$. Wenn t_1 bei z nicht schaltbar gemacht werden kann, so ist $u(t_1) < eft(t_1)$ und es gibt Transitionen t_0 mit $t_0^- \leq m$ und

$$lft(t_0) - u(t_0) < eft(t_1) - u(t_1).$$

Durch Schalten einer solchen Transition t_0 werden aber keine Marken von den Vorplätzen von t_1 entfernt, weil sonst $Ft_0 \cap Ft_1 \neq \emptyset$ ist, folglich $u(t_0) = u(t_1)$ und $lft(t_0) \geq eft(t_0) = eft(t_1)$, im Widerspruch zur obigen Ungleichung. Wir können also diese Transitionen schalten, um zu einem Zustand zu kommen, bei dem t_1 schaltbar ist und zu einem Zustand $z_1 = [m_1, u_1]$ mit $m_1[t_2 \ldots t_k > m'' \geq t^-$ übergehen. Es bleibt zu zeigen, daß t_2 bei m_1 Konzession hat. Wenn das nicht der Fall ist, dann dann ist $Ft_0 \cap Ft_2 \neq \emptyset$, also $u(t_0) = u(t_2)$ und $eft(t_0) = eft(t_2)$. Weil N ein gewöhnliches EFC-Netz ist, ist $Ft_0 = Ft_2$, d.h. t_2 kann bei z schaltbar gemacht werden. In diesem Fall schalten wir t_2 zuerst und kommen zu einem Zustand $z_1 = [m_1, u_1]$ mit $m_1[t_1 t_3 \ldots t_k > m'' \geq t^-$. Die Transition t_1 behält hierbei Konzession, weil sonst $Ft_1 \cap Ft_2 = Ft_1 \cap Ft_0 \neq \emptyset$ wäre, was schon oben ausgeschlossen wurde. Weil t tot bei z ist und z_1 erreichbar von z, ist t tot bei z_1 im Widerspruch zur Minimalität von k.

Literatur

Merlin, P. M., A Study of the Recoverability of Computing Systems. Irvine; Univ. California, Dept. of Information and Computer Science, TR 58 (1974).

Popova-Zeugmann, L., Zeit-Petri-Netze. Diss. A, Humboldt-Universität zu Berlin, 1989.

20. Gefärbte Petri-Netze

In diesem und dem folgenden Abschnitt beschäftigen wir uns mit Netzen, die zu den sogenannte "höheren" Netztypen gehören und sich von den klassischen Petri-Netzen darin unterscheiden, daß sie mit Marken verschiedener Sorten umgehen. Den Ausgangspunkt für Überlegungen, die zu diesem Netzbegriffen führten, bildete die Erfahrung, daß praktische Probleme in der Regel zu sehr großen und damit unübersichtlichen Netzen führen, die sich aber zugleich häufig durch eine gewisse Regelmäßigkeit auszeichnen.

Nehmen wir als Beispiel (für ein regelmäßiges Netz) das Netz zum Philosophen-Problem in der Abbildung 12.1 (Seite 124). Dieses Netz ist

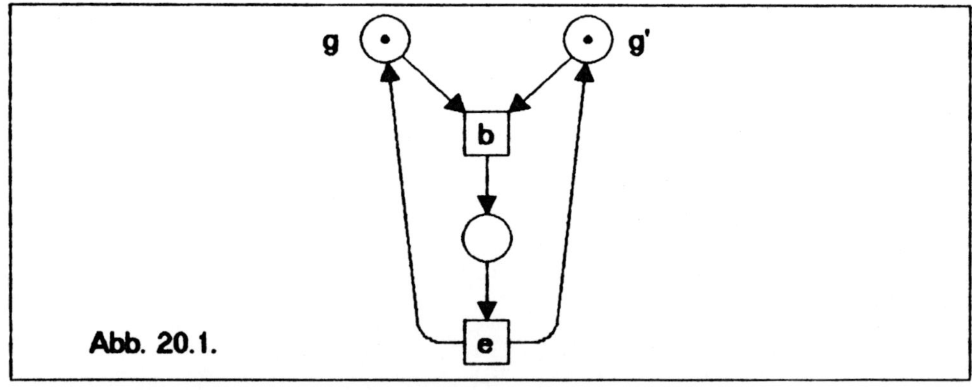

Abb. 20.1.

aus fünf Teilnetzen des in der Abbildung 20.1 gezeigten Typs zusammengeschweißt worden, indem die Plätze g und g' benachbarter Teilnetze miteinander verschmolzen wurden.

Die Markierung der Plätze g_i zeigt an, welche Gabeln aktuell verfügbar sind, die Markierung der anderen Plätze gibt an, welche Philosophen gerade essen. Wenn wir Marken unterscheiden können, können wir die fünf Plätze $g_1,...,g_5$ durch einen Platz ersetzen, auf dem genau dann eine Marke von Typ g_i auftaucht, wenn der Platz g_i markiert ist. Die Transition b_1 würde dann zum Schalten je eine Marke vom Typ g_1 und vom Typ g_5 benötigen.

Die Unterscheidungsmerkmale für Marken werden wir *Farben* nennen, der durch Zusammenfassung von $g_1,...,g_5$ entstandene neue Platz hat also fünf Farben (Markensorten). Wenn wir jetzt die fünf Transitionen $b_1,...,b_5$ betrachten, so sehen wir, daß sie sich zu einer neuen Transition b zusammenfassen lassen, wenn wir für diese neue Transition Schaltmodi festsetzen, die es gestatten b in der Art von b_1, bzw. in der Art von $b_2,...,$ bzw. in der Art von b_5 zu schalten. Diese Schaltmodi werden wir ebenfalls Farben nennen. Dazu müssen wir an jedem Bogen vermerken, von wievielen Marken welcher Farbe er durchflossen wird, wenn die anhängende Transition in einer gegebenen Farbe schaltet.

Bei einem gefärbten Netz ist demnach jedem Platz p eine endliche Menge $C(p)$ von Markensorten (Platzfarben) und jeder Transition t eine endliche Menge von Schaltmodi (Transitionsfarben) zugeordnet. Zu jedem Bogen ist eine Abbildung gegeben, die jeder Farbe der anhängenden Transition eine Multimenge von Farben des anhängenden Platzes zuordnet.

Der Übergang von einem Petri–Netz zu einem gefärbten Netz besteht also darin, daß Information aus der Netzstruktur äquivalent in die Beschriftung der Netzelemente, insbesondere der Bögen, übernommen wird. Die im nächsten Abschnitt behandelten Prädikat/Transitionsnetze unterscheiden sich sich von den gefärbten Netzen nur in der Art der Informationsreduktion.

Definition 20.1.
Das Tupel $GN = [P,T,F,C,V,m_0]$ wird *gefärbtes Netz* genannt, wenn
(1) $[P,T,F]$ ein Netz ist,
(2) C eine Abbildung ist, die jedem Knoten $x \in P \cup T$ eine endliche nicht

leere Menge $C(x)$ von *Farben* zuordnet,

(3) *V* eine Abbildung ist, die jedem Bogen $f \in F$ eine Abbildung $V(f)$ von $C(t)$ in die Menge aller Multimengen über $C(p)$ zuordnet, wobei p der Platz und die t die Transition am Bogen f ist, und

(4) m_0 eine Abbildung ist, die jedem Platz p eine Multimenge $m_0(p)$ über $C(p)$ zuordnet.

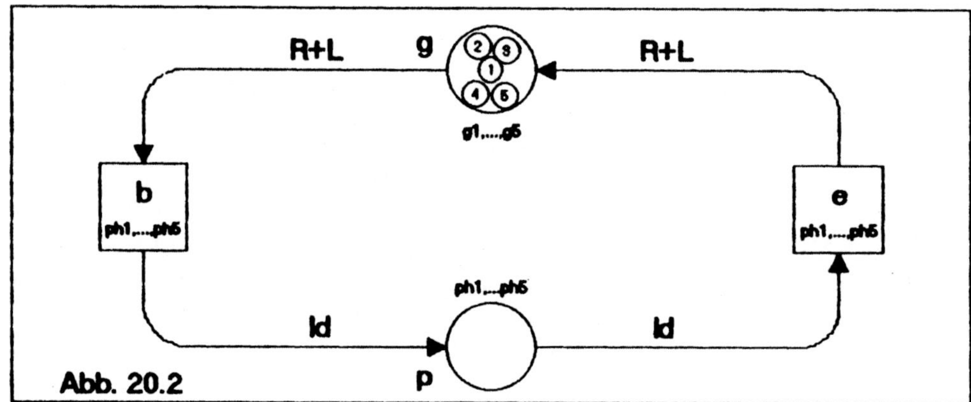

In der Abbildung 20.2 ist das Ergebnis des oben angedeuteten *Faltens* des Philosophennetzes aus der Abbildung 12.1 (Seite 124) dargestellt. Es hat zwei Plätze, g mit $C(g) = G := \{g_1,\dots g_5\}$ (die Gabeln sind die Platzfarben) und p mit $C(p) = PH := \{ph_1,\dots,ph_5\}$ (die Philosophen bilden die Platzfarben), und zwei Transitionen, b und e, die dieselbe Farbmenge wie der Platz p haben. Diese Transitionen können also je auf fünf verschiedene Weisen geschaltet werden. Dementprechend sind *Id* und *R+L* auf *PH* definiert. Die Werte von *R+L* sind Multimengen von Gabeln, jene von *Id* Multimengen von Philosophen. Wir setzen für $i = 1,\dots,5$:

$$Id(ph_i) := 1*ph_i$$

$$R+L(ph_i) := \begin{cases} 1*g_1 + 1*g_5, & \text{falls } i=1, \\ 1*g_{i-1} + 1*g_i, & \text{sonst.} \end{cases}$$

Die Anfangsmarkierung m_0 des Netzes hat für den Platz g den Wert $m_0(g) := 1*g_1 + 1*g_2 + \dots + 1*g_5$, für p den Wert $m_0(p) := 0$.

Jedes Petri-Netz kann zu einem gefärbten Netz zusammengefaltet werden, ohne daß dabei Information verloren geht. Man braucht dazu nur Angaben darüber, welche Plätze und welche Transitionen zusammengelegt werden sollen, etwa in Form von Zerlegungen der Platzmenge und der Transitionsmenge des Netze.

Definition 20.2.

Es sei $N = [P,T,F,V,m_0]$ ein Petri-Netz und $\pi = \{q_1,...,q_k\}$ eine (erschöpfende) Zerlegung von P (in nichtleere paarweise disjunkte Klassen), sowie $\tau = \{u_1,...,u_n\}$ eine Zerlegung von T. Zu π und τ gehört genau eine *Faltung von* N zu einen gefärbten Netz $GN(\pi,\tau) :=$ $[P',T',F',C',V',m_0']$ mit k Plätzen und n Transitionen:

$$P' = \{p_1',...,p_k'\}, \qquad T' = \{t_1',...,t_n'\},$$
$$C(p_i') = q_i \quad \text{für} \quad i = 1,...,k,$$
$$C(t_j') = u_j \quad \text{für} \quad j = 1,...,n,$$

d.h. die Plätze bzw. Transitionen von N treten als Platzfarben bzw. als Transitionsfarben von $GN(\pi,\tau)$ auf. Ein Platz von $GN(\pi,\tau)$ ist mit einer Transition genau dann durch einen Bogen verbunden, wenn eine seiner Farben im Petri-Netz N mit einer Farbe der Transition verbunden ist:

$$F' = \{[p',t'] \mid (C'(p')\times C'(t')) \cap F \neq \emptyset \} \cup$$
$$\cup \{[t',p'] \mid (C'(t')\times C'(p')) \cap F \neq \emptyset \};$$

für $f' = [p',t'] \in F'$ ist $V'(f')$ die Abbildung auf $C'(t') \subseteq T$ mit

$$V'(f')[t] = \sum_{p\in C'(p')} t^-(p)\star p \qquad (t \in C'(t'))$$

und für $f' = [t',p'] \in F'$ ist $V'(f')$ die Abbildung auf $C'(t') \subseteq T$ mit

$$V'(f')[t] = \sum_{p\in C'(p')} t^+(p)\star p \qquad (t \in C'(t')).$$

Schließlich gilt für die Anfangsmarkierung m_0'

$$m_0'(p') = \sum_{p\in C'(p')} m_0(p)\star p.$$

Bei der Faltung eines Petri-Netzes sind zwei Extremfälle möglich, nämlich daß jeder Knoten als Einermenge eine Klasse der entsprechenden Zerlegung bildet, bzw. daß π und τ nur je eine Klasse haben. Im ersten Fall hat jeder Knoten des gefalteten Netzes nur eine Farbe und das gefärbte Netz ist isomorph zum Petri-Netz, im anderen Fall erhält man ein gefärbtes Netz mit nur einem Platz und einer Transition, das praktisch keine Struktur mehr hat. Man sieht hier, daß das Falten von

Petri-Netzen zu gefärbten Netzen diese beliebig verkleinern, aber mit einem Verlust an Übersichtlichkeit und Modelltransparenz verbunden sein kann.

Die Umkehrung des Faltens wird als *Entfaltung* bezeichnet. Diese Operation ordnet jedem gefärbten Netz ein Petri-Netz so zu, daß eine der Faltungen des Petri-Netzes isomorph zu dem ursprünglichen gefärbten Netz ist. Die Entfaltung ist besonders für die strukturelle Analyse gefärbter Netze wichtig. Wir haben ja schon gesehen, daß beim Übergang von einem Petri-Netz zu einem gefärbten Netz Strukturinformation, wie z. B die Überdeckbarkeit mit Zustandsmaschinen) in der Netzbeschriftung verborgen wird. Aussagen über solche Eigenchaften können leicht durch Entfaltung des gefärbten Netzes gewonnen werden.

Definition 20.3.

Es sei $GN = [P,T,F,C,V,m_0]$ ein gefärbtes Netz. Die *Entfaltung von GN* ist das Petri-Netz $GN^* := [P^*,T^*,F^*,V^*,m_0^*]$ mit

$$P^* := \{[p,c] \mid p \in P \ \wedge \ c \in C(p) \},$$

$$T^* := \{[t,c] \mid t \in T \ \wedge \ c \in C(t) \},$$

$$F^* := \{[[p,c],[t,d]] \mid [p,t] \in F \ \wedge \ V(p,t)[d](c) > 0 \} \cup$$
$$\cup \{[[t,d],[p,c]] \mid [t,p] \in F \ \wedge \ V(t,p)[d](c) > 0 \},$$

$$V^*([p,c],[t,d]) := V(p,t)[d](c),$$

$$V^*([t,d],[p,c]) := V(t,p)[d](c),$$

$$m_0^*([p,c]) := m_0(p)[c].$$

Offensichtlich gilt

Folgerung 20.1.

1. *Ist N ein Petri-Netz und sind π, τ Zerlegungen der Platzmenge (bzw. Transitionsmenge) von N, dann ist die Entfaltung von $GN(\pi,\tau)$ isomorph mit N.*

2. *Ist GN ein gefärbtes Netz und GN^* seine Entfaltung,*
   $$\pi = \{ \{p\} \times C(p) \mid p \in P\}, \quad \tau = \{ \{t\} \times C(t) \mid t \in T\},$$
   dann ist die Faltung $GN^*(\pi,\tau)$ isomorph zu GN.

Die damit gegebenen Möglichkeiten des Überganges von Petri-Netzen zu
gefärbten Netzen nutzen wir aus, um für Petri-Netze entwickelte Begriffe
konsistent auf gefärbte Netze zu übertragen.

Dem Schalten einer Transition in einer Petri-Netz entspricht also das
Schalten einer Transitionsfarbe in seiner Faltung, d.h. das Schalten
einer Transition in einer bestimmten ihrer Farben. In derselben Weise
ist die Wirkung des Schaltens einer Transition t in der Farbe c im
gefärbten Netz GN bestimmt, nämlich durch die Wirkung des Schaltens von
$[t,c]$ in der Entfaltung von GN. Wir erinnern daran, daß Multimengen
praktisch Vektoren mit natürlichen Zahlen als Komponenten sind, daß wir
demnach mit ihnen komponentenweise rechnen und sie auch so vergleichen
können, wie wir das von Markierungen für Petri-Netze gewohnt sind.

Definition 20.4.

Es sei $GN = [P,T,F,C,V,m_0]$ ein gefärbtes Netz.

(1) Eine *Markierung von* P ist eine Abbildung, die jedem $p \in P$ eine
    Multimenge über $C(p)$ zuordnet.

(2) Eine Transition $t \in T$ hat *Konzession in der Farbe* $d \in C(t)$ *bei* m,
    wenn für alle Vorplätze $p \in Ft$ gilt: $V(p,t)[d] \leq m(p)$.

(3) Wenn t in $d \in C(t)$ Konzession bei m hat, dann darf t in d bei m
    schalten. Dadurch entsteht aus m die Markierung m' mit

$$m'(p) := \begin{cases} m(p) - V(p,t)[d] + V(t,p)[d], & \text{falls } p \in Ft \wedge p \in tF, \\ m(p) - V(p,t)[d], & \text{falls } p \in Ft \wedge p \notin tF, \\ m(p) \qquad\quad + V(t,p)[d], & \text{falls } p \notin Ft \wedge p \in tF, \\ m(p), & \text{sonst.} \end{cases}$$

Damit ist klar, daß die Transition t in der Farbe d bei der Markierung m
im gefärbten Netz GN genau dann Konzession hat, wenn die Transition
$[t,d]$ in der Entfaltung GN^* von N bei der entsprechenden Markierung m^*
Konzession hat.

Definition 20.5.

Es sei E eine Eigenschaft von Petri-Netzen und GN ein gefärbtes Netz.
Wir sagen, daß GN *die Eigenschaft* E *hat*, wenn die Entfaltung GN^* von GN

die Eigenschaft E hat.

Damit ist definiert, wann ein gefärbtes Netz beschränkt, lebendig, homogen, ZM-dekomponierbar usw. ist. Entsprechend verfahren wir mit knotenbezogenen Eigenschaften, z.B. wird also eine Transition t eines gefärbten Netzes GN lebendig bei einer Markierung m genannt, wenn alle ihre Farben lebendig bei m sind, d.h. zu jedem $d \in C(t)$ und jeder von m in GN erreichbaren Markierung m' eine von m' in GN erreichbare Markierung m'' existiert, bei der t in d Konzession hat. Darüberhinaus kann man aufgrund der Farbstruktur der Transitionen zwei weiter abgeschwächte Lebendigkeitsbegiffe für gefärbte Netze einführen:

Definition 20.6.
Es sei $GN = [P,T,F,C,V,m_0]$ ein gefärbtes Netz, m eine Markierung von P.
(1) Die Transition $t \in T$ heißt *schwach lebendig bei m in GN*, wenn es eine Farbe $d \in C(t)$ so gibt, daß t in der Farbe d lebendig bei m ist.
(2) Die Transition $t \in T$ ist *kollektiv lebendig bei m in GN*, wenn es zu jeder von m in GN erreichbaren Markierung m' eine Farbe $d \in C(t)$ und eine von m' in GN erreichbare Markierung m'' gibt, bei der t in der Farbe d Konzession hat.

Ein Vergleich mit der Definition 7.4 (vgl. Seite 71) ergibt:

Folgerung 20.2.
Die Transition t ist genau dann kollektiv lebendig bei m in GN, wenn die Transitionsmenge $\{t\} \times C(t)$ kollektiv lebendig bei der Markierung m^* in der Entfaltung GN^* von GN ist.

Ferner gilt offensichtlich

Folgerung 20.3.
1. *Wenn t lebendig bei m in GN ist, dann ist t schwach-lebendig bei m in GN.*

2. *Wenn t schwach lebendig bei m in GN ist, dann ist t kollektiv lebendig bei m in GN.*

3. *Wenn es eine bei m_0 kollektiv lebendige Transition gibt, dann ist GN verklemmungsfrei, d.h. von m_0 ist keine tote Markierung in GN erreichbar.*

Die Umkehrungen dieser Implikationen gelten nicht. Für 20.3.1 ist das klar. Betrachten wir das gefärbte Netz in der Abbildung 20.3. Bei der Anfangsmarkierung m_0, bei der genau auf dem Platz p_1 genau eine Marke

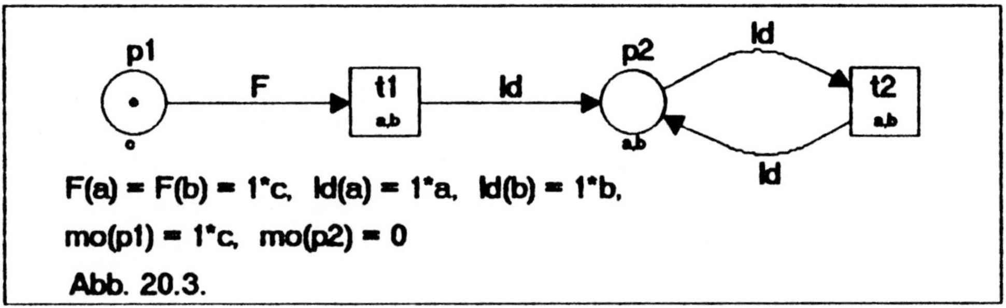

Abb. 20.3.

liegt, kann die Transition t_1 genau einmal schalten, und zwar wahlweise entweder in der Farbe *a* oder in der Farbe *b*, sie legt dann eine Marke dieser Farbe auf dem Platz p_2 ab. Die Transition t_2 ist folglich kollektiv lebendig bei m_0, denn bei jeder erreichbaren Markierung ist eine ihrer Farben nicht tot. Diese Transition ist bei m_0 nicht schwach lebendig, weil ihre Farbe *a* tot ist, wenn t_1 in der Farbe *b* geschaltet hat und ihre Farbe *b* tot ist, wenn t_1 in der Farbe *a* geschaltet hat. Die Umkehrung von 20.3.3 kann nicht gelten, weil für gefärbte Netze mit trivialer Transitionsfärbung (d.h. jede Transition hat genau eine Farbe) die kollektive Lebendigkeit mit der schwachen Lebendigkeit und diese mit der Lebendigkeit zusammenfällt. Jedes verklemmungsfreie Netz hätte dann eine lebendige Transition, was offensichtlich falsch ist.

Für die Analyse von gefärbten Netzen gibt es unseren bisherigen Überlegungen entsprechend zwei Wege, die auf unterschiedlichen Ebenen liegen. Eine Analyse auf der unteren Ebene beginnt mit dem Entfalten des gefärbten Netzes zu einem Petri-Netz. Dieses Netz wird dann mit den Mitteln, die für Petri-Netze bereitgestellt wurden, analysiert. Dabei kann man durch die Färbung des Netzes gegebene Symmetrien bei der Berechnung des reduzierten Erreichbarkeitsgraphen ausnutzen. Anschließend werden die Ergebnisse für das gefärbte Netz interpretiert. Im Gegensatz dazu vermeidet eine Analyse auf der (höheren) Ebene der gefärbten Netze das Entfalten, was allerdings nicht für alle Analysen möglich ist. Wenn zum Beispiel der (reduzierte) Erreichbarkeitsgraph eines gefärbten Netzes zu berechnen ist, ist es, von Aufwand her gesehen, gleichgültig, auf welcher der beiden Ebenen man das tut.

Die Invariantenberechnung bildet das wichtigste Beispiel für eine Analyse gefärbter Netze ohne Entfalten. Wie bei Petri-Netzen geht es hier um die Lösungen homogener linearer Gleichungssysteme, allerdings sind jetzt die Elemente der Matrix nicht ganze Zahlen, sondern Abbildungen mit Multimengen als Werten.

Definition 20.7.

Es sei $GN = [P,T,F,C,V,m_0]$ ein gefärbtes Netz mit $P = \{p_1,...,p_n\}$ und $T = \{t_1,...,t_k\}$. Wir ergänzen V zu einer auf $(P\times T)\cup(T\times P)$ definierten Abbildung durch die Festlegung, daß $V(f) := 0$ für $f \notin F$ sein soll, wobei als Abbildung verstanden wird, die nur die leere Multimenge als Wert hat. Die *Akzidenzmatrix* $A = (a_{i,j})_{1\leq i\leq n,\, 1\leq j\leq k}$ *von* GN ist die Matrix mit

$$a_{i,j} = V(t_j,p_i) - V(p_i,t_j).$$

Die Elemente der Akzidenzmatrix sind also Abbildungen, die als Werte Abbildungen haben, die ganze Zahlen als Werte haben. Um einen Namen zu haben, wollen wir eine Abbildung von einer Menge M in die Menge der ganzen Zahlen als *M-Vektor* bezeichnen. M-Vektoren v mit $v \geq 0$ sind natürlich Multimengen über M.

Die Akzidenzmatrix des gefärbten Netzes in der Abbildung 20.2 ist (bei $p_1 = g$, $p_2 = p$, $t_1 = b$, $t_2 = e$):

$$A = \begin{pmatrix} -(R+L) & R+L \\ Id & -Id \end{pmatrix}.$$

Definition 20.8.

Es seien K, L, M nichtleere endliche Mengen, ferner $y : M \Rightarrow \mathbf{Z}^K$ eine Abbildung, die jedem $m \in M$ einen K-Vektor zuordnet, $a : L \Rightarrow \mathbf{Z}^M$ eine Abbildung, die jedem $l \in L$ einen M-Vektor zuordnet und $x \in \mathbf{Z}^L$ ein L-Vektor. Dann ist $y \circ a$ die Abbildung von L nach $\mathbf{Z}^K$ mit

$$[y \circ a](l) := \sum_{m \in M} a(l)[m] \cdot y(m)$$

und $a \cdot x$ ist der M-Vektor $a(x)$, d.h.

$$[a \cdot x](m) := \sum_{l \in L} x(l) \cdot a(l)[m].$$

Mit anderen Worten, $\circ$ bezeichnet die Einsetzung des zweiten Operanden in den ersten und $\cdot$ die Anwendung der linearen Erweiterung des ersten Operanden auf den zweiten. Mit diesen Hilfsmitteln sind wir jetzt in der Lage, den Begriff der T-Invarianten zu definieren. Für ein Petri-Netz N mit der Akzidenzmatrix C_N haben wir als T-Invariante einen T-Vektor x mit $C_N \cdot x = 0$ bezeichnet. Dem entspricht für ein gefärbtes Netz eine Spalte, deren j-te Komponente (zur Transition t_j gehörend) ein $C(t_j)$-Vektor ist.

Definition 20.9.

Es sei x eine k-zeilige Spalte, die als j-te Komponente einen $C(t_j)$-Vektor hat. Dann wird x als *T-Invariante des gefärbten Netzes GN mit der Akzidenzmatrix A* bezeichnet, wenn $A \cdot x = 0$ ist. Wenn alle Komponenten von x sogar Multimengen sind, ist x eine *echte* T-Invariante.

In unserem Beispiel haben beide Transitionen b und e die gleiche Farbmenge $PH = \{ph_1, \ldots, ph_5\}$ und das Gleichungssystem lautet

$$[-(R+L)] \cdot x_1 + [R+L] \cdot x_2 = 0$$
$$Id \cdot x_1 + [-Id] \cdot x_2 = 0$$

Alle Spalten $(x_1, x_2)^T$ mit $x_1 = x_2$ sind folglich T-Invarianten. Darunter befinden sich die fünf echten minimalen T-Invarianten $x^{(i)} = (x_1^{(i)}, x_2^{(i)})^T$ mit $x_1^{(i)} = x_2^{(i)} = 1 \ast ph_i$. Dem entsprechen genau die fünf echten minimalen T-Invarianten des Petri-Netzes in der Abbildung 12.1 (Seite 124).

Ob man auf diese Weise T-Invarianten finden kann, ohne das gefärbte Netz zu entfalten, und ob man alle finden kann, hängt stark von der Bogenbeschriftung, d.h. der Netzbeschreibung ab. Wir hätten den Bogen [e,g] ja auch mit B beschriften können, wobei B dieselbe Abbildung bezeichnet wie $R+L$. In diesem Fall können wir das Gleichungssystem nicht durch formales Rechnen lösen, sondern nur durch Entfalten mindestens der ersten Zeile, d.h. durch Eingehen auf die Funktionswerte. Diese Schwierigkeit kann man durch Einführen einer strengen Syntax für die Bogenbeschriftung überwinden, man kommt damit zu den im nächsten Abschnitt behandelten Prädikat/Transitions-Netzen.

Bei einer Fortschreibung der Analogie zwischen Invarianten von gefärbten Netzen und Invarianten von Petri-Netzen (ihren Entfaltungen) wäre eine P-Invariante eines gefärbten Netzes als Zeile von $C(p)$-Vektoren zu definieren. Diese wäre dann mit einer Spalte von Abbildungen, die solche Vektoren *als Werte* haben, zu "multiplizieren". Eine Definition für ein solches Produkt ist nicht bekannt. Wir müssen daher einen anderen Weg gehen, der von JENSEN vorgeschlagen wurde.

Definition 20.10.

Es sei $y = (y_1,...,y_n)$ eine Zeile von Abbildungen $y_i: C(p_i) \Rightarrow \mathbf{Z}^D$, wobei D eine beliebige nichtleere Menge ist, ferner sei A die Akzidenzmatrix des gefärbten Netzes $GN = [P,T,F,C,V,m_0]$. Wenn $y \circ A = 0$ ist, wird y als *P-Invariante von GN* bezeichnet. Die P-Invariante y heißt *echt*, wenn alle ihre Komponenten nur Multimengen über D als Werte haben.

Während P-Invarianten von Petri-Netzen den Plätzen ganze Zahlen als Gewichte zuordnen, weisen die P-Invarianten gefärbter Netze den Platzfarben (Gewichts-) Vektoren über einer frei gewählten Menge D zu. In unserem Beispiel ergibt sich das Gleichungssystem

$$y_1 \circ [-(R+L)] + y_2 \circ Id = 0$$
$$y_1 \circ [R+L] + y_2 \circ [-Id] = 0$$

Dabei ist $y_1: G \rightarrow \mathbb{Z}^D$ und $y_2: PH \rightarrow \mathbb{Z}^D$. Für $D := G$ ist $y = (y_1, y_2)$ eine (echte) P-Invariante, wobei $y_1 := Id$, $y_2 := R+L$, und Id die Abbildung mit $Id(g) := 1 \ast g$ für $g \in G$ ist, wie man leicht nachrechnet.

Wie bei Petri-Netzen können auch die Invarianten gefärbter Netze **zur** Verifikation von Modelleigenschaften angewendet werden, denn die entsprechenden Aussagen 11.3 – 11.10 lassen sich übertragen. Insbesondere gilt

Satz 20.4.

Ist y eine P-Invariante des gefärbten Netzes GN mit der Akzidenzmatrix A und ist die Markierung m in GN von m_0 erreichbar, dann ist

$$y \cdot m = \sum_{i=1}^{n} y_i \cdot m(p_i) = \sum_{i=1}^{n} \sum_{c \in C(p_i)} m(p_i)[c] \cdot y_i(c) = y \cdot m_0 .$$

Beweis. Wenn m von m_0 in GN erreichbar ist, dann gibt es eine k-zeilige Spalte $q = (q_1, ..., q_k)^T$, wobei q_j eine Multimenge über $C(t_j)$ ist, derart, daß $m = m_0 + A \cdot q$ ist ($q_j(c)$ gibt an, wie oft die Transition t_j beim Übergang von m_0 nach m in der Farbe c geschaltet wurde). Wegen der Linearität und weil y P-Invariante ist, genügt es zu zeigen, daß

$$y \cdot (A \cdot q) = (y \circ A) \cdot q$$

ist. Es gilt

$$y \cdot (A \cdot q) = \sum_{i=1}^{n} y_i \cdot [A \cdot q]_i = \sum_{i=1}^{n} \sum_{c \in C(p_i)} [A \cdot q]_i (c) \cdot y_i(c) =$$

$$= \sum_{i=1}^{n} \sum_{c \in C(p_i)} \sum_{j=1}^{k} \sum_{c' \in C(t_j)} q_j(c') \cdot a_{i,j}[c'](c) \cdot y_i(c) =$$

$$= \sum_{j=1}^{k} \sum_{c' \in C(t_j)} q_j(c') \cdot \sum_{i=1}^{n} \sum_{c \in C(p_i)} a_{i,j}[c'](c) \cdot y_i(c) =$$

$$= \sum_{j=1}^{k} \sum_{c' \in C(t_j)} q_j(c') \cdot [y \circ A]_i(c') = (y \circ A) \cdot q .$$

Aus jeder P-Invarianten y des gefärbten Netzes $GN = [P,T,F,C,V,m_0]$ können wir sofort P-Invarianten der Entfaltung $GN^* = [P^*,T^*,F^*,V^*,m_0^*]$ von GN gewinnen. Zu einem beliebig fixierten $d \in D$ sei y^* auf P^* wie folgt definiert:

$$y^*(p^*) := y_i[c](d), \text{ falls } p^* = [p_i,c], \ c \in C(p_i).$$

Wir nennen y^* die *d-Entfaltung* von y.

Satz 20.5.

Ist y eine P-Invariante des gefärbten Netzes GN und y^* eine Entfaltung von y, die verschieden von 0 ist, dann ist y^* eine P-Invariante der Entfaltung von GN.

Beweis. Wir haben zu zeigen, daß für alle $t \in T$, $c' \in C(t)$ gilt

$$\sum_{p \in P} \sum_{c \in C(p)} y^*(p,c)\Big[V[t,p](c')[c] - V[p,t](c')[c]\Big] = 0$$

ist. Weil y eine P-Invariante ist, ist $y \circ A = 0$, d.h. für $j = 1,\ldots,k$ ist die j-te Komponente $[y \circ A]_j = 0$, diese Abbildung weist also jedem c' aus $C(t_j)$ die leere Menge zu:

$$[y \circ A]_j(c')[d] = 0 \qquad (j = 1,\ldots,k, \ c' \in C(t_j)).$$

Daraus ergibt sich unsere Behauptung wie folgt

$$
\begin{aligned}
0 &= \Big(\sum_{i=1}^n y_i \circ a_{i,j}\Big)(c')[d] \\
&= \sum_{i=1}^n \sum_{c \in C(p_i)} a_{i,j}(c')[c] \cdot y_i(c)[d] \\
&= \sum_{i=1}^n \sum_{c \in C(p_i)} (V[t_j,p_i](c')[c] - V[p_i,t_j](c')[c]) \cdot y_i(c)[d] \\
&= \sum_{p \in P} \sum_{c \in C(p)} (V[t_j,p](c')[c] - V[p,t_j](c')[c]) \cdot y^*(p,c).
\end{aligned}
$$

In unserem Beispiel gibt es folgende echte minimale P-Invarianten:

	g_1	g_2	g_3	g_4	g_5	p_1	p_2	p_3	p_4	p_5
1:	1	0	0	0	0	1	1	0	0	0
2:	0	1	0	0	0	0	1	1	0	0
3:	0	0	1	0	0	0	0	1	1	0
4:	0	0	0	1	0	0	0	0	1	1
5:	0	0	0	0	1	1	0	0	0	1

Offenbar ist die i-te P-Invariante in dieser Liste genau die g_i-Entfaltung der oben angegebenen (gefärbten) P-Invarianten y.

Wenn man bedenkt, daß unser gefärbtes Netz und seine Adjazenzmatrix für fünf Philosophen ebenso aussieht wie für 55 oder 555 Philosophen, so erkennt man, daß bei einer Invariantenanalyse gefärbter Netze der Umweg über die Entfaltung sehr teuer zustehen kommen kann. Andererseits ist leider kein Algorithmus bekannt, der homogene Gleichungssysteme der betrachteten Art löst oder nachweist, daß   nur die triviale Lösung existiert.

Literatur

Jensen, K., Coloured Petri Nets and the Invariant Method. Theoretical Computer Sci. 14 (1981) 317 − 336.

Jensen, K., How to Find Invariants for Coloured Petri Nets. LNCS 118 (1981) 348 −361.

Jensen, K., Coloured Petri Nets. LNCS 254 (1987) 248 − 299.

21. Prädikat/Transitions-Netze

Wie die im vorigen Abschnitt eingeführten gefärbten Netze bilden auch die Prädikat/Transitions-Netze einen höheren Netztyp, verwenden also Marken unterscheidbarer Sorten. Die Marken sind aber nicht nur durch ein einfaches Merkmal, ihre Farbe, unterschieden, sondern auch durch ihre Struktur. Prädikat/Transitions-Netze gehen mit *strukturierten Marken* um. In dieser Hinsicht gehören die im Abschnitt 10 erwähnten FIFO-Netze zu den Prädikat/Transitions-Netzen, denn Wörter (Marken in FIFO-Netzen) unterscheiden sich durch ihre Struktur, durch ihren Aufbau aus Buchstaben.

Während sich Wörter mit Hilfe einer einzigen Operation, der Verkettung, aus elementaren Wörtern, den Buchstaben, sogar in eindeutiger Weise aufbauen lassen, ein Wort also zugleich Beschreibung seiner Konstruktion ist, macht es sich für allgemeinere Strukturen von Marken nötig, eine Sprache zur Verfügung zu stellen, in der man die Konstruktion der verwendeten Marken beschreiben kann. Solche sogenannten Termsprachen stellt die mathematische Logik bzw. die Algebra bereit.

Durch die Verwendung solcher Beschreibungssprachen und die ihnen zugrundeliegende strenge Syntax gewinnen wir zugleich die Möglichkeit, die Bogenbeschriftung zu präzisieren, d.h. einen Bogen nicht einfach mit dem Namen einer Funktion, sondern mit einer Konstruktionsbeschreibung einer Funktion zu beschriften. Diese Konstruktionsbeschreibung erfolgt syntaktisch relativ zu einer Algebra, ihrer Interpretation. Ein Wechsel dieser Interpretation ändert das Netz, ohne daß das äußerlich sichtbar wird, ebenso wie sich die Akzidenzmatrix des gefärbten Netzes für unsere Lösung des Philosophen-Problems beim Übergang von 5 zu 55 Philosophen nicht ändert. In diesem Sinne sind Prädikat/Transitions-Netze eigentlich Schemata von Netzen mit der Basis-Algebra als freier Variabler.

Diesem Programm entsprechend müssen wir einige logisch–algebraische Grundbegriffe rekapitulieren, bevor wir zur Definition der Prädikat/Transitions–Netze kommen können.

Als *Signatur* Σ bezeichnet man ein Paar $\Sigma = [S,\Phi]$, bestehend aus einer nichtleeren (endlichen) Menge S, deren Elemente *Sorten* genannt werden (wir könnten auch Grundfarben sagen) und einer Familie $\Phi = \{O_{w,s}^{(i)} \mid i \in I\}$ von *Operationszeichen*, wobei I ein (endlicher) Indexbereich ist. Das i-te Operationszeichen $O_{w,s}^{(i)}$ soll bei $w = s_1 ... s_n \in W(S)$ eine Operation bezeichnen, die jedem n-Tupel $[a_1,...,a_n]$ von Objekten, wo für $j = 1,...,n$ stets a_j zur Sorte s_j gehört, ein Objekt der Sorte s zuordnet. Die Operationszeichen $O_{w,s}^{(i)}$ mit $w = e$ bezeichnen demnach nullstellige Operationen (d.h. Konstanten der Sorte s), man nennt sie daher auch *Konstantenzeichen* (oder *Konstantenbezeichner*).

Als Beispiel betrachten wir das Paar $\Sigma_0 := [S_0,\Phi_0]$ mit $S_0 := \{ph,ga\}$ und $\Phi_0 := \{O_{ph,ga}^{(1)}, O_{ph,ga}^{(2)}\}$. Wir haben in dieser Signatur also zwei Sorten und zwei einstellige Operationszeichen, die beide Operationen bezeichnen, die Objekte der Sorte *ph* in Objekte der Sorte *ga* transformieren.

Eine *Algebra mit der Signatur* Σ (kurz: eine Σ-*Algebra*) $\mathcal{A}$ ist ein Paar $\mathcal{A} = [\mathcal{D},\mathcal{F}]$. Dabei ist $\mathcal{D} = \{D_s \mid s \in S\}$ eine Familie nichtleerer Mengen und $\mathcal{F} = \{f^{(i)} \mid i \in I\}$ eine Familie von Abbildungen mit
$$f^{(i)}: D_{s_1} \times ... \times D_{s_n} \Rightarrow D_s \quad \text{falls} \quad O_{w,s}^{(i)} = O_{s_1 ... s_n,s}^{(i)}.$$
Dem Konstantenzeichen $O_{e,s}^{(i)}$ entspricht dabei eine *Konstante* $f^{(i)} \in D_s$.

Wir bemerken an dieser Stelle, daß die einzelnen Mengen D_s nicht unabhängig voneinander oder disjunkt sein müssen, es kann sich z.B. bei diesen Mengen um verschiedene Kreuzprodukte einer Menge handeln.

Eine Σ_0-Algebra ist dementsprechend $\mathcal{A}_0 := [\mathcal{D}_0,\mathcal{F}_0]$ mit $\mathcal{D}_0 = \{D_{ph},D_{ga}\}$, wobei $D_{ph} = \{ph_1,...,ph_5\}$ und $D_{ga} := \{g_1,...,g_5\}$, sowie $\mathcal{F}_0 = \{f^{(1)},f^{(2)}\}$

mit $f^{(1)}(ph_j) := g_j$ und $f^{(2)}(ph_j) := g_{1+(j+3) \bmod 5}$ $\quad (j = 1,\ldots,5)$.

Zum Aufbau einer Termsprache brauchen wir neben den Operationszeichen auch Variable. Bei gegebener Signatur Σ sei durch $\mathfrak{X} = \{ X_s \mid s \in S\}$ zu jeder Sorte $s \in S$ eine Menge X_s von Variablen des Typs s fixiert. Diese Mengen seien ferner paarweise disjunkt und elementefremd mit der Menge aller Operationszeichen. Darüberhinaus brauchen wir die Zeichen ",", "(" und ")". Für alle $s \in S$ definieren wir die Menge $Term_s(\Phi)$ aller Terme vom Typ s induktiv durch:

(A) Alle Konstantenzeichen der Sorte s und alle Variablen vom Typ s sind Terme von Typ s.

(I) Ist $O^{(i)}_{s_1 \ldots s_n, s} \in \Phi$ ein Operationszeichen (der Sorte s) und ist für $j = 1,\ldots,n$ w_j ein Term vom Typ s_j, dann ist die Zeichenreihe

$$O^{(i)}_{s_1 \ldots s_n, s}(w_1, \ldots , w_n)$$

ein Term vom Typ s.

Die Menge aller Terme bezeichnen wir mit $Term(\Phi)$ und mit $Term_0(\Phi)$ die Menge aller variablenfreien Terme.

Jeder Term $w \in Term(\Phi)$ vom Typ s bestimmt bei gegebener Σ-Algebra $\mathfrak{A}$ eine Abbildung, die jeder $Belegung$ β der in w vorkommenden Variablen mit Elementen der entsprechenden Sorten ein Element $El(w,\beta)$ der Sorte s zuordnet. Es sei $\beta: \bigcup\mathfrak{X} \Rightarrow \bigcup\mathfrak{B}$ mit $\beta(x) \in D_s$ für $x \in X_s$ eine Belegung und w ein Term. Dann ist $El(w,\beta)$ induktiv wie folgt definiert:

(A) $El(w,\beta) := \begin{cases} f^{(i)}, \text{ falls } w = O^{(i)}_{e,s} \text{ ein Konstantenzeichen ist,} \\ \beta(x), \text{ falls } w = x \text{ eine Variable ist;} \end{cases}$

(I) $El(O^{(i)}_{s_1 \ldots s_n, s}(w_1, \ldots , w_n),\beta) := f^{(i)}(El(w_1,\beta),\ldots,El(w_n,\beta))$.

Offenbar hängt $El(w,\beta)$ nur von der Belegung der Variablen ab, die in w vorkommen. Setzen wir die Menge der Variablen als geordnet voraus, und sind $x_1,\ldots,x_k$ die im Term w vorkommenden Variablen in dieser Anordnung, so bestimmt w eine k-stellige Funktion $f_w: D_{s_1} \times\ldots\times D_{s_k} \Rightarrow D_s$ (wobei die s_j die Typen der x_j und s der Typ von w ist) derart, daß

$$f_w(d_1,\ldots,d_k) := El(w,\beta)$$

für jede Belegung β mit $\beta(x_j) = d_j$ ist. Einem variablenfreien Term vom Typ s wird auf diese Weise ein festes Element aus D_s zugewiesen.

In Prädikat/Transitions-Netzen wird die Struktur der Marken und der Bogenbeschriftungen durch eine vorgegebene Signatur bestimmt. Dadurch wird diese Struktur von der übrigen Netzstruktur abgehoben und dank der strengen Syntax einer formalen Behandlung zugänglicher. Mit den bisher entwickelten Mitteln können wir zunächst *Netz-Schemata* definieren:

Definition 21.1.

Als *Netz-Schema über einer Signatur* $\Sigma = [S,\Phi]$ bezeichnen wir ein Tupel $N = [P,T,F,\sigma,V]$ mit folgenden Eigenschaften:

(1) $[P,T,F]$ ist ein Netz,

(2) $\sigma: P \Rightarrow S$ ordnet jedem Platz $p \in P$ eine Sorte $\sigma(p) \in S$ zu,

(3) V ist eine Abbildung, die jedem Bogen $f \in F$ eine nichtleere Multimenge $V(f)$ von Termen des Typs $\sigma(p)$ zuordnet, wobei p der Platz am Bogen f ist.

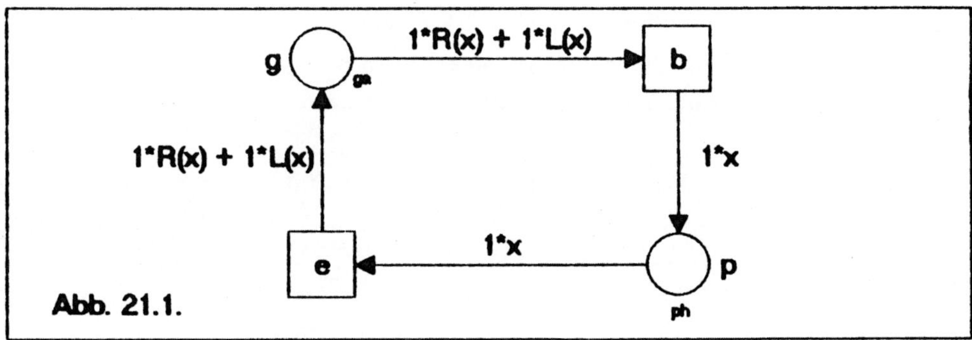

Betrachten wir als Beispiel unsere Signatur Σ_0 und das Netz-Schema $N_0 = [\{g,p\},\{b,e\},\{[g,b],[b,p],[p,e],[e,g]\},\sigma_0,V_0]$, wobei $\sigma_0(g) := ga$ und $\sigma_0(p) := ph$ ist, sowie $V_0(b,p) = V_0(p,e) := 1*x$ und

$$V_0(g,b) = V_0(e,g) := 1*O^{(1)}_{ph,ga}(x) + 1*O^{(2)}_{ph,ga}(x).$$

Dabei ist x eine Variable der Sorte ph. Das Netzschema N_0 ist in der Abbildung 21.1 dargestellt, wobei wir für $O^{(1)}_{ph,ga}$ kurz R und für $O^{(2)}_{ph,ga}$ kurz L schreiben.

Aus einem Netz-Schema über Σ gewinnt man ein Prädikat/Transitions-Netz, indem man eine interpretierende Σ-Algebra $\mathcal{A}$ wählt und eine Anfangsmarkierung festsetzt.

Definition 21.2.

Es sei $\mathcal{N} = [P,T,F,\sigma,V]$ ein Netz-Schema über der Signatur Σ und $\mathcal{A}$ eine Σ-Algebra.

1. Als *Markierung von P* bezeichnen wir jede auf P definierte Abbildung m, die jedem Platz $p \in P$ eine Multimenge $m(p)$ von Elementen der Menge $D_{\sigma(p)}$ zuordnet.

2. $N = [P,T,F,\sigma,V,\mathcal{A},m_0]$ ist ein *Prädikat/Transitions-Netz mit der Signatur* Σ, wenn $[P,T,F,\sigma,V]$ ein Netz-Schema über Σ, $\mathcal{A}$ eine Σ-Algebra und m_0 eine Markierung ist.

Der Name *Prädikat*/Transition-Netz leitet sich daraus her, daß man in dem Fall, daß niemals eine Markierung erreicht wird, bei der auf einem Platz zwei Exemplare derselben Marke (vom Typ $\sigma(p)$) liegen (also die Markierung der Plätze durch Mengen erfolgt, oder anders ausgedrückt, das Netz sicher ist), die Plätze als Prädikate variabler Extension auffassen kann. Ist die aktuelle Markierung des Platzes p die Menge $m(p)$, so trifft das Prädikat p aktuell auf genau die Elemente von $m(p)$ zu.

In unserem Beispiel wählen wir zur Interpretation der Terme die Σ_0-Algebra $\mathcal{A}_0$ und die Anfangsmarkierung m_0 mit $m_0(g) = \sum_{i=1}^{5} 1 \star g_i$ und $m_0(p) = 0$.

Von der klassischen Definition von GENRICH und LAUTENBACH unterscheidet sich diese Definition der Prädikat/Transitions-Netze in zwei Punkten:

1. GENRICH und LAUTENBACH lassen als Bogenbeschriftungen nur Multimengen von Variablen zu, die hier gegebene Version ist also allgemeiner.

2. GENRICH und LAUTENBACH verwenden nicht nur die Termsprache $Term(\Phi)$ einer gegebenen Signatur Σ, sondern die volle elementare Sprache über dieser Signatur und lassen auch Signaturen zu, die zusätzlich zu den Operationszeichen auch Relationszeichen enthalten. Jeder Transition wird

ein sogenannter *Wächter* zugeordnet, das ist eine Formel aus der elementaren Sprache über Σ. Durch Wahl einer Σ–Algebra und Belegung der Variablen in dieser Formel bestimmt sie eine (mehrstellige) Relation, die das Schalten der Transition überwacht: Höchstens dann darf die Transition schalten bei einer Belegung, wenn der Wächter bei dieser Belegung erfüllt ist. Diese Überlegung kann ohne weitere Schwierigkeiten auch für die hier angegebene Konzeption durchgeführt werden, wir haben darauf verzichtet, weil der Aufwand sich gegenwärtig durch Resultate nicht rechtfertigen läßt.

Es sei $N = [P,T,F,\sigma,V,\mathcal{A},m_0]$ ein Prädikat/Transitions–Netz (kurz: Pr/T–*Netz*). Wir ordnen N ein gefärbtes Netz $GN = [P,T,F,C^*,V^*,m_0]$ wie folgt zu:

$$C^*(p) := D_{\sigma(p)} \quad (p \in P),$$
$$C^*(t) := D_{s_1} \times \dots \times D_{s_n},$$

wenn $t \in T$ ist und $x_1,\dots,x_n$ alle Variablen (in der gegebenen Anordnung) sind, die in den Multimengen von Termen vorkommen, die durch V die Transition t berührenden Bögen zugeordnet sind und für $j = 1,\dots,n$ die Variable x_j den Typ s_j hat; schließlich sei für Bögen $b \in F$

$$V^*(b) := \sum_{j=1}^k V(b)[w_j] \cdot f_{w_j},$$

wobei $w_1,\dots,w_k$ alle Terme sind, die in der Multimenge $V(b)$ (mit einem positiven Koeffizienten) vorkommen.

In unserem Beispiel ist also $C^*(g) = D_{ga} = \{g_1,\dots,g_5\}$ und $C^*(p) = C^*(b) = C^*(e) = \{ph_1,\dots,ph_5\}$. Aus $V(g,b) = 1{\star}R(x) + 1{\star}L(x)$ ergibt sich

$$
\begin{aligned}
V^*(g,b)[ph_i] &= 1{\star}f_{R(x)}(ph_i) + 1{\star}f_{L(x)}(ph_i) \\
&= 1{\star}f^{(1)}(ph_i) + 1{\star}f^{(2)}(ph_i) \\
&= 1{\star}g_j + 1{\star}g_{1+(j+3)\bmod 5}.
\end{aligned}
$$

Man sieht nun unmittelbar, daß das zugehörige gefärbte Netz GN genau das im vorigen Abschnitt betrachtete gefärbte Philosophen–Netz ist.

Durch die eindeutige Zuordnung eines gefärbten Netzes GN zu jedem Pr/T–Netz N ist die Semantik der Prädikat/Transitions–Netze vollständig bestimmt. Eine Transition t mit den Variablen $x_1,\ldots,x_n$ hat demnach *Konzession mit der Belegung* $[d_1,\ldots,d_n]$ *bei der Markierung* m, wenn t in der Farbe $[d_1,\ldots,d_n]$ bei m in *GN* Konzession hat (hätten wir t noch einen Wächter H zugeordnet, so wäre zusätzlich zu fordern, daß der Wahrheitswert von H bei dieser Belegung "wahr" ist). In analoger Weise lassen sich alle weiteren für gefärbte Netze und für Petri-Netze eingeführten Begriffe auf Pr/T-Netze übertragen.

Für die meisten praktischen Anwendungen reicht der auf diese Weise definierte Begriff des Prädikat/Transitions-Netzes aus. Allerdings kann nicht jedes gefärbte Netz in Form eines Pr/T-Netzes dieser Art dargestellt werden. Das liegt daran, die Zahl der Marken, die einen Bogen beim Schalten einer Transition mit einer bestimmten Belegung durchfließen, unabhängig von dieser Belegung gleich der Summe der Koeffizienten der diesem Bogen durch V zugeordneten Multimenge ist. Bei einem gefärbten Netz kann aber diese Zahl durchaus von der Schaltfarbe der Transition abhängen. Man kann diese Einschränkung als Vorteil empfinden, weil sie im Modellierungsprozeß eine gewisse Disziplin erzwingt (sie verhindert i.a. das Zusammmenfalten bis auf einen Platz und eine Transition), man kann sie aber auch überwinden, indem man die Signatur Σ durch Operationszeichen $+_{ss,s}$ für die Addition von Multimengen über D_s zu einer Signatur Σ^+ erweitert. Netz-Schemata mit der Signatur Σ^+ werden dann durch Σ^+-Algebren interpretiert.

Für eine beliebige Menge D bezeichne *MM(D)* die Menge aller Multimengen über D. Eine Σ^+-*Algebra* ist ein Paar $\mathcal{A} = [\mathcal{D},\mathcal{F}]$, wobei $\mathcal{D} = \{\, D_s \mid s \in S\}$ eine Familie nichtleerer Mengen und $\mathcal{F} = \{f^{(i)} \mid i \in I\}$ eine Familie von Abbildungen ist mit

$$f^{(i)}: D_{s_1} \times \ldots \times D_{s_n} \Rightarrow MM(D_s), \quad \text{falls} \quad O^{(i)}_{w,s} = O^{(i)}_{s_1 \ldots s_n, s}.$$

Konstantenzeichen $O^{(i)}_{e,s}$ entspricht dabei eine *Konstante* $f^{(i)} \in MM(D_s)$. Zu jeder Funktion $f^{(i)}: D_{s_1} \times \ldots \times D_{s_n} \Rightarrow MM(D_s)$ ist ihre lineare Erweiterung $\tilde{f}^{(i)}$ auf Multimengen definiert durch

$$\tilde{f}^{(i)}(u_1,...,u_n) := \sum_{d_1 \in D_1} \cdots \sum_{d_n \in D_n} u_1[d_1] \cdot ... \cdot u_n[d_n] \cdot f^{(i)}(d_1,...,d_n),$$

wobei u_i eine Multimenge über D_{s_i} $(i = ,...,n)$ ist.

Jeder Term $w \in Term(\Phi)$ vom Typ s bestimmt jetzt bei gegebener Σ^+-Algebra $\mathcal{A}$ eine Abbildung, die jeder *Belegung* β der in w vorkommenden Variablen mit Multimengen der entsprechenden Sorten eine Multimenge $MM(w,\beta)$ der Sorte s zuordnet.

Es sei β: $\bigcup\mathfrak{X} \Rightarrow \bigcup\mathfrak{D}$ mit $\beta(x) \in MM(D_s)$ für $x \in X_s$ eine Multimengen-Belegung und w ein Term. Dann ist $MM(w,\beta)$ induktiv wie folgt definiert:

(A) $MM(w,\beta) := \begin{cases} f^{(i)}, & \text{falls } w = O_{e,s}^{(i)} \text{ ein Konstantenzeichen ist,} \\ \beta(x), & \text{falls } w = x \text{ eine Variable ist;} \end{cases}$

(I) $MM(O_{s_1 \cdots s_n, s}^{(i)}(w_1, \ldots , w_n),\beta) := \tilde{f}^{(i)}(MM(w_1,\beta),...,MM(w_n,\beta))$.

$MM((w_1 +_{ss,s} w_2),\beta) := MM(w_1,\beta) + MM(w_2,\beta)$.

Sind $x_1,...,x_k$ die im Term w vorkommenden Variablen in dieser Anordnung, so bestimmt w eine k-stellige Funktion f_w: $MM(D_{s_1}) \times ... \times MM(D_{s_k}) \Rightarrow MM(D_s)$ (wobei die s_j die Typen der x_j und s der Typ von w ist) derart, daß

$$f_w(m_1,...,m_k) := MM(w,\beta)$$

für jede Multimengen-Belegung β mit $\beta(x_j) = m_j \in MM(D_{s_j})$ ist. Einem variablenfreien Term vom Typ s wird auf diese Weise ein festes Element aus $MM(D_s)$ zugewiesen.

Mittels dieser Festlegungen können wir Netz-Schemata durch Σ^+-Algebren interpretieren. Bei der Bestimmung des zugehörigen gefärbten Netzes lassen wir ein Tupel $[m_1,...,m_k]$ von Multimengen entsprechender Typen als Schaltfarbe einer Transition t mit den Variablen $x_1,...,x_k$ nur dann zu, wenn die $m_j = 0$ (also leer) oder von der Form $1*d$ (also Einermengen) sind und wenigstens ein Bogen an der Transition t existiert, dessen Beschriftung bei dieser Belegung eine nichtleere Multimenge bestimmt.

Die Definition des Netz-Schemas könnten wir dahingehend einschränken, daß den Bögen nicht eine Multimenge von Termen, sondern ein Term zugeordnet wird. Zum Beispiel kann ja jetzt die Multimenge $1*w_1 + 2*w_2$ durch den Term $((w_1 + w_2) + w_2)$ ausgedrückt werden.

Wir haben im vorigen Abschnitt bereits angedeutet, welche Bedeutung der Übergang zu Prädikat/Transitions-Netzen für die Analyse hat. Man hat es nunmehr mit der Analyse von Netz-Schemata zu tun, die formal, d.h. auf der Ebene einer formalen Sprache, zu untersuchen sind. Auf dieser Ebene sind erste Schritte unternommen worden, nämlich zum einen durch REISIG zur Invarianten-Berechnung und zum anderen durch LINDQVIST zur Konstruktion parametrisierter Erreichbarkeitsgraphen.

Als P-Invariante eines gefärbten Netzes GN hatten wir eine Zeile y von Abbildungen erkannt, die jeder Platzfarbe eine Multimenge über einer zu bestimmenden Menge D so zuordnen, daß $y \circ \mathcal{A} = 0$ ist, wobei $\mathcal{A}$ die Akzidenzmatrix von GN ist. Ist $D = D_s$ für eine Sorte $s \in S$, dann können wir die Abbildungen y_i durch Terme durch Terme $\tau_i(z_i)$ mit genau einer freien Variablen z_i vom Typ $\sigma(p_i)$ beschreiben. Die Elemente der Akzidenzmatrix eines Netz-Schemas N sind Terme bzw. Multimengen von Termen mit Vorzeichen, die Funktionen beschreiben, deren Werte $D_{\sigma(p_i)}$-Vektoren sind. Das bei gefärbten Netzen verwendete Produkt $\circ$ war die Einsetzung der zweiten Funktion in die erste, dem entspricht hier ein Term-Produkt, das darin besteht, daß die freie Variable z_i im Term τ_i an allen Stellen durch den Term $\tau_{i,j}$ aus der Akzidenzmatrix von N ersetzt wird. REISIG zeigt, daß jede Zeile $\tau = (\tau_1,....,\tau_n)$ von Termen, die mit der Akzidenzmatrix von N multipliziert eine Nullzeile ergibt, eine P-Invariante in jedem Prädikat/Transitions-Netz ist, das durch Interpretation aus N entsteht. Es ist nicht unmittelbar klar, ob auch die Umkehrung gilt, weil die Beschreibung der Invarianten Anforderungen an die verwendete Signatur stellt.

Um zu kleineren Erreichbarkeitsgraphen zu kommen, führt LINDQVIST den Begriff der parametrisierten Markierung ein. Wenn wir das Netz der fünf

Philosophen betrachten, so sehen wir, daß bei der Anfangsmarkierung genau die Transition b in einer ihrer Farben ph_i schalten kann, das Ergebnis ist eine Markierung, die vom Parameter ph_i abhängt. Bei dieser Markierung kann b in den Farben ph_{i+2}, ph_{i+3} und e in der Farbe ph_i schalten. Wenn b schaltet ergibt sich eine Markierung mit zwei Parametern, wenn dagegen e schaltet die Anfangsmarkierung, also eine Markierung ohne Parameter. Das zeigt, daß bei einer solchen Konstruktion die Zahl der Parameter endlich bleiben kann. Das Resultat kann man als eine Beschreibung der Erreichbarkeitsstruktur möglicher Interpretationen des Netz-Schemas verstehen.

Beide Resultate zunächst theoretischen Charakters berechtigen zur Hoffnung auf praktische Fortschritte in der Analyse von Pr/T-Netzen, die sich auch in entsprechenden rechnergestützten Werkzeugen niederschlagen.

Literatur

Genrich, H.J., Predicate/Transition Nets. LNCS 254 (1987) 207 – 247.

Genrich, H.J., Lautenbach, K., The Analysis of Distributed Systems by Means of Predicate/Transition Nets. LNCS 70 (1979) 123 – 146.

Lindqvist, M., Parameterized Reachability Trees for Predicate/Transition Nets. Acta Polytechnica Scandinavica, Mathematics and Computer Science Series, No. 54 (1989).

Reisig, W., Petri Nets and Abstract Data Types. TU München, Institut für Informatik, Report TUM-I8904, April 1989.

20. Werkzeuge

Rechnergestützte Werkzeuge zur Automatisierung von Analyse-Verfahren sind für die praktische Arbeit mit Petri-Netzen unerläßlich, sobald man von der reinen Modellierung, Veranschaulichung und Demonstration, eventuell verbunden mit einer Ablauf-Simulation zu einer zielgerichteten Untersuchung der Netzmodelle übergeht. Entsprechend den verfolgten Zielen hat man die Werkzeuge und ihren Einsatz zu wählen. Man kann sagen, daß sich das Niveau der Anwendungen von Petri-Netzen daran ablesen läßt, Werkzeuge welcher Art und welchen theoretischen Anspruchs nachgefragt werden.

Die mit der jährlich stattfindenden Internationalen Konferenz über Anwendungen und Theorie der Petri-Netze seit 1986 verbundenen Ausstellungen von Werkzeugen geben einen guten Überblick über das aktuelle Angebot, das etwa 30 solcher Programme umfassen dürfte. Natürlich schränkt sich wie bei jeder Software die Auswahl durch die Hardware-Anforderungen ein, weiter eingeschränkt wird sie dadurch, daß darunter Werkzeuge sind, die bestimmten Problemen und bestimmten Netztypen (z.B. einer Markoff-Analyse stochastischer Petri-Netze) gewidmet sind, daß Werkzeuge keinen oder einen unzureichenden Analyse-Teil haben und dadurch, daß sie abgeschlossen sind in dem Sinne, daß der Nutzer keine Möglichkeit hat, eigene Analyse-Verfahren anzuschließen oder automatische Netzgenerierungsprogramme zu verwenden.

Werkzeuge zu Behandlung von Petri-Netzen sind aufgebaut aus
(1) einem *Editor*, mit dessen Hilfe Netze des behandelten Typs manuell interaktiv erstellt und manipuliert werden,
(2) einem *Simulator*, mit dessen Hilfe Ablaufsimulationen (durch eine Datei gesteuert oder interaktiv) durchgeführt und entsprechende Protokolle geschrieben werden,

(3) einem *Analysator*, der die Netze unter Anwendung theoretischer Erkenntnisse hinsichtlich möglichst vieler Eigenschaften untersucht,

(4) einem *Reduktor*, der Netze unter Invarianz bestimmter Eigenschaften verkleinert (als Hilfe für die Analyse) und

(5) einem *Expertsystem*, das in der Theorie nachgewiesene Zusammenhänge zwischen Netzeigenschaften darstellt und aus den für das aktuelle Netz erhaltenen Resultaten Schlußfolgerungen zieht.

In der Regel enthalten die angebotenen Werkzeuge nicht alle genannten Teile, einige bestehen z.B. nur aus Editor und Simulator.

Bei der Mehrzahl der *Editoren* handelt es sich um graphische Editoren, die es gestatten, die Netze anschaulich auf dem Bildschirm zu erzeugen. Dabei werden zunehmend auch hierarchische Strukturen (Verfeinerungen) einbezogen. Die Editoren, graphische wie alpha-numerische, sind in der Regel syntax-gesteuert, so daß es dem Nutzer nicht möglich ist, eine Struktur einzugeben, die kein Netz (des gewählten Typs) ist, oder eine Modifikation mit einem solchen Resultat durchzuführen. Wichtig ist, daß entweder die Struktur der vom Editor erzeugten Netz-Dateien (ihre Syntax) bekannt ist oder daß der Editor zur Erzeugung von Netzen gesteuert werden kann. Bei vielen praktischen Problem entsteht das Netzmodell durch Übersetzung einer Spezifikation des Problems in einer anderen Sprache. Diesen Vorgang kann man nur automatisieren, wenn man die Struktur der Datei kennt, die der Editor an die übrigen Systemkomponenten (z.B. den Analysator) übergibt, oder das Erzeugen dieser Datei durch eine Datei steuern kann. Überdies gibt einem das die Möglichkeit, weitere Editoren anzuschließen (z.B. einen, den man schon gut kennt).

Simulatoren dienen zur Durchführung von Experimenten mit dem gewählten Modell. Es werden also bei dem gegebenen Netz Anfangsparameter gesetzt, wie z.B. Anfangsmarkierung, Kapazitäten, Prioritäten, Zeitbewertungen, und unter diesen Bedingungen mögliche Abläufe berechnet und protokolliert. Dabei auftretende Konflikte werden entweder interaktiv oder durch eingebaute Pseudo-Zufallsgeneratoren gelöst. Ein

Auswertungssystem führt nicht nur entsprechende Statistiken (z.B. über die Auslastung der Kapazität eines bestimmten Platzes), sondern liefert auch Informationen über dabei (mehr oder minder zufällig) entdeckte Eigenschaften des Netzmodells, wie z.B. unbeschränkte Plätze, T-Invarianten, Konflikte usw.

Viele Simulatoren, insbesondere solche, die Netzmodellen bestimmter Problemkreise (wie z.B. der Produktionssteuerung) gewidmet sind, enthalten zusätzlich einen *Animator*, d.h. ein Teilsystem, das es gestattet, den aktuellen Zustand des Modells auf dem Bildschirm (eventuell in einer vom Nutzer programmierten Form) anschaulich darzustellen. In einfachen Fällen erlaubt der Animator der Markenfluß im Netzmodell zu verfolgen, hebt die konzessionierten Transitionen hervor und erlaubt bei interaktiver Simulation die Konfliktlösung durch Anwählen einer konzessionierten Transition mit der Maus. Bei gewidmeten Werkzeugen werden die Modellzustände meist problem-orientiert durch vom Nutzer bestimmte Ikone und zugleich die interessierenden Statistiken durch Diagramme in einer Weise dargestellt, die vom Netzmodell weitgehend unabhängig ist. Auf diese Weise gelingt es bei intelligenter Anlage der Experimente, einen Überblick über das zu erwartende Verhalten des modellierten Systems zu gewinnen, sowie Fehler, Schwachstellen und Überdimensionierungen zu entdecken.

Der *Analysator* eines Petri-Netz-Werkzeugs sollte alle in diesem Buch beschriebenen Analyseverfahren realisieren und in einer Weise mit dem Expertsystem zusammenarbeiten, die überflüssige Analysen vermeidet. Es hat z.B. nicht viel Sinn, ein inhomogenes Netz daraufhin zu untersuchen, ob es die Deadlock-Falle-Eigenschaft hat. Die Analysen werden in der Regel durch Nutzer-Optionen gesteuert, die bestimmen, welche Resultate auf dem Bildschirm erscheinen, welche in Dateien geschrieben und welche vergessen werden. Bei einer Analyse auf Lebendigkeit mit Hilfe des Erreichbarkeitsgraphen braucht man nur dessen Struktur, die konkreten Markierungen in seinen Knoten können nach seiner Konstruktion vergessen werden. Im allgemeinen führt der Analysator ein Protokoll, in das alle wichtigen Resultate der Analyse-Sitzung eingetragen werden.

Unter Reduktion verstehen wir die Verkleinerung eines Netzes *und seines Erreichbarkeitsgraphen* unter Invarianz ausgewählter Eigenschaften. Wie wir gesehen haben, ist das ein schwieriges Geschäft. *Reduktoren* sind daher selten und auf Petri-Netze beschränkt, die Reduktionstheorie für höhere Netz-Typen befindet sich erst in ihren Anfängen (das Zusammenfalten eines Netzes ist ja keine Reduktion). Das Ergebnis einer Reihe von Reduktionsschritten hängt im allgemeinen von der Reihenfolge dieser Schritte ab, deshalb sehen Reduktoren sowohl einen automatischen Betrieb durch eine vom Nutzer vorgegebene Reihenfolge als auch eine interaktive Ausführung einzelner Reduktionsschritte sowie die Definition von Ausnahmen vor, d.h. die Angabe von Netzteilen, die der Reduktion nicht unterliegen sollen. Im Idealfall würde zugleich mit der Reduktion auch die graphische Netzdarstellung editiert.

Die hier als *Expertsystem* bezeichnete Werkzeug-Komponente unterliegt zweifellos mit der Entwicklung der Künstlichen Intelligenz steigenden Anforderungen. Gegenwärtig besteht ihre Aufgabe darin, die Anwendung der der Komponenten und Subkomponenten zu koordinieren, indem z.B. überflüssige Analysen oder Überspezifikation von Simulationsexperimenten vermieden werden (bei einem konfliktfreien Netz braucht kein Konfliktlösungsmechanismus z.B. durch Prioritäten angegeben zu werden). Künftig ist zu erwarten, daß der Nutzer bei der Analyse und bei der Anlage von Experimenten beraten wird und, insbesondere, daß die Resultate automatisch in der Sprache des modellierten Systems dargeboten werden. Statt "bei der Markierung m_{97} stehen t_{22} und t_{92} im Konflikt" wird etwa "die Teilsysteme S_2 und S_9 versuchen zugleich die Ressouce r_2 zu reservieren" ausgeschrieben. Eine Wissenserwerbskomponente könnte gleichzeitig dafür sorgen, daß vom Nutzer als unkritisch spezifizierte Eigenschaften (z.B. von ihm vorgesehene Konflikte) nicht weiter erwähnt werden, mit anderen Worten, daß die vom Werkzeug erzeugten Daten hinsichtlich ihres Interesses für den Nutzer gefiltert werden.

Gegenwärtig ist kein Werkzeug verfügbar, daß alle diese Wünsche zu befriedigen in der Lage ist. Das liegt ohne Zweifel daran, daß für eine Entwicklung jeder erwähnten Komponente ein großer Aufwand an Personal mit hoher, aber unterschiedlicher Qualifikation (Computer-Grafik, Modellierung und Simulation, Netztheorie, Wissensverarbeitung) zu treiben ist. Die damit verbundenen Aufwendungen können derzeit durch Preise nicht gedeckt werden, weil die Budget-Entscheidungen nicht von den Nutzern der Werkzeuge getroffen werden. Gegenwärtig scheint die beste Strategie darin zu bestehen, sich einen Werkzeug-Kasten zuzulegen, der unterschiedliche, aber für die Kommunikation untereinander offene Werkzeuge enthält, die einen möglichst großen Bereich von Anforderungen abdecken.

Die Literatur über Petri-Netz-Werkzeuge stammt zum größten Teil von Leuten, die selbst ein Werkzeug vertreiben, und ist daher mit Vorsicht zu lesen, wenn es um die Beurteilung der Leistungsfähigkeit geht. Da ich selbst zwei Analyse-Werkzeuge (PAN für Platz/Transitions-Netze, CPNA für gefärbte Netze; bestehend aus Editor, Analysator und Expert-System, bei PAN auch Reduktor) geschrieben habe, möchte ich mich hier einer solchen Beurteilung enthalten.

Literatur

Feldbrugge, F., Petri Net Tools. LNCS 222 (1986) 203 – 223.

Feldbrugge, F., Petri Net Tool Overview 1986. LNCS 255 (1987) 20 – 61.

Jensen, K., Computer Tools for Construction, Modification and Analysis of Petri Nets. LNCS 255 (1987) 4 – 19.

Leszak, M., Eggert, H., Petri-Netz-Methoden und Werkzeuge. Informatik-Fachberichte 197 (1988), Springer-Verlag.